"十四五"职业教育河南省规划教材

互联网+职教改革新理念教材

单片机原理与应用

主审　陈国云

主编　郑二杰　化彦杰

航空工业出版社

北　京

内 容 提 要

本书共有十四个模块，内容包括认识单片机、认识数制和编码、认识单片机的内部组成、认识单片机的存储器、认识时钟电路和复位电路、认识指令格式和寻址方式、认识51系列单片机指令系统、认识三种程序结构、认识中断系统、认识定时/计数器、认识LED数码管显示器、认识LCD液晶显示器、认识键盘接口技术、认识单片机数模转换技术等。

本书集理论性、实用性于一体，图文并茂，通俗易懂，可作为高等职业院校电子信息类、自动化类、集成电路类等相关专业的教材。

图书在版编目（CIP）数据

单片机原理与应用 / 郑二杰，化彦杰主编. -- 北京：航空工业出版社，2023.2

ISBN 978-7-5165-3264-5

Ⅰ. ①单… Ⅱ. ①郑… ②化… Ⅲ. ①单片微型计算机 Ⅳ. ①TP368.1

中国国家版本馆CIP数据核字(2023)第023206号

单片机原理与应用
Danpianji Yuanli yu Yingyong

航空工业出版社出版发行
（北京市朝阳区京顺路5号曙光大厦C座四层　100028）
发行部电话：010-85672663　　010-85672683

北京京华铭诚工贸有限公司印刷　　全国各地新华书店经售
2023年2月第1版　　2023年2月第1次印刷
开本：787×1092　1/16　　字数：364千字
印张：15.75　　定价：49.80元

本书编委会

主　审　陈国云

主　编　郑二杰　化彦杰

副主编　鲁守璞　孙卫波

　　　　　张志远　耿国强

PREFACE 前言

单片机自 20 世纪 70 年代诞生以来，发展速度非常迅猛。单片机作为嵌入式系统的核心部件，已被广泛应用到工控设备、家电、仪器仪表、机器人等的智能控制领域中。因此，单片机技术的应用能力是电子工程师必须具备的。

“单片机原理与应用”课程在电子信息类、自动化类、集成电路类等专业课程中占据十分重要的地位。但是，市面上的一些教学教材往往与实践脱离比较严重，而培训教材则在原理性方面相对欠缺。为解决此类问题，本书以学生的能力提升为出发点，从应用的角度阐述单片机相关模块的工作原理，让学生能够学以致用，做到既兼顾原理又注重实践。

目前，单片机集成开发系统普遍支持 C 语言程序和汇编语言程序的调试，最常用的软件是 51 系列单片机开发工具 Keil 软件。因此，本书以 51 系列单片机为例，以 C 语言（主要）及汇编语言为工具，系统地讲解单片机的结构、原理及应用。

本书主要具有以下特色。

1．素质教育，立德树人

本书秉承能力教育与素质教育同向同行的理念，在正文中添加了“素质目标”“知类通达”等，以素质教育为核心，以实践精神和创新能力的培养为主线，潜移默化地引导学生树立正确的世界观、人生观、价值观，帮助学生养成自主意识、责任意识、诚信意识、竞争意识和合作意识，使学生能够将个人发展与国家需要和社会发展相结合，并愿意为之付出积极的努力。

2．校企合作，工学结合

在编写过程中，编者走访了众多院校和企业，听取了诸多一线教师和企业专家的相关意见，结合长期教学经验和工程实践经验，将理论知识和工作内容有机结合起来，可帮助学生在学习理论知识的同时，掌握实际岗位所需要的操作技能。

3．全新理念，易教易学

为满足职业院校多元化教学需求，本书采用模块式体例编写。全书分为十四个模块，每个模块都按照“模块导读→学习目标→模块实训→相关知识→学习成果检验→学习成果评价”的形式展开。

- ❖ **模块导读：**让学生初步了解本模块将要进行的工作任务及相关背景，激发学生对本模块的学习兴趣。
- ❖ **学习目标：**明确本模块的知识目标、技能目标和素质目标，让学生有目的地学习。
- ❖ **模块实训：**首先以情景故事、实训内容等引出实训，然后以“整体设计思想→硬件设计→软件设计→仿真调试”的顺序展开，学生通过上机操作，即可掌握相关技术的应用。
- ❖ **相关知识：**以“实用、够用”为原则，讲解相关知识，语言简练，通俗易懂。
- ❖ **学习成果检验：**根据本模块内容安排相关习题，让学生通过做题，巩固所学知识。
- ❖ **学习成果评价：**设置于每个模块的最后，以表格的形式，从知识、技能、素养三个方面对学生的学习成果进行评价，并通过“教师评价”和“自我评价”帮助学生了解自己对本模块的掌握情况，以便指导学生提升技能。

在教学时，教师可根据实际情况选择合适的教学模式。例如，为突出理实一体化教学，教师可先让学生进行模块实训，期间教师可进行基本的理论指导和知识补充，让学生在实际操作中探索、熟悉相关理论知识，然后再对相关知识进行系统教学，这样既可让学生巩固实训，又能完善学生的理论体系。教师也可先行开展相关知识的教学，让学生积累足够的知识，再让学生进行模块实训，达到学以致用的教学目的。

4．案例丰富，学练结合

为了便于学生进一步理解和巩固所学知识，本书在讲解单片机的相关功能时，配备了大量典型案例，并给出了详细的解析思路及程序代码。与此同时，相关案例的设计都可以通过 Proteus 软件进行仿真测试，直观、形象，有利于提高学生的实际操作能力。

5．栏目丰富，增趣添彩

本书在讲解时，穿插有“知识链接”“经验传承”“提示”“活学活练”等模块，这些模块不仅可以帮助学生深度理解知识点、提高技能，还可以增加趣味性、活跃课堂气氛，从而提高学生的学习积极性。

6．数字资源，平台辅助

本书将“互联网+”思想融入教材。读者可借助手机或其他移动设备扫描二维码获取实训操作视频，也可登录文旌综合教育平台“文旌课堂”（www.wenjingketang.com）查看和下载本书的配套资源，如模块实训参考代码、学习成果检验答案、优质课件和教案等。

此外，本书还提供了在线题库，支持“教学作业，一键发布”，教师只需通过微信或“文旌课堂”App 扫描二维码，即可迅速选题、一键发布、智能批改，并查看学生的作业分析报告，提高教学效率、提升教学体验。学生可在线完成作业，巩固所学知识，提高学习效率。

教学 作业

一键发布

本书由陈国云担任主审，郑二杰、化彦杰担任主编，鲁守璞、孙卫波、张志远、耿国强担任副主编。

在编写本书的过程中，编者参考了大量有关单片机原理与应用的文献资料。在此，向这些文献资料的作者表示衷心的感谢！由于编者水平有限，书中存在疏漏与不当之处，恳请广大读者批评指正。

CONTENS 目录

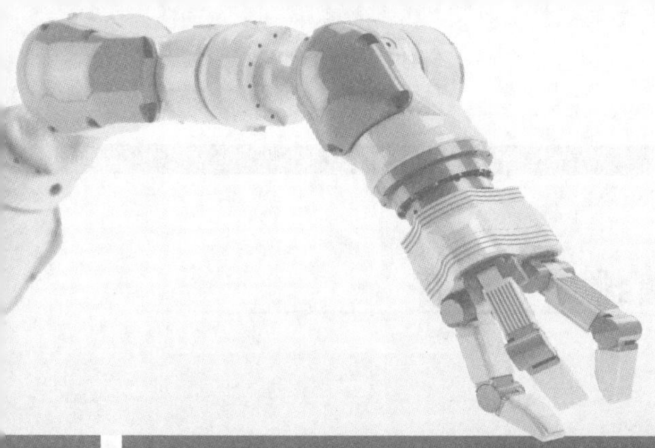

模块一 认识单片机

模块导读

在我们生产生活中的各个领域几乎都可以找到单片机的踪迹，如自动控制领域的智能仪表、机器人，以及生活中的录像机、全自动洗衣机等。单片机的学习是电子信息类、自动化类、集成电路类等相关专业的重要课程，本模块将从单片机的概念、MCS-51 系列单片机、C 语言基础知识 3 个方面介绍单片机的相关知识。

学习目标

知识目标

- 了解单片机的基本概念及应用领域。
- 了解 MCS-51 系列单片机。
- 掌握 C 语言的基本结构、数据类型、常量与变量等概念。
- 了解 C 语言的基本语句，并掌握选择语句、循环语句的应用。

能力目标

- 能够使用 C 语言进行程序设计。

素质目标

- 养成坚持不懈、刻苦钻研的职业作风。
- 具备勇于创新、虚心好学的品质。
- 养成自主学习、协作学习、探究学习的意识。

模块实训——设计“学生成绩排序”程序

一、实训描述

小学一年级（2）班的期末考试成绩出来了，数学老师想开一次家长会，对学生的数学学习情况做个总结。现在，数学老师需要把班级里学生的数学成绩按照从高分到低分的顺序进行排序并输出。班级里共有 20 名学生，数学成绩如表 1-1 所示。请设计一个 C 语言程序，要求能够完成学生成绩的录入和成绩表的排序操作。

表 1-1　学生期末考试数学成绩

姓　名	数学成绩
高晨宇	98
王盼盼	96
张朵朵	89
王紫怡	95
邓宇轩	92
徐诗诗	87
李泽溪	93
张　哲	88
徐晨宇	91
王依诺	83
杨乐乐	85
王梦涵	97
文　静	94
刘叶青	86
周玉琳	80
郭培培	93
王艳丽	81
吴羽凡	84
张明锐	90
谢小檀	82

二、实训步骤

（一）实训分析

对学生成绩进行排序，可以看成是先求最高分，然后求次高分，…，一直到倒数第二个分数找出为止。所以先要解决的是求最高分，然后再在剩下的分数中找次高分，不断重复，直到剩下的最后一个数是最小数为止。

程序设计流程图如图 1-1 所示。

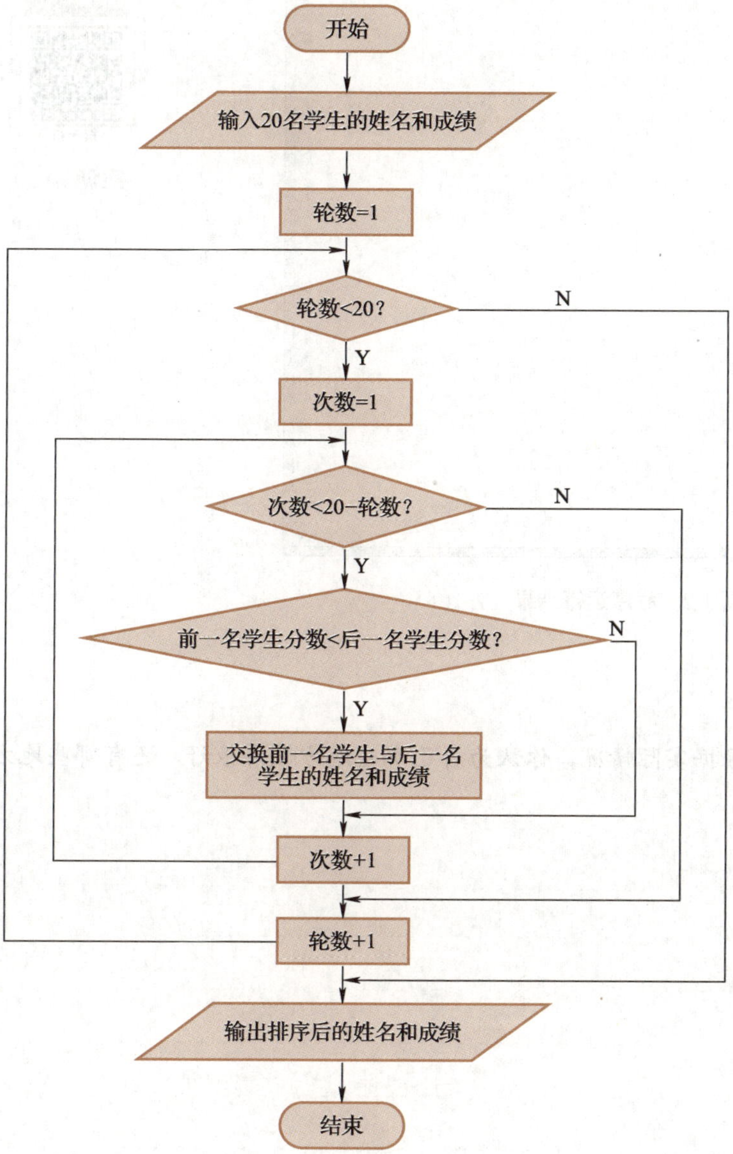

扫一扫

参考代码

图 1-1 程序设计流程图

（二）运行结果

程序运行结果如图 1-2 所示。

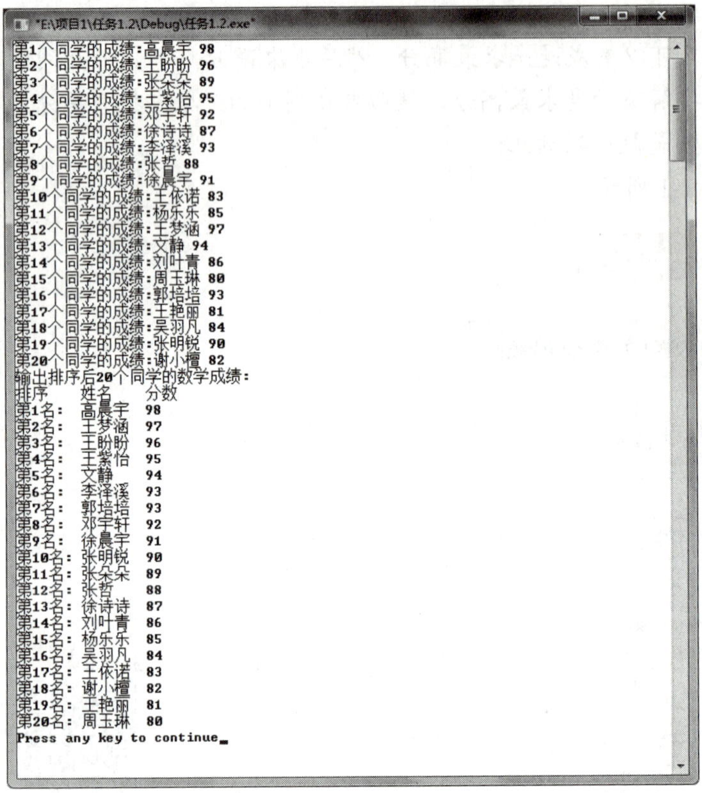

图 1-2　程序运行结果

扫一扫

实训解说

三、实训思考

在模块实训过程中，根据实际情况，你认为自己哪些地方做得很好，还有哪些地方需要改进。

笔记

相关知识

一、单片机的概念

单片机（single chip microcomputer，简称 SCM）是一种集成电路芯片，是采用超大规模集成电路技术将具有数据处理能力的中央处理器 CPU、随机存储器 RAM、只读存储器 ROM、I/O 端口、中断系统、定时/计数器等功能部件集成到一块硅片上，构成的一个小而完善的微型计算机系统。

单片机的体积很小，常被嵌入到各种现代设备中作为控制器件。因此，单片机还有一个常用的名字——微控制器单元（microcontroller unit，MCU）。

单片机的应用非常广泛，其踪迹遍布各个领域。例如，飞机上各种仪表的控制，计算机的网络通信与数据传输，工业自动化过程的实时控制和数据处理，各种智能 IC 卡，自动控制领域的机器人、智能仪表、医疗器械及各种智能机械，民用豪华轿车的安全保障系统，家庭生活中的录像机、摄像机、全自动洗衣机，以及程控玩具、电子宠物等，这些都离不开单片机。单片机应用的部分领域如图 1-3 所示。

图 1-3 单片机应用的部分领域

二、MCS-51 系列单片机

经过几十年的发展，单片机从最初的 4 位单片机发展成为 32 位单片机，类型也已经发展到上百种系列的近千个品种。制造单片机的公司有很多，主要有 Intel 公司、Motorola 公司、ATMEL 公司、Microchip 公司、EMC 公司等。Intel 公司是单片机领域的领跑者，其推出的 MCS-51 系列单片机使用最为广泛。

MCS-51 系列单片机分为 51 和 52 两个子系列，8031、8051、8751、8032、8052 和

8752 等芯片都属于该系列，8051 是其中的典型代表，其他单片机只是在 8051 的基础上进行了一些调整，所以人们习惯上以 8051 来称呼 MCS-51 系列单片机。MCS-51 系列单片机的功能特性如表 1-2 所示。

表 1-2　MCS-51 系列单片机的功能特性

系列	芯片型号	片内 RAM	片内 ROM	I/O 端口	定时/计数器	中断源	串行接口
51	80C31	128 B	无	4×8 位	2×16 位	5	1
	80C51	128 B	4 KB ROM	4×8 位	2×16 位	5	1
	87C51	128 B	4 KB EPROM	4×8 位	2×16 位	5	1
	89C51	128 B	4 KB EEPROM	4×8 位	2×16 位	5	1
52	80C32	256 B	无	4×8 位	2×16 位	6	1
	80C52	256 B	8 KB ROM	4×8 位	2×16 位	6	1
	87C52	256 B	4 KB EPROM	4×8 位	2×16 位	6	1
	89C52	256 B	4 KB EEPROM	4×8 位	2×16 位	6	1

注：带有字母“C”的型号表示采用 CHMOS 工艺的低功耗芯片，未带字母“C”的一般采用 HMOS 工艺。

知识链接

ROM（read-only memory）：只读存储器。ROM 中的只读数据是预先烧录的，并且一旦烧录就不能再修改。

RAM（random access memory）：随机存储器。RAM 存储单元的内容可按需要随意取出或存入。

EPROM（erasable programmable ROM）：可擦除可编程存储器。EPROM 利用专用的紫外线擦除器，可以擦除单片机中的数据。要向 EPROM 中写入数据，必须使用专用的写入器。

EEPROM（electrically erasable programmable ROM）：电可擦除可编程只读存储器。EEPROM 通过单片机的控制电压，可以擦除单片机中的数据，或向单片机中写入数据，而不必将单片机从系统中取出。

三、C 语言基础知识

C 语言是当前工程应用中一种使用频率非常高的高级语言，学习单片机的应用开发，使用 C 语言编程是必不可少的。为了能够顺利使用 C 语言编写单片机程序，下面简单介绍基于单片机的 C 语言基础知识。

（一）C 语言程序的基本结构

与用其他语言编写的程序相比，C 语言较少要求“形式化的内容”。一个完整的 C 语言程序可以只有寥寥数行。

下面以一个简单的例子说明 C 语言程序的基本结构。

【例 1-1】 只有一行输出的 C 语言程序。

```
#include<stdio.h>                    /*编译预处理指令*/
int main( )                          /*主函数的函数头*/
{                                    /*函数体的开始标记*/
    printf("你好，C 语言！\n");      /*输出要显示的字符串*/
    return 0;                        /*程序返回值 0*/
}                                    /*函数的结束标记*/
```

【运行结果】 程序运行结果如图 1-4 所示。

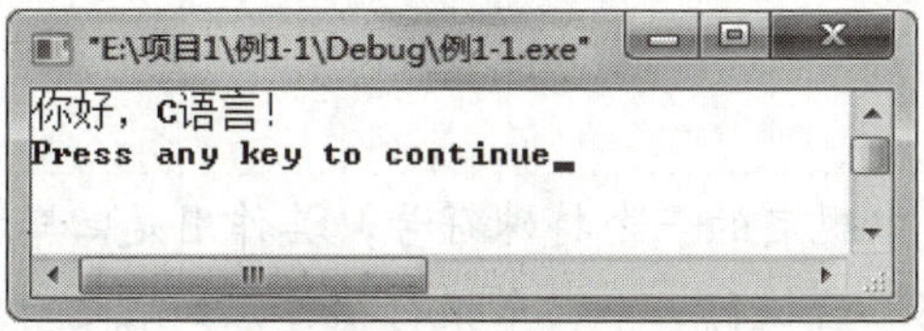

图 1-4　程序运行结果

扫一扫

例 1-1

【程序说明】 该程序运行结果的第 1 行是程序运行后输出的结果，第 2 行是任何一个 C 语言程序在 Visual C++环境下运行都会自动输出的一行信息，告诉用户“如果想继续，请按任意键”。当用户按任意键后，屏幕上不再显示运行结果，返回程序窗口。

例 1-1 的程序是一个由头文件和主函数组成的简单 C 语言程序，下面分别解释一下各行程序的意义。

第 1 行：

```
#include<stdio.h>
```

这是一个预处理操作。“include”称为文件包含命令，后面尖括号中的内容称为头文件；“stdio.h”是 C 语言的系统文件，“stdio”是“standard input & output（标准输入输出）”的缩写，“.h”是文件的扩展名。由于程序的第 4 行使用了库函数 printf，C 语言编译系统要求程序提供有关此函数的信息（如对此函数的声明和宏的定义、全局变量的定义等），所以此处需要这条命令。

第 2 行：

```
int main( )
```

这一行代码是函数头。其中，main 是函数的名字，表示“主函数”；main 前面的 int 表示函数的返回值是 int 类型（整型）。每个 C 语言程序都必须有一个 main 函数。

第 3 行到第 6 行：

```
{
    printf("你好，C 语言！\n");
    return 0;
}
```

由花括号括起来的部分是函数体，该程序主函数的函数体由两条语句构成，每条语句后都要加分号，表示语句结束。其中，printf 是 C 语言编译系统提供的函数库中的输出函数，用来在屏幕上输出内容，输出语句中双引号中间可以是字母、符号及中文字符等；“return 0;”的作用是在 main 函数执行结束前将整数 0 作为函数值，返回到调用函数处。

在程序各行的右侧都可以看到一段关于这行代码的文字描述（用“/*　*/”括起来），称为代码注释。其作用是对代码进行解释说明，日后自己或他人阅读程序时，方便理解程序代码含义和程序设计思路。

提　示

字符串末尾的“\n”是 C 语言中规定的一个特殊符号，其作用是回车换行。本程序中“\n”使得输出“你好，C 语言！”后执行一个回车换行操作，如果之后还有输出，将从下一行的左端开始。

通过对例 1-1 的介绍，我们可以看到 C 语言程序的基本结构如下。

（1）C 语言程序是由函数构成的，函数是 C 语言程序的基本单位。任何一个 C 语言程序必须包含一个且仅包含一个 main 函数，可以包含零个或多个其他函数。

（2）一个函数由以下两部分组成。

① 函数头，包括函数名、函数类型、函数属性、函数形参名、形参类型等。一个函数名后面必须跟一对圆括号，括号内可以有参数也可以没有参数，如 main( )。

② 函数体，即函数头下由花括号括起来的部分。如果一个函数内有多对花括号，则最外层的一对花括号为函数体的范围。

（3）C 语言程序总是从 main 函数开始执行，与 main 函数所处的位置无关（main 函数可以位于程序的开始位置，也可以位于程序的末尾，还可以位于一些自定义函数的中间）。

（4）C 语言程序书写格式自由，一行内可以连续写几个语句，一个语句也可以分写在多行中。但任何一条 C 语句必须以分号结束。

（5）C 语言程序中可以使用编译预处理命令。

（6）C 语言程序中可以有注释，用于解释程序的功能，增强可读性，但注释对程序的编译和运行不起作用。

知识链接

C 语言程序中允许用以下两种注释方式。

① 以“//”开始的单行注释。这种注释可以单独占一行，也可以出现在一行中其他内容的右侧。此种注释的范围从“//”开始，以换行符结束，即这种注释不能跨行。若注释内容一行写不下，可以用多个单行注释。例如：

```
printf("你好，C 语言！\n");          //输出要
//显示的字符串
```

② 以“/*”开始、以“*/”结束的块式注释。这种注释可以单独占一行，也可以占多行。编译系统在发现一个“/*”后，会开始找注释结束符“*/”，把二者间的内容作为注释，如例 1-1 中的注释。

（7）C 语言本身没有输入输出语句，输入输出操作是通过调用系统提供的标准库函数完成的，其目的是将与硬件设备直接相关的输入输出等操作交由库函数实现，使程序不直接对硬件设备进行管理，增加程序的可移植性。

（8）C 语言要求严格区分字母大小写，同一字母的大小写被视为两个不同的字符。C 语言程序中的语句、类型名、定义符、函数名、变量名等一般均用小写字母表示。

（二）数据类型及转换

1. 数据类型

数据类型即数据的格式。对数据类型的描述包括数据的表示形式、数据长度、数值范围等。程序设计中的数据可分为常量和变量，变量必须先说明类型才能使用。

51 系列单片机中应用的 C 语言称为 C51 语言。C51 语言中使用的基本数据类型除了包含 C 语言中的标准数据类型外，还包含了 C51 语言扩展的数据类型。C51 语言的基本数据类型如表 1-3 所示。

扫一扫

C51 语言扩展数据类型的简单说明

表 1-3　C51 语言的基本数据类型

数据类型	数据名称	长度	值域
unsigned char	无符号字符型	1 B	0～255
signed char	有符号字符型	1 B	−128～+127
unsigned int	无符号整型	2 B	0～65 535
signed int	有符号整型	2 B	−32 768～+32 767
unsigned long	无符号长整型	4 B	0～4 294 967 295

表 1-3（续）

数据类型	数据名称	长度	值域
signed long	有符号长整型	4 B	−2 147 483 648～+2 147 483 647
float	浮点型	4 B	$\pm1.175\,494\times10^{-38}$～$\pm3.402\,823\times10^{38}$
*	指针型	1～3 B	对象的地址
bit	位类型	1 bit	0 或 1
sfr	特殊功能寄存器	1 B	0～255
sfr16	16 位特殊功能寄存器	2 B	0～65 535
sbit	可寻址位	1 bit	0 或 1

注：表中加底色的部分为 C51 语言扩展的数据类型。

2. 数据类型转换

在 C 语言中，数据类型的转换有两种方式：自动转换和强制转换。

1）自动转换

自动转换由 C 语言编译系统自动完成，不需要人为干预。自动转换遵循以下三个基本规则。

（1）如果参与运算的变量类型不同，则先转换成同一类型，然后再进行运算。

（2）“低级向高级转换”原则，如果运算中有几种不同类型的数据，则先统一转换为最高级的数据类型，然后再进行运算。

（3）赋值运算两边的数据类型不同时，赋值号右边的类型将转换为左边的类型。

2）强制转换

强制转换是将表达式的结果强制转换成类型标识符所指定的数据类型，其一般形式为

```
(类型标识符)(表达式)
```

类型标识符和表达式都应用圆括号括起来，当只有单个操作数时，表达式的括号可以省略。例如：

```
(double)a          /*将 a 转换成 double 类型*/
(int)(x+y)         /*将 x+y 的值转换成整型*/
(int)x+y           /*将 x 转换成整型，然后与 y 相加*/
```

提 示

无论是自动转换，还是强制转换，都是为了本次运算的需要，对数据的类型进行临时转换，并没有改变数据的定义。例如，i 为整型，表达式(double)i 的类型是 double，但 i 的类型仍然是整型。

（三）常量与变量

扫一扫

常量

1. 常量

常量是指在程序运行过程中，其值不能改变的量，如固定的数据表、字符等。常量的数据类型有整型、浮点型、字符型、字符串型和位标量型等。

1）整型常量

整型常量的表示方法有多种，可采用十进制形式表示，如 123、0、−89 等；也可采用十六进制形式表示，以 0x 或 0X 开头，如 0x34、−0x3B 等。如果是长整型数据，则需要在数字后面加上字母 L，如 204L、023L、1345L 等。

2）浮点型常量

浮点型常量可分为十进制和指数两种表示形式。

（1）十进制浮点型常量由数字和小数点组成，整数或小数部分为 0 时可以省略，但必须要保留小数点，如 0.666、1125.125、0.0、.25、300.等。

（2）指数浮点型常量的表示形式为：[±]数字[.数字]e[±]数字。[ ]中的内容为可选项，如 125e3、7e9、−3.0e−3 等。

3）字符型常量

字符型常量一般是指单引号内的单个字符，如'a'、'd'等。还有一类字符型常量，它们专门用来表示控制字符，称为转义字符，其表示形式为在字符前面加上一个反斜杠“\”。例如，'\n'，表示换行。

4）字符串型常量

字符串型常量通常由放在双引号内的一个或多个字符组成，如"test"、"OK"等。当双引号内没有字符时，该字符串为空字符串。

在 C51 语言中，字符串型常量是被当作字符类型数组来处理的。在存储字符串时，系统会在字符串尾部加上“\0”转义字符作为该字符串的结束符。

5）位标量型常量

位标量型常量可以定义一个位标量，但是不能定义位指针，也不能定义位数组。位标量型常量的值是一个二进制位，非 0 即 1。

位标量型常量的定义形式为：#define <位标量常量名> <常量>。例如，定义位标量 False 和 True：

```
#define False 0
#define True 1          /*用预定义语句可以定义常量，这里定义 False 为 0，True 为 1；程
                          序中用到 False 时编译器自动用 0 替换，用到 True 时自动用 1 替换*/
```

知识链接

将程序中的常量定义为一个标识符，称为符号常量，一般使用大写英文字母表示，其定义形式为：#define <符号常量名> <常量>。例如，#define PI 3.14，这条预处理命令定义了一个符号常量 PI，它的值为 3.14。

2. 变量

变量是指在程序运行过程中，其值能改变的量。要在程序中使用变量，必须先定义变量，即指定变量名，并指出变量对应的数据类型和存储模式，这样编译系统才能为变量分配相应的存储空间。

扫一扫

变量

1）变量的定义

变量的定义格式为

```
[存储类型] 数据类型 [存储器类型] 变量名;
```

其中，存储类型用于指定变量在程序运行过程中的作用范围；数据类型用于指定变量的数据类型；存储器类型用于指定变量在单片机中使用的存储区域；变量名用于指定变量的名称。

在变量的定义格式中，数据类型和变量名是必要的，存储类型和存储器类型是可选项。下面主要介绍存储类型和存储器类型。

2）变量的存储类型

不同存储类型的变量或不同位置定义的变量具有不同的作用范围（即作用域）。在单片机程序中，变量的存储类型可分为自动变量、全局变量、静态变量和寄存器变量。

（1）自动变量。

自动变量是以关键字 auto 标识的变量类型。自动变量的作用域是函数或复合语句的内部。在 C51 语言中，函数或复合语句内部定义自动变量时，关键字 auto 可以省略，即默认为自动变量。

在程序执行过程中，自动变量的存储空间是动态分配的。当程序执行到该变量的声明语句时，编译系统根据变量类型自动为其分配存储空间。当函数或复合语句执行完毕后，自动变量的存储空间将立刻自动取消。此时，自动变量失效，在函数或复合语句外部将不能使用该变量。

（2）全局变量。

全局变量是以关键字 extern 标识的变量类型。全局变量一般定义在所有函数的外部，其作用域是从全局变量定义的位置到程序文件结束，它可以被作用域范围内的任何函数调用。因此，全局变量有时也称为外部变量。

在程序执行过程中，全局变量将被静态地分配适当的存储空间。全局变量一旦分配存储空间，在整个程序运行过程中便不会消失。因此，全局变量对整个程序文件都有效，即全局变量可以被该程序文件中的任何函数使用。

（3）静态变量。

静态变量是以关键字 static 标识的变量类型。从变量的作用域来看，静态变量和自动变量类似，其作用域只是定义该变量的函数内部。如果静态变量定义在函数外部，将具有全局变量的作用域。

从内存占用的角度来看，静态变量和全局变量类似，一旦分配存储空间，它始终占有该存储空间，直至程序运行结束。

（4）寄存器变量。

单片机的 CPU 寄存器中也可以保存少量的变量，这种变量称为寄存器变量。寄存器变量是以关键字 register 标识的变量类型。

由于单片机对寄存器变量的读写速度要远高于对其他类型的变量，因此把最频繁使用的变量定义为寄存器变量可以有效地提高程序运行速度。

由于单片机资源有限，因此程序中只允许同时定义两个寄存器变量。如果寄存器变量多于两个，则在编译时系统会自动地将其他寄存器变量当作非寄存器变量来处理。

3）变量的存储器类型

Keil 软件所能识别的变量的存储器类型如表 1-4 所示。

表 1-4 Keil 软件所能识别的变量的存储器类型

变量的存储器类型	说明
data	直接访问内部数据存储器（128 B），访问速度最快
bdata	可寻址位内部数据存储器（16 B），允许位与字节混合访问
idata	间接访问内部数据存储器（256 B），允许访问全部内部地址
pdata	分页访问外部数据存储器（256 B），通过 P0 端口的地址对其访问
xdata	外部数据存储器（64 KB），通过数据指针 DPTR 访问
code	程序存储器（64 KB），通过数据指针 DPTR 访问

如果在定义变量时省略了存储器类型，编译系统会按照默认的存储模式去指定变量的存储区域，这些存储模式包括 small 模式、compact 模式和 large 模式。

- small 模式：该模式是将函数参数和局部变量都放置在片内 RAM 中（默认变量类型为 data，最大 128 B）。另外，其他所有对象（包括栈）也都优先放置在片内 RAM 区，当片内 RAM 用满时，再放置到片外 RAM 中。该模式的优点是访问速度快，缺点是空间有限。
- compact 模式：该模式是将函数参数和局部变量都放置在片外 RAM 中（默认存储类型为 pdata，最大 256 B），变量需要通过间接寻址方式进行访问。该模式的优点是空间比 small 模式大，缺点是访问速度比 small 模式慢，但比 large 模式快。

◈ large 模式：该模式是将函数参数和局部变量都放置在片外 RAM 中（默认存储类型为 xdata，最大 64 KB），变量需要使用数据指针 DPTR 通过间接寻址方式进行访问。该模式的优点是空间大，缺点是访问速度慢。

（四）运算符与表达式

运算符是完成某种特定运算的符号。C51 语言中常用的运算符有算术运算符、关系运算符、逻辑运算符、逗号运算符、位运算符、赋值运算符和条件运算符。

表达式是由运算符及运算对象所组成的具有特定含义的式子。根据运算符种类的不同，表达式可分为算术表达式、关系表达式、逻辑表达式、逗号表达式、位运算表达式、赋值表达式和条件表达式等。

1. 算术运算符与算术表达式

算术运算符是执行算术运算时的操作符，包括正、负、加、减、乘、除、取余、自增和自减等，如表 1-5 所示。

表 1-5　算术运算符

运算符	作用	举例	说明
+	正号运算	+a	a 的值
−	负号运算	−a	a 的负数
+	加法运算	a+b	a 和 b 的和
−	减法运算	a−b	a 和 b 的差
*	乘法运算	a*b	a 和 b 的积
/	除法运算	a/b	a 除以 b 的商
%	取余运算（模运算）	a%b	a 除以 b 的余数
++	自增 1	a++	将变量 a 的值自加 1
--	自减 1	a--	将变量 a 的值自减 1

用算术运算符和括号将表达式连接起来的式子称为算术表达式。算术表达式的一般形式为

表达式 1 算术运算符 表达式 2

例如，a+b*(10−a)、(x+9)/(y−a)都是算术表达式。

算术表达式的计算根据算术运算符的优先级从高到低依次执行。

算术运算符的优先级和基本四则运算法则一致，即“先乘除，后加减，括号最优先”，取余运算符与乘除同级。

若一个运算量两侧的运算符同优先级，则按结合性方向进行计算。算术运算符的结合性皆为左结合性，即同优先级算术运算符按自左向右方向进行计算。例如，对于算术表达式 a+b−c，先计算 a+b，再计算减 c。

2. 关系运算符与关系表达式

关系运算符用来比较两个变量的大小，运算结果只有 0 和 1 两种，也就是逻辑的真与假，当指定的条件满足时结果为 1，不满足时结果为 0。常见的关系运算符如表 1-6 所示。

表 1-6　常见的关系运算符

运算符	作用	举例	说明
==	相等	x==y	比较变量 x 的值与变量 y 的值是否相等，相等则结果为 1，不相等则结果为 0
!=	不相等	x!=y	比较变量 x 的值与变量 y 的值是否相等，不相等则结果为 1，相等则结果为 0
>	大于	x>y	若变量 x 的值大于变量 y 的值，则结果为 1，否则为 0
<	小于	x<y	若变量 x 的值小于变量 y 的值，则结果为 1，否则为 0
>=	大于等于	x>=y	若变量 x 的值大于或等于变量 y 的值，则结果为 1，否则为 0
<=	小于等于	x<=y	若变量 x 的值小于或等于变量 y 的值，则结果为 1，否则为 0

关系运算符的优先级别：前两个（==、!=）具有相同的优先级，后四个（>、<、>=、<=）也具有相同的优先级，但是前两个的优先级要低于后四个。

用关系运算符将两个表达式连接起来的式子称为关系表达式。关系表达式通常用来判别某个条件是否满足。关系表达式的一般形式为

表达式 1 关系运算符 表达式 2

例如，I<J、I==J、(I=4)>(J=3)、J+I>J 等都是关系表达式。

3. 逻辑运算符与逻辑表达式

逻辑运算符是执行逻辑运算时的操作符，包括逻辑与（&&）、逻辑或（||）、逻辑非（!），如表 1-7 所示。逻辑运算的最终结果为真（值为 1）或假（值为 0）。

表 1-7　逻辑运算符

运算符	作用	举例	说明
&&	与运算	(x>y)&&(y>z)	若变量 x 的值大于变量 y 的值，且变量 y 的值也大于变量 z 的值，其结果为真（值为 1），否则为假（值为 0）
||	或运算	(x>y)||(y>z)	若变量 x 的值大于变量 y 的值，或变量 y 的值大于变量 z 的值，其结果为真（值为 1），否则为假（值为 0）
!	非运算	!(x>y)	若变量 x 的值大于变量 y 的值，其结果为假（值为 0），否则为真（值为 1）

用逻辑运算符将关系表达式或逻辑量连接起来的式子称为逻辑表达式。逻辑表达式的一般形式为

逻辑与：条件式 1 && 条件式 2

逻辑或：条件式 1 || 条件式 2

逻辑非：!条件式

- **逻辑与表达式的值：** 当条件式 1 与条件式 2 都为真时结果为真，否则结果为假。也就是说，运算会先对条件式 1 进行判断，如果为真，则继续对条件式 2 进行判断，当其也为真时，逻辑运算的结果为真，否则逻辑运算的结果为假。如果在判断条件式 1 时就为假的话，就不用再判断条件式 2 了，而直接判定逻辑运算结果为假。
- **逻辑或表达式的值：** 只要两个条件式中有一个为真，逻辑运算结果就为真。只有当两个条件式都不为真时，逻辑运算结果才为假。
- **逻辑非表达式的值：** 如果条件式的运算结果为真，则进行逻辑非运算后结果为假；如果条件式的运算结果为假，则进行逻辑非运算后结果为真。

扫一扫

逻辑运算的真值表

逻辑运算符的优先级别从高到低依次为：!（逻辑非）>&&（逻辑与）>||（逻辑或）。

4. 逗号运算符与逗号表达式

C 语言把逗号“,”作为间隔符，也作为运算符。用逗号运算符将几个表达式连接起来的式子称为逗号表达式。逗号表达式的一般形式为

```
表达式 1,表达式 2,…,表达式 n
```

逗号运算符和逗号表达式在使用过程中应注意以下几个问题。

（1）逗号表达式在运算时将从左至右依次求取各个表达式的值（先求表达式 1，然后求表达式 2，直至求解完表达式 n），而整个逗号表达式的值为最后一个表达式的值。例如：

```
a=3,b=2;            /*给变量 a 和 b 进行赋值*/
c=(a+b,a-b);        /*依次计算表达式 a+b 和 a-b 的值，将 a-b 的值赋给变量 c，所以
                    c 的值为 1*/
```

（2）逗号运算符在全部运算符里优先级最低，因此最好将整个逗号表达式用圆括号括起来，否则意义可能会不同。例如：

```
a=3,b=2;            /*给变量 a 和 b 进行赋值*/
c=a+b,a-b;          /*c 的值为 5*/
```

这里是将 c=a+b 作为表达式 1，a-b 作为表达式 2，构成逗号表达式，因此表达式 1 即 c=a+b 执行后，c 等于 5。

（3）逗号运算符的结合性为自左向右。因此当前后表达式用到相同的变量时，如果前面表达式中变量值发生了变化，则会影响后面的表达式。例如：

```
a=2;
x=(a=a*3,a+12);     /*先计算 a=a*3，a 等于 6；然后计算 a+12，x 等于 18*/
```

5．位运算符与位运算表达式

位运算符的作用是按二进制位对变量进行运算，但是并不改变参与运算的变量的值。C51 语言中共有 6 种位运算符，如表 1-8 所示。

位运算符的运算规则

表 1-8　位运算符

<table>
<tr><th>运算符</th><th>作用</th><th>举例</th><th>说明</th></tr>
<tr><td>&</td><td>与运算</td><td>A=x&y</td><td>变量 x 与 y 的每位进行与运算后的结果送入变量 A</td></tr>
<tr><td>|</td><td>或运算</td><td>B=x|y</td><td>变量 x 与 y 的每位进行或运算后的结果送入变量 B</td></tr>
<tr><td>^</td><td>异或运算</td><td>C=x^y</td><td>变量 x 与 y 的每位进行异或运算后的结果送入变量 C</td></tr>
<tr><td>~</td><td>取反运算</td><td>D=~x</td><td>变量 x 的每位进行取反运算后的结果送入变量 D</td></tr>
<tr><td><<</td><td>左移运算</td><td>E=x<<n</td><td>变量 x 的每位左移 n 位后的结果送入变量 E</td></tr>
<tr><td>>></td><td>右移运算</td><td>F=x>>n</td><td>变量 x 的每位右移 n 位后的结果送入变量 F</td></tr>
</table>

用位运算符将两个变量连接起来的式子称为位运算表达式。位运算表达式的一般形式为

变量 1　位运算符　变量 2

位运算符的优先级从高到低依次是："~"（按位取反）>"<<"（左移）>">>"（右移）>"&"（按位与）>"^"（按位异或）>"|"（按位或）。

【例 1-2】　已知 a=00000010，b=00000011，试计算 a&b、a|b、a^b、~a、b=b<<2、b=b>>1 的结果。

【解】　计算过程如图 1-5 所示。

```
   a  00000010
   b  00000011
 a&b  00000010
     (a)

   a  00000010
   b  00000011
 a|b  00000011
     (b)

   a  00000010
   b  00000011
 a^b  00000001
     (c)

   a  00000010
  ~a  11111101
     (d)

    b  00000011
 b<<2  00001100
     (e)

    b  00000011
 b>>1  00000001
     (f)
```

图 1-5　计算过程

6．赋值运算符与赋值表达式

1）简单赋值

赋值符号"="就是赋值运算符。用赋值运算符将一个变量与一个表达式连接起来的式子称为赋值表达式。赋值表达式的一般形式为

变量=表达式

赋值表达式的作用是将一个表达式的值赋给一个变量，因此，赋值表达式具有计算和赋值两个功能。例如，"a=4+5"是一个赋值表达式，其求解过程是先求赋值运算符右侧的

表达式“4+5”的值（9），然后再将 9 赋给赋值表达式左侧的变量 a。

2）复合赋值

C 语言可以在赋值运算符“=”之前加上其他运算符，构成复合赋值运算，用以简化程序，提高编译的效率，其一般形式为

变量 复合赋值运算符表达式

相当于：

变量=变量 运算符 表达式

复合赋值运算时，首先对变量进行某种运算，然后将运算的结果再赋给该变量。常用的复合赋值运算符如表 1-9 所示。

表 1-9 常用的复合赋值运算符

运算符	作用	举例	说明
+=	加法赋值	a+=b	相当于 a=a+b
−=	减法赋值	a−=b	相当于 a=a−b
*=	乘法赋值	a*=b	相当于 a=a*b
/=	除法赋值	a/=b	相当于 a=a/b
%=	取余赋值	a%=b	相当于 a=a%b
&=	逻辑与赋值	a&=b	相当于 a=a&b
|=	逻辑或赋值	a|=b	相当于 a=a|b
^=	逻辑异或赋值	a^=b	相当于 a=a^b
<<=	左移赋值	a<<=b	相当于 a=a<<b
>>=	右移赋值	a>>=b	相当于 a=a>>b

赋值运算符都为同一优先级，遵循右结合性，其结合方向为自右向左。

7. 条件运算符与条件表达式

条件运算符为“? :”。用条件运算符将三个表达式连接起来的式子称为条件表达式。条件表达式的一般形式为

逻辑表达式? 表达式 1:表达式 2

扫一扫

C51 语言中运算符的优先级及结合性

条件表达式中逻辑表达式的类型可以与表达式 1 和表达式 2 的类型不一样。条件运算符的作用是根据逻辑表达式的结果来选择表达式的值。当逻辑表达式的结果为真时（非 0 值）时，则条件表达式的值为表达式 1 的值；当逻辑表达式的结果为假（值为 0）时，则条件表达式的值为表达式 2 的值。

例如，若 a=1，b=2，要求取 a、b 中的较小值放入 min 变量中，则可写为

```
if (a<b)
    min=a;
```

```
else
    min=b;          /*当 a<b 时，min 的值为 a 的值，否则为 b 的值*/
```

用条件运算符构成条件表达式时，可写为

```
min=(a<b)?a:b
```

很明显它的结果和含意都和上面的一段程序是一样的，但是代码却比上一段程序少很多，编译的效率也相对要高。

（五）输入与输出

C 语言本身没有提供输入和输出语句，输入和输出操作由 C 语言函数库中的函数来实现。

1．格式输入与输出函数

1）格式输入函数（scanf 函数）

扫一扫

格式输入函数

scanf 函数的作用是按用户指定的格式从键盘上把数据输入到指定的变量中。scanf 函数的一般形式为

```
scanf("格式控制",输入项地址列表);
```

例如：

```
scanf("a=%d,b=%f",&a,&b);
```

scanf 函数括号内包括以下两部分内容。

（1）“格式控制”是用双引号括起来的一个字符串，称为转换控制字符串。它包括两个信息：格式声明和普通字符。

① 格式声明。格式声明由“%”和格式字符组成，如%d、%f 等。它的作用是以指定的格式输入数据，如指定输入数据的类型、长度等。

② 普通字符。普通字符是需要按原样输入的字符。例如，上面 scanf 函数括号内的“a=”“b=”及中间的逗号都是普通字符。

（2）输入项地址列表，由需要输入变量的地址组成。变量的地址需用取地址运算符“&”得到。多个输入项之间用逗号隔开，要求格式声明和各输入项在数量和类型上一一对应。例如，在如图 1-6 所示的 scanf 函数中，第一个格式声明“%d”与变量 a 对应，第二个格式声明“%c”与变量 b 对应，第三个格式声明“%f”与变量 c 对应。

```
scanf(" a=%d,b=%c,c=%f ",&a,&b,&c);
```

图 1-6 scanf 函数

提 示

在赋值表达式中给变量赋值，赋值号左边是变量名，不能写地址；而 scanf 函数在本质上也是给变量赋值，但其要求写变量的地址，如&a。这两者在形式上是不同的。&a 是一个表达式，其功能是求变量的地址。

2）格式输出函数（printf 函数）

扫一扫

格式输出函数

printf 函数的作用是按用户指定的格式，把指定的数据输出到屏幕上。printf 函数可以用于所有类型数据的输出，只要采用不同的转换控制字符串，就可以将不同类型的数据输出到屏幕上。printf 函数的一般形式为

```
printf("格式控制",输出项列表);
```

例如：

```
printf("a=%d,b=%f",a,b);
```

printf 函数括号内包括以下两部分内容。

（1）“格式控制”与 scanf 函数类似，也包含两部分内容：格式声明与普通字符。格式声明用于指定输出的格式，如指定输出数据的类型、长度等；普通字符是需要按原样输出的字符，如前面的“a=”“b=”及中间的逗号，会原样输出到屏幕上。

（2）“输出项列表”是程序需要输出的一些数据，可以是常量、变量或表达式。输出项列表中给出了各个输出项，要求格式声明和各输出项在数量和类型上一一对应。

2．字符输入与输出函数

除了可以用 scanf 函数和 printf 函数输入输出字符外，C 语言函数库还提供了一些专门用于输入输出字符的函数，下面将进行简单介绍。

1）字符输入函数（getchar 函数）

getchar 函数的作用是从输入设备上输入一个字符。getchar 函数的一般形式为

```
getchar( );
```

getchar 函数的返回值为所读取的字符，所以一般与赋值语句联合使用，将读取的字符赋给变量。例如：

```
char c;           /*定义字符变量 c*/
c=getchar( );     /*从输入设备读取一个字符并赋值给变量 c*/
```

提　示

getchar 函数只读取单个字符，如果输入多个字符，则只读取第一个字符。

2）字符输出函数（putchar 函数）

putchar 函数的作用是向输出设备输出一个字符。putchar 函数的一般形式为

```
putchar(c);
```

c 为欲输出的字符常量或变量，亦可为整型常量或变量（ASCII 码）。

提　示

可以用 putchar 函数输出转义字符，例如：

```
putchar('\n');          /*输出换行符*/
putchar('\101');        /*输出字符A，因为八进制的101等于十进制的65，65是A的ASCII码*/
putchar('\'');          /*输出单撇号*/
```

（六）语句

C 语言中的语句是用来向计算机系统发出操作指令的，即语句是用来完成一定操作任务的。一个实际的程序应该包含若干条语句。

1. 语句的类型

根据程序设计语言的基本要求，可以把 C 语言所有的语句归纳为以下五类。

1）表达式语句

表达式语句是由一个表达式加上分号组成的语句，其一般形式为

```
表达式;
```

执行表达式语句就是计算表达式的值。

例如，“number=20”是一个赋值表达式，“number=20;”就是一条赋值表达式语句；“count++”是自增表达式，“count++;”就是自增表达式语句。

2）函数调用语句

函数调用语句是由一个函数名加上分号组成的语句，其一般形式为

```
函数名(实际参数列表);
```

执行函数调用语句就是调用函数体并把实际参数（简称“实参”）赋予函数定义中的形式参数（简称“形参”），然后执行被调函数体中的语句，求取函数值。例如：

```
printf("Hello!");            /*调用名为printf的函数，输出字符串Hello!*/
```

3）空语句

空语句是只有分号组成的语句，什么也不执行。在程序中，空语句可用来作空循环体。例如：

```
while(getchar( )!='\n');
```

本语句的功能是：只要输入的字符不是回车则重新输入。这里的循环体为空语句。

4）复合语句

复合语句是把多条语句用花括号括起来组成的语句。在程序中，可把复合语句看成是单条语句。例如：

```
{
    x=y+z;
```

```
    a=b+c;
    printf("%d%d",x,a);
}
```

提　示

复合语句内的各条语句都必须以分号结尾，但在花括号的“}”外不能加分号。

5）控制语句

控制语句用于控制程序的执行流程，它们是由特定的语句定义符组成的语句。C 语言有九种控制语句，可分为以下三类。

（1）选择语句：if 语句、switch 语句。

（2）循环语句：while 语句、do-while 语句、for 语句。

（3）转向语句：break 语句、continue 语句、goto 语句、return 语句。

下面详细介绍三类控制语句的相关内容。

2. 选择语句

1）if 语句

if 语句是条件选择语句，先判断表达式的值，然后根据该值的结果（“真”或“假”）控制程序流程。表达式的值非 0 即为“真”，否则即为“假”。C 语言提供了四种形式的 if 语句：基本 if 语句、if-else 语句、if-else-if 语句和嵌套 if 语句。其中，前三种形式是 if 语句的基本形式。

扫一扫

if 语句的基本形式

（1）基本 if 语句。

基本 if 语句的一般形式为

```
if(表达式)
{
   语句;
}
```

其中，“表达式”可以是任意表达式，但一般为关系表达式或逻辑表达式；“语句”可以是一条简单语句，或是由多个语句构成的复合语句，也可以是一个空语句。

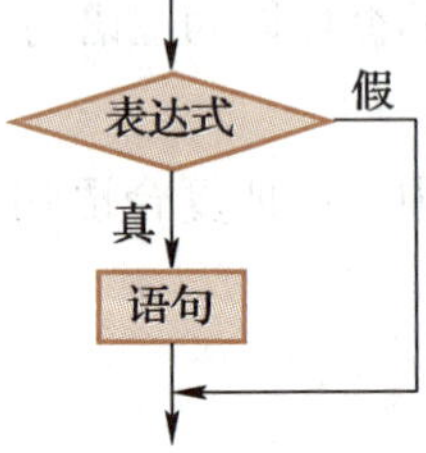

图 1-7　基本 if 语句的执行过程

基本 if 语句的执行过程是：如果表达式的值为真（非 0），则执行其后的语句，否则不执行该语句，如图 1-7 所示。

（2）if-else 语句。

基本 if 语句只允许在条件为真时指定要执行的语句，而 if-else 语句还可在条件为假时指定要执行的语句。if-else 语句的一般形式为

```
if(表达式)
{
    语句 1;
}
else(表达式)
{
    语句 2;
}
```

if-else 语句的执行过程是：如果表达式的值为真（非 0），执行语句 1，否则执行语句 2，如图 1-8 所示。

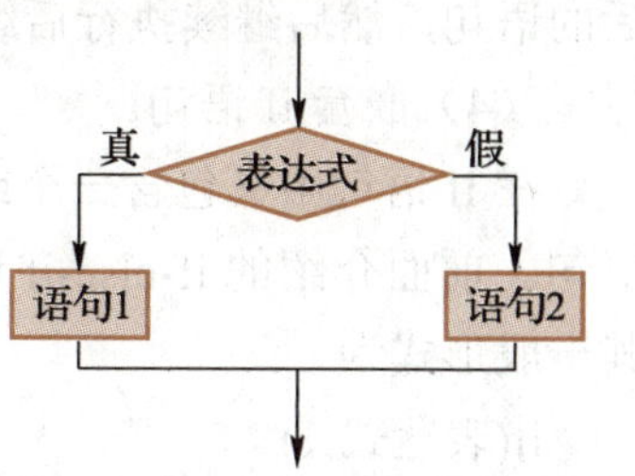

图 1-8 if-else 语句的执行过程

需要注意：尽管 if-else 语句中存在两个语句段，且有两个表示语句结束的分号，但整个语句在语法上只是一条语句。尤其要注意 if 分支“语句 1”后的分号是不可缺少的。

（3）if-else-if 语句。

编程时常常需要判定一系列的条件，一旦其中某一个条件为真就立刻停止。这种情况可以采用 if-else-if 语句，其一般形式为

```
if(表达式 1)
{
    语句 1;
}
else if(表达式 2)
{
    语句 2;
}
else if(表达式 3)
{
    语句 3;
}
    …
else if(表达式 m)
{
    语句 m;
}
```

```
else
{
    语句 n;
}
```

if-else-if 语句的执行过程是：依次判断表达式的值，当出现某个值为真（非 0）时，则执行其对应的语句，然后跳到整个 if 语句之外继续执行后续程序。如果所有表达式的值都为假（0），则执行最后一个 else 后的语句，然后继续执行后续程序，如图 1-9 所示。

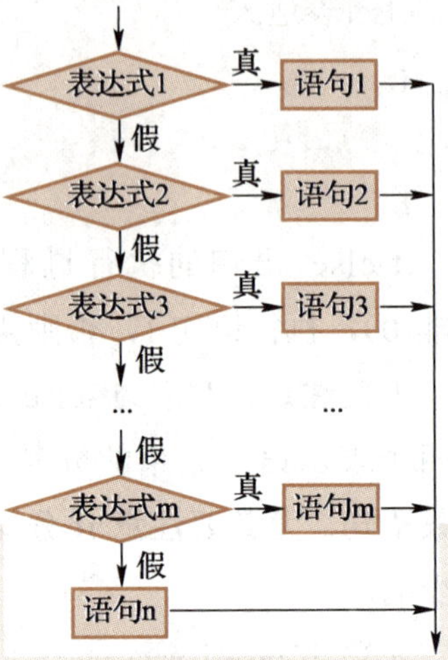

图 1-9　if-else-if 语句的执行过程

（4）嵌套 if 语句。

在 if 语句中又包含一个或多个 if 语句称为嵌套 if 语句。前面介绍的 if-else-if 语句就属于嵌套 if 语句，其一般形式为

```
if(表达式 1)
{
    if(表达式 2)     ┐
    {                │
        语句 1;      │
    }                │
    else             ├ 内嵌 if
    {                │
        语句 2;      │
    }                ┘
}
else
{
    if(表达式 3)     ┐
    {                │
        语句 3;      │
    }                │
    else             ├ 内嵌 if
    {                │
        语句 4;      │
    }                ┘
}
```

嵌套 if 语句的执行过程如图 1-10 所示。

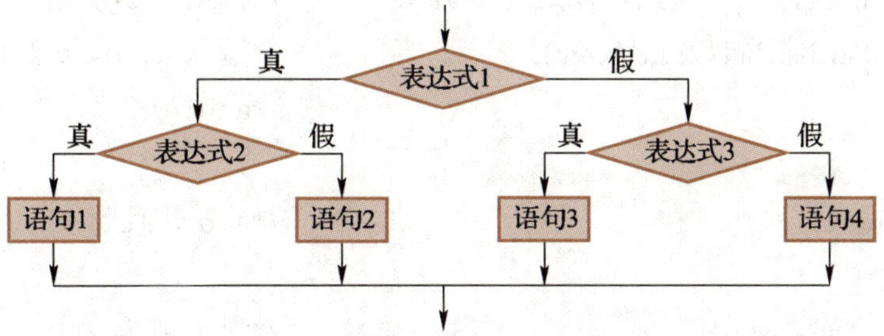

图 1-10　嵌套 if 语句的执行过程

在上述嵌套语句中，if 与 else 既可成对出现，也可不成对出现，且 else 总是与其之前最近的且还没配对的 if 相配对。在书写这种语句时，每个 else 应与对应的 if 对齐，形成锯齿形状，这样能够清晰地表示 if 语句的逻辑关系。

【例 1-3】　编写程序，实现输入三个整数，输出最大值。

【问题分析】　本题可以采用嵌套 if 语句来实现，先比较 a 和 b 的大小，如果 a 大于 b，就将 a 与 c 进行比较，如果 a 也大于 c，那么最大值就为 a；否则，最大值为 c。如果 a 小于 b，就将 b 与 c 进行比较，如果 b 大于 c，那么最大值就为 b；否则，最大值为 c。程序设计流程图如图 1-11 所示。

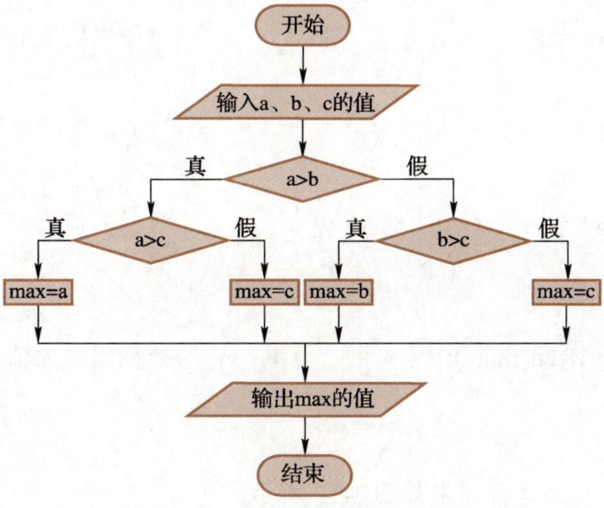

图 1-11　程序设计流程图

【参考代码】

```
#include<stdio.h>
int main( )
{
```

```
    int a,b,c,max;                              /*定义变量*/
    printf("请输入三个整数，用逗号隔开\n");       /*输出提示信息*/
    scanf("%d,%d,%d",&a,&b,&c);                 /*输入 a、b、c 变量的值*/
    if(a>b)                                     /*a>b*/
    {
        if(a>c)                                 /*a>b 并且 a>c*/
        {
            max=a;                              /*最大值为 a*/
        }
        else                                    /*a>b 并且 c>a*/
        {
            max=c;                              /*最大值为 c*/
        }
    }
    else                                        /*a<b*/
    {
        if(b>c)                                 /*b>a 并且 b>c */
        {
            max=b;                              /*最大值为 b*/
        }
        else                                    /*b>a 并且 c>b*/
        {
            max=c;                              /*最大值为 c*/
        }
    }
    printf("max=%d\n",max);                     /*输出最大值 max*/
    return 0;
}
```

【运行结果】 程序运行结果如图 1-12 所示。

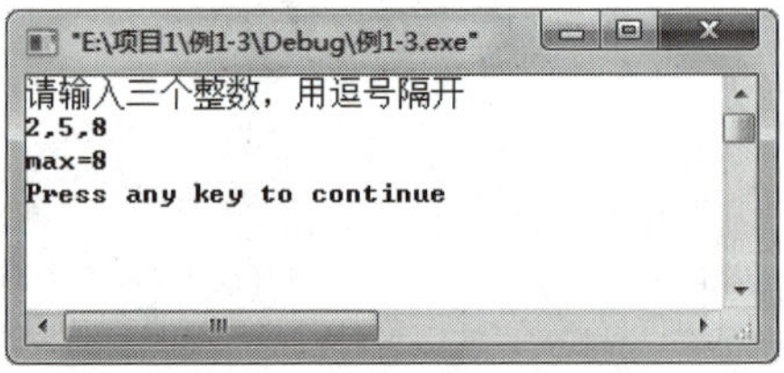

图 1-12　程序运行结果

提　示

每个 else 本身都隐含了一个条件，如例 1-3 中的第 1 个 else 实质上表示条件 c>a 成立，此隐含条件与对应的 if 所给出的条件（a>c）完全相反，在编程时要善于利用隐含条件，使程序代码清晰简洁。

扫一扫

switch 语句

2）switch 语句

编程时，常常要把表达式和一系列值进行比较，从中找出当前匹配的值。if-else-if 语句可以达到这个目的。此外，C 语言还提供了 switch 语句作为 if-else-if 语句的替换。switch 语句往往比 if-else-if 语句更容易阅读。switch 语句的一般形式为

```
switch(表达式)
{
    case 常量表达式 1:[语句 1]
    case 常量表达式 2:[语句 2]
    …
    case 常量表达式 n:[语句 n]
    [default:语句 n+1]
}
```

其中，方括号括起来的内容是可选项。

switch 语句的执行过程如图 1-13 所示。该语句执行时，首先计算 switch 后表达式的值，然后将其值与 case 后常量表达式的值依次进行比较，若此值与某 case 后常量表达式的值一致，即转去执行该 case 后的语句；若没有找到与之匹配的常量表达式，则执行 default 后的语句。

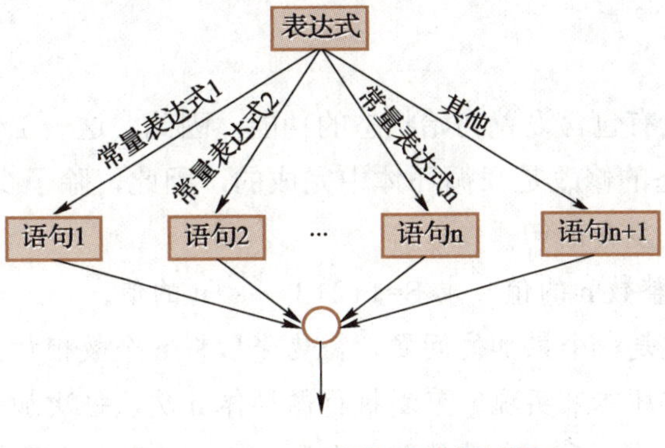

图 1-13　switch 语句的执行过程

3．循环语句

1）while 语句

在 C 语言所有循环语句中，while 语句是最简单也是最基本的。while 语句的一般形式为

扫一扫

while 语句

```
while(表达式)
    {
        语句;            /*循环体*/
    }
```

圆括号内的表达式是控制表达式，语句是循环体，循环体可以是一条简单的语句，也可以是多条语句组成的复合语句（用花括号括起来）。

while 语句的执行过程如图 1-14 所示。该语句执行时，先计算表达式的值，如果它为真，则执行循环体；接着再次判定表达式的值，如果它仍为真，则继续执行循环体，依此类推，直到表达式的值为假，结束循环，执行 while 语句后的下一条语句。

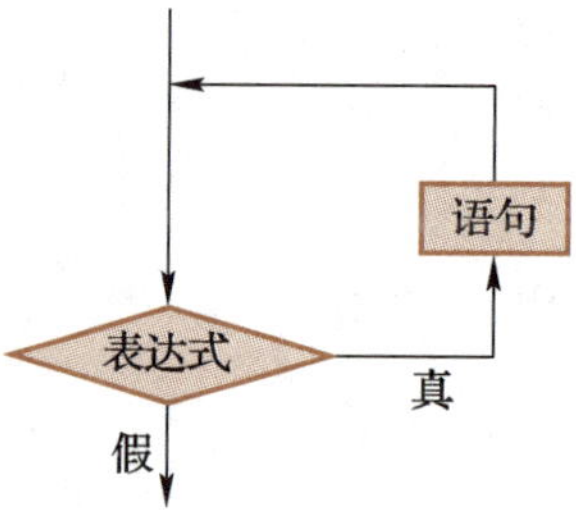

图 1-14　while 语句的执行过程

提　示

while 语句是“先判断，后执行”。如果刚进入循环时条件就不满足，则循环体一次也不执行。还需要注意的是，一定要有语句修改表达式的值，使其有结果为假的时候，否则将出现“死循环”。

在 while 语句中没有包含设置初始状态的功能，因此，这一工作需要在 while 语句之前完成。循环相关状态的修改是在循环体中完成的，因此，除了少数特殊情况外，while 语句的循环体一般都是复合语句。

【例 1-4】　输入整数 n 的值，求 S=1+2+3+⋯+n 的值。

【问题分析】　这是一个累加的问题，需要先后将 n 个数相加。要重复进行 n 次加法运算，因此，可以用循环体来实现。重复执行循环体 n 次，每次加一个数。继续分析发现每次累加的数是有规律的，后一个数是前一个数加 1。因此，只需要在加完上一个数 i 后，使 i 加 1 就可以得到下一个数。程序设计流程图如图 1-15 所示。

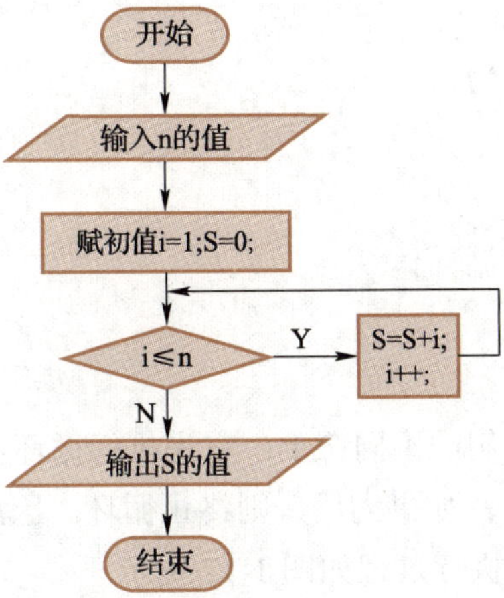

图 1-15　程序设计流程图

【参考代码】

```
#include<stdio.h>
int main( )
{
    int i,n,S;                    /*定义变量*/
    printf("请输入 n 的值:");      /*输出提示语*/
    scanf("%d",&n);               /*输入 n 的值*/
    i=1;                          /*给 i 赋初值*/
    S=0;                          /*给 S 赋初值*/
    while(i<=n)                   /*循环，当 i>n 时结束*/
    {
        S+=i;                     /*求和，将结果赋值给 S*/
        i++;                      /*循环控制变量 i 加 1*/
    }
    printf("S=%d\n",S);           /*输出 S 的值*/
    return 0;
}
```

【运行结果】　程序运行结果如图 1-16 所示，输入“100”并回车，输出累加值“5050”。

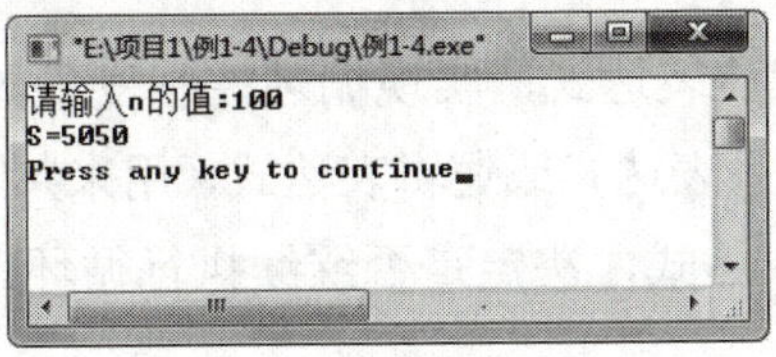

图 1-16　程序运行结果

2）do-while 语句

扫一扫

do-while 语句

do-while 语句的一般形式为

```
do
    {
        语句;            /*循环体*/
    }
while(表达式);
```

do-while 语句与 while 语句的不同在于：它先执行循环体，然后再判断表达式的值是否为真，如果为真则继续循环；如果为假，则终止循环。因此，do-while 语句至少要执行一次循环体。do-while 语句的执行过程如图 1-17 所示。

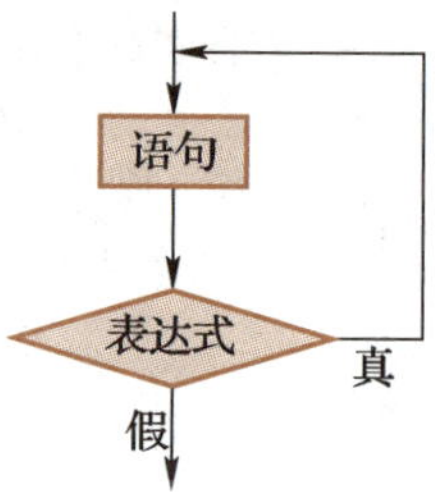

图 1-17　do-while 语句的执行过程

提　示

在 do-while 语句中，条件放在 while 后面的圆括号内，并且最后必须加上一个分号。

3）for 语句

在 C 语言中，除了可以用 while 和 do-while 语句实现循环外，还可以用 for 语句实现循环，其一般形式为

```
for(表达式 1;表达式 2;表达式 3)
    {
        语句;            /*循环体*/
    }
```

for 语句将控制循环的主要操作集中在循环语句开头的圆括号内。圆括号内三个表达式的作用如下。

- **表达式 1**：通常为赋值表达式，实现循环控制变量的初始化，只执行一次。
- **表达式 2**：通常为关系表达式或逻辑表达式，用来判断是否继续循环。在每次执行循环体前先执行此表达式，决定是否继续执行循环。

◈ 表达式 3：一般称为“步长”，用于循环变量的修改，该表达式是在每次循环体执行完以后、下一次循环条件判断之前执行的，使循环变量经过多次循环的累积而发生改变，最终因为不满足循环条件退出循环。

for 语句的执行过程如图 1-18 所示。

（1）先执行表达式 1。

（2）然后判断表达式 2 的值，若其值为真（非 0），则执行 for 语句中指定的循环语句，然后转到第（3）步；若其值为假（0），则结束循环，转到第（5）步。

（3）执行表达式 3。

（4）返回到第（2）步继续执行。

（5）循环结束，执行 for 语句下面的语句。

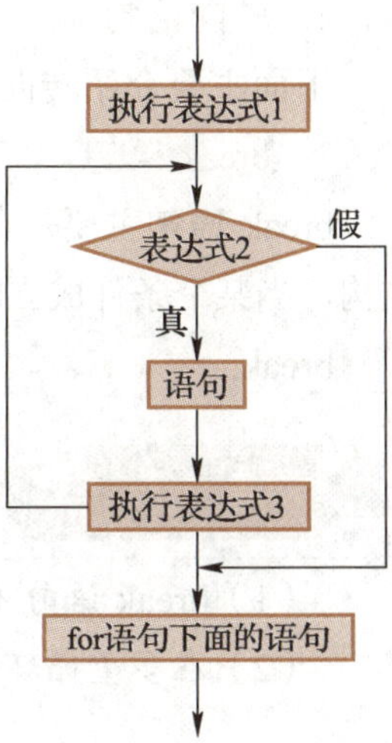

图 1-18　for 语句的执行过程

【例 1-5】　用 for 语句求 S=1+2+3+…+n 的值。

【参考代码】

```
#include<stdio.h>
int main( )
{
    int i,n,S;                         /*定义变量*/
    printf("请输入 n 的值:");           /*输出提示语*/
    scanf("%d",&n);                    /*输入 n 的值*/
    S=0;                               /*给 S 赋初值*/
    for(i=1;i<=n;i++)                  /*循环，当 i>n 时结束*/
    {
        S+=i;                          /*求和，将结果赋值给 S*/
    }
    printf("S=%d\n",S);                /*输出 S 的值*/
    return 0;
}
```

【运行结果】　程序运行结果如图 1-19 所示，输入“20”并回车，输出累加值“210”。

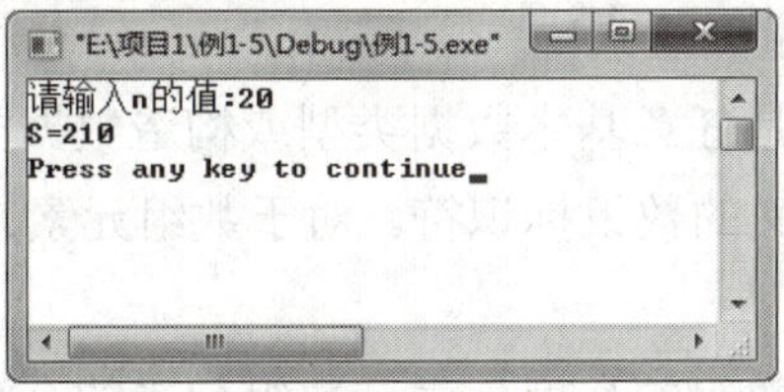

图 1-19　程序运行结果

4. 转向语句

下面主要介绍转向语句中的 break 语句和 continue 语句。

1）break 语句

break 语句主要是在循环次数不能预先确定的情况下使用的，在循环体中增加一个分支结构，当某个条件成立时，由 break 语句退出循环体，从而结束循环过程，其一般形式为

```
break;
```

提 示

（1）break 语句不能用于循环语句和 switch 语句之外的其他语句。

（2）在多重循环的情况下使用 break 语句时，仅退出包含 break 语句的那层循环体。

2）continue 语句

如果不希望终止整个循环的操作，只希望提前结束本次循环，而接着执行下次循环，则可以用 continue 语句，其一般形式为

```
continue;
```

提 示

（1）continue 语句只能出现在 while、do-while 和 for 语句的循环体中。

（2）若执行 while 或 do-while 语句中的 continue 语句，则跳过循环体中 continue 语句后面的语句，直接转去判别下次循环控制条件；若执行 for 语句中的 continue 语句，则跳过循环体中 continue 语句后面的语句，转而执行 for 语句的表达式 3。

（3）在循环结构中，continue 语句通常与 if 语句一起使用，用来加速循环。

（七）数组

数组是具有相同数据类型的变量的集合，这些变量具有相同的名字，但用不同的下标来表明其位置，一般称这些变量为数组元素。常用的数组有一维数组、二维数组和字符数组。

1. 一维数组

1）一维数组的定义

一维数组定义的一般形式为

```
类型说明符 数组名[常量表达式];
```

- **类型说明符**：可以是任意基本数据类型或构造数据类型，如 int、float、char 等。
- **数组名**：是用户定义的数组标识符。对于数组元素来说，它们具有一个共同的名字，即数组名。
- **常量表达式**：也称数组的长度，表示数组元素的个数。

对于一维数组的定义，应注意以下几点。

（1）数组的类型实际上是指数组元素的数据类型。对于同一个数组，其所有元素的数据类型都是相同的。

（2）数组名不能与其他变量名相同。

（3）数组元素用下标形式表示，下标从 0 开始。例如，a[5]表示数组 a 有 5 个元素，5 个元素分别为 a[0]、a[1]、a[2]、a[3]、a[4]。

（4）常量表达式中可以是常数或符号常量，但不能是变量。

（5）经过定义，系统为数组元素在内存中分配了连续的存储单元。

2）一维数组的引用

C 语言中规定只能单个引用数组元素而不能一次性引用整个数组。数组元素是组成数组的基本单元，它也是一种变量。一维数组的引用格式为

数组名[下标]

提　示

（1）下标可以是常量或常量表达式，如 a[3]、a[3+2]。

（2）下标也可以是变量或变量表达式，如 a[i]、a[i+j]、a[i++]。

（3）下标不能越限，即引用时的下标不能超过或等于定义时的下标值，如“int a[10];a[10]=4;”是错误的。

3）一维数组的初始化

一维数组的初始化就是在定义一维数组的同时，给其数组元素赋初值。一维数组初始化是在编译阶段进行的，这样会减少程序的运行时间，从而提高程序效率。对一维数组进行初始化的一般形式为

类型说明符 数组名[常量表达式]={数值 1,数值 2,···,数值 n};

其中，在花括号中的各数据值即为各元素的初值，各值之间用逗号间隔。例如：

```
int a[3]={0,1,2};
```

经过以上初始化后，a[0]=0，a[1]=1，a[2]=2。

C 语言对一维数组的初始化有以下几点规定。

（1）可以只给部分元素赋初值。当花括号中数据值的个数少于元素个数时，只给前面部分元素赋值。例如，“int a[10]={0,1,2,3,4};”相当于只给 a[0]、a[1]、a[2]、a[3]、a[4]赋初值，而后 5 个元素自动赋 0 值。

（2）只能给元素逐个赋值，不能给数组整体赋值。例如，给 5 个元素全部赋 1 值，只能写为“int a[5]={1,1,1,1,1};”，而不能写为“int a[5]=1;”。

（3）如果在定义数组时给全部元素赋值，则在数组说明中可以不给出数组元素的个数，此时数组的个数由数据值的个数确定。例如，“int a[5]={1,2,3,4,5};”可写为

“int a[ ]={1,2,3,4,5};”，表明数组有 5 个元素。

（4）如果花括号中数据值的个数多于数组元素的个数，编译时将提示语法错误。

2. 二维数组

在实际问题中有很多量是二维或多维的，因此 C 语言允许构造多维数组。多维数组元素有多个下标，以标识它在数组中的位置，所以也称为多下标变量。

本小节只介绍二维数组，多维数组可由二维数组类推得到。

1）二维数组的定义

二维数组定义的一般形式为

```
类型说明符 数组名[常量表达式 1][常量表达式 2];
```

其中，常量表达式 1 表示行下标，常量表达式 2 表示列下标。数组元素个数为：常量表达式 1×常量表达式 2。与一维数组相同，二维数组的下标值也从 0 开始。例如：

```
int x[2][3];          /*定义一个 2 行 3 列的二维数组*/
```

二维数组可用矩阵表示，x[2][3]可表示为一个 2 行 3 列的矩阵，即

x[0][0]　x[0][1]　x[0][2]

x[1][0]　x[1][1]　x[1][2]

二维数组在概念上是二维的，但在存储器中是按一维线性排列的。在 C 语言中，二维数组是按行排列的。例如，二维数组 x[2][3]，先放第一行，即 x[0][0]、x[0][1]、x[0][2]；再放第二行，即 x[1][0]、x[1][1]、x[1][2]，如图 1-20 所示。

x[0][0]
x[0][1]
x[0][2]
x[1][0]
x[1][1]
x[1][2]

图 1-20　二维数组在存储器中的排列方式

2）二维数组的引用

同一维数组一样，二维数组也要先定义后引用，其引用格式为

```
数组名[下标 1][下标 2]
```

其中，下标应为整型常量或整型表达式。

3）二维数组的初始化

二维数组的初始化有以下两种方法。

（1）把初始化值括在一对花括号内。例如：

```
int x[2][3]={1,2,3,4,5,6};
```

初始化结果是：x[0][0]=1，x[0][1]=2，x[0][2]=3，x[1][0]=4，x[1][1]=5，x[1][2]=6。

（2）把二维数组看作是一种特殊的一维数组，该数组的每个元素又是一个一维数组。例如，定义了二维数组 x[2][3]，可以把数组 x 看成是具有两个元素的一维数组，其元素是 x[0]和 x[1]；而 x[0]和 x[1]又都是具有三个元素的一维数组，如图 1-21 所示。

$$x: \begin{cases} x[0]：x[0][0] \quad x[0][1] \quad x[0][2] \\ x[1]：x[1][0] \quad x[1][1] \quad x[1][2] \end{cases}$$

图 1-21　数组 x 中的元素

因此，二维数组的初始化也可以分解成多个一维数组的初始化。例如：

```
int x[2][3]={{1,2,3},{4,5,6}};
```

3. 字符数组

前面介绍的都是数值型数组，即数组元素都是数值型。还有一种数组，其每个元素都是一个字符。也就是说，数组元素的数据类型都是 char 类型，这种数组称为字符数组。

1）字符数组的定义及引用

字符数组的定义形式与前面介绍的数值型数组的定义形式相似，其定义形式为

```
char 数组名[常量表达式];
```

例如：

```
char ch[10];
```

定义 ch 为一维字符数组，共包含 10 个字符。

字符数组也可以是二维或多维的。二维字符数组的定义形式为

```
char 数组名[常量表达式 1][常量表达式 2];
```

例如：

```
char str[3][4];
```

定义 str 为二维字符数组，3 行 4 列，共包含 12 个字符。

字符数组的引用也与数值型数组的引用方式一样，可使用下标的形式。

2）字符数组的初始化

字符数组同样允许在定义时进行初始化赋值。字符数组初始化的过程与数值型数组初始化的过程相似。例如：

```
char a[5]={'H','e','l','l','o'};
```

赋值后各元素的值为：a[0]='H'，a[1]='e'，a[2]='l'，a[3]='l'，a[4]='o'。

字符数组与数值型数组在初始化时的区别在于：如果字符数组在初始化时提供的数据个数少于数组元素个数，则多余的数组元素初始化为空字符'\0'，而数值型数组是 0。例如：

```
char b[9]={'G','o','o','d'};
```

初始化后各元素的值为：b[0]='G'，b[1]='o'，b[2]='o'，b[3]='d'，b[5]='\0'，b[6]='\0'，b[7]='\0'，b[8]='\0'。

（八）函数

在 C 语言中，用函数来实现模块的功能，一个 C 语言程序可由一个主函数和若干个其他函数构成。从用户使用的角度看，函数可分为库函数和用户自定义函数两大类。

库函数是由系统提供的，用户不必自己定义可以直接使用。库函数由系统预定义在相应的头文件中。使用时，在程序的开头把该函数所在的头文件包含进来即可。例如，调用 printf 函数和 scanf 函数时需要在程序开头包含 stdio.h 头文件。

用户自定义函数是用户为完成某些特定功能而编写的函数。下面将主要介绍用户自定义函数的相关内容。

1．函数的定义

函数由函数头和函数体两部分组成。函数头又由返回值类型、函数名和形参表组成。其中，返回值类型可以是某个数据类型；函数名是用户为函数起的名字，用来唯一标识一个函数；形参表可以有零个或多个变量，在进行函数调用时，实参将被复制到这些变量中。函数体是函数实现自身功能的一组语句。下面对函数定义的形式进行详细介绍。

函数的定义

1）无参函数定义

无参函数定义的一般形式为

```
类型说明符  函数名( )
{
    函数体
}
```

或

```
类型说明符  函数名(void)
{
    函数体
}
```

函数名后面括号内的 void 表示“空”，即函数没有参数。

无参函数的“类型说明符”指定函数返回值的类型，可以是任何有效类型。省略“类型说明符”时，系统默认的函数返回值类型为 int 型。当函数只完成特定操作而不需要返回函数值时，可用类型名 void。

此外，函数的命名规则与变量的命名规则相同。

2）有参函数定义

有参函数定义的一般形式为

```
类型说明符  函数名(形参表)
{
    函数体
}
```

有参函数在函数名后的括号内必须有形参表，用于调用函数和被调函数之间的数据传递，可在形参表中对形参的类型进行说明。一般情况下，函数中需要多少个原始数据，函数的形参表中就应有多少个形参，每个形参存放一个数据，形参之间用逗号隔开。例如：

```
int min(int a,int b)
{
    int c;
    c=a<b?a:b;
    return (c);
}
```

这是一个求 a 和 b 两数中较小值的函数。函数的类型说明符为 int 型，表示函数的返回值为整型。a 和 b 是形参，它接受调用函数的实参，两个参数的类型声明用逗号分隔。花括号内是函数体，其中，“int c;”是函数体中的数据定义，后面一条语句用于求 a 和 b 中的较小者，return 语句的作用是将 c 的值作为函数值返回到调用函数中。

2．函数的调用

函数的调用是指一个函数（调用函数）暂时中断本函数的运行，转去执行另一个函数（被调函数）的过程。被调函数执行完后，返回到调用函数中断处继续运行，这是一个返回过程。

扫一扫

函数的调用

函数的一次调用必定伴随着一个返回过程。在调用和返回两个过程中，两个函数之间发生信息交换。

1）函数调用形式

函数调用的一般形式为

```
函数名(实参表);
```

对于函数调用形式，需要说明以下几点。

（1）如果调用无参函数，则“实参表”可以没有，但括号不能省略。

（2）实参表中实参的类型及个数必须与形参相同，并且顺序一致。当有多个实参时，参数之间用逗号隔开。

（3）实参可以是常量、变量或表达式。

2）函数调用方式

根据被调函数在调用函数中出现的位置和完成的功能不同，函数调用方式有以下三种。

- **函数表达式**：函数作为表达式中的一项出现，以函数返回值参与表达式的运算。例如，c=max(a,b)是一个赋值表达式，把函数 max( )的返回值赋给变量 c。
- **函数语句**：函数调用的一般形式加上分号即构成函数语句。例如，“printf("%d",a);”就是以函数语句的方式调用函数。
- **函数作为实参**：函数作为另一个函数调用的实参出现，即把该函数的返回值作为实参进行传送。例如，“printf("%d",max(x,y));”就是把函数 max( )的返回值作为 printf 函数的实参来使用。

3）函数声明

在一个函数调用另一个函数时，如果使用用户自定义函数，并且该函数与调用函数在同一个文件中，此时一般被调函数应放在调用函数之前定义。若被调函数的定义在调用函数之后出现，就必须在调用函数中对被调函数加以声明。函数声明的一般形式为

```
类型说明符 函数名(形参表);
```

函数声明实际上就是函数定义时的函数头，后面加分号构成一条声明语句。函数声明与函数头的区别是，函数声明的形参表中可以只写类型名，而不写形参名。例如，下面两种写法都是正确的：

```
float average(float x,float y);
float average(float,float);
```

C 语言规定以下几种情况可以不在调用函数中对被调函数进行声明。

（1）如果被调函数写在调用函数的前面，可以不必进行声明。

（2）如果函数的返回值为整型或字符型，可以不必进行声明。

学习成果检验

一、选择题

1．C 语言程序的基本单位是（　　）。

A．程序行　　B．语句　　C．函数　　D．字符

2．while 和 do-while 语句的主要区别是（　　）。

A．do-while 的循环体至少无条件执行一次

B．while 的循环控制条件比 do-while 的循环控制条件严格

C．do-while 允许从外部转到循环体内

D．do-while 的循环体不能是复合语句

3．为了避免在嵌套的条件语句 if-else 中产生歧义，C 语言规定：else 总是与（　　）配对。

A．缩排位置相同的 if

B．其之前最近的还没有配对的 if

C．其之后最近的 if

D．同一行上的 if

4．下列说法中正确的是（　　）。

A．break 用在 switch 语句中，而 continue 用在循环语句中

B．break 用在循环语句中，而 continue 用在 switch 语句中

C．break 能结束循环，而 continue 只能结束本次循环

D．continue 能结束循环，而 break 只能结束本次循环

5．若有以下数组说明，则数值最小的和最大的元素下标分别是（　　）。

```
int a[10]={1,2,3,4,5,6,7,8,9,10};
```

A．1、10　　　　B．0、9

C．1、9　　　　D．0、10

二、填空题

1．设有定义语句“int a[3][4]={{1},{2},{3}};”，则 a[1][0]的值为________，a[1][1]的值为________，a[2][1]的值为________。

2．如定义语句为“char a[ ]="windows",b[ ]="2000";”，语句“printf("%s",strcat(a,b));”的输出结果为________。

3．进行“&”运算时，如果两个相应的二进制位都为 1，则该位的结果为________；进行“^”运算时，如果两个相应的二进制位相同，则结果为________。

4．若 a 为 int 型变量，则表达式“(a=4*5,a*2),a+6”的值为________。

5．已知 A=6，B=1，C=4，表达式“A>B&&C>A||!A<B&&!C>B”的值为________。

三、简答题

1．简述常量和变量的区别。

2．C 语言语句可归纳为哪几种类型？

3．简述 if-else-if 语句的一般形式及执行过程。

四、编程题

1．参考本模块例 1-1，编写 C 语言程序，输出以下信息：

这是我的第一个 C 语言程序!

2．编写一个 C 语言程序，从键盘上输入一个三位整数，将它们逆序输出。例如，输入 127，输出 721。

3．中国古代数学家张丘建在他的《算经》中提出了一个著名的“百钱买百鸡问题”：鸡翁一，值钱五；鸡母一，值钱三；鸡雏三，值钱一；百钱买百鸡，问翁、母、雏各几何？编写程序实现将所有可能的方案输出在屏幕上。

学习成果评价

指导教师根据学生的实际学习成果对其进行评价，学生配合指导教师共同完成学习成果评价表，如表 1-10 所示。

表 1-10　学习成果评价表

班级		组号		日期	
姓名		学号		指导教师	
评价项目	评价内容			满分/分	评分/分
知识	单片机的概念			5	
	MCS-51 系列单片机			5	
	C 语言程序的基本结构			10	
	数据类型及转换			5	
	常量与变量			5	
	运算符与表达式			5	
	输入与输出			5	
	语句			10	
	数组			5	
	函数			5	
技能	能够使用 C 语言进行程序设计			15	
素养	积极参加教学活动，主动学习、思考、讨论			5	
	认真负责，按时完成学习、实训任务			5	
	团结协作，与组员之间密切配合			5	
	服从指挥，遵守课堂和实训室纪律			5	
	有竞争意识、勇于克服困难			5	
合计				100	
自我评价					
教师评价					

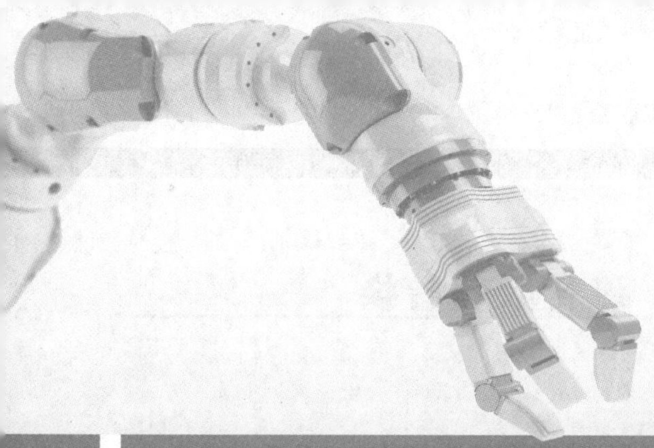

模块二 认识数制和编码

模块导读

单片机中的数据和信息都是以二进制编码形式表示的，与我们日常生活中熟悉的十进制并不相同，因此掌握单片机数制和编码是学习单片机原理与应用的基础。本模块将带领大家认识数制和编码。

学习目标

知识目标

- 掌握数制的表示形式。
- 掌握数制之间的转换方法。
- 了解计算机中数的表示形式。
- 了解 BCD 码、ASCII 码的表示形式。

能力目标

- 能够正确完成十进制数与二进制数、八进制数、十六进制数之间的转换。
- 能够正确完成二进制数、八进制数、十六进制数之间的转换。
- 能够正确完成原码、反码、补码之间的转换。
- 能够熟练使用 BCD 码、ASCII 码。

素质目标

- 加强实践练习，掌握一定的专业技能和职业素养。
- 具备勇于创新、虚心好学的品质。
- 养成自主学习、协作学习、探究学习的意识。

模块实训——使用“计算器”进行数制转换

一、实训描述

目前人们通用的数制是十进制，但使用十进制并非是天经地义的，它只不过是来源于远古时代用十指记数的一种约定俗成的习惯。事实上，在我们生活中也有使用非十进制的实例，如日期、时间的表示等。

计算机出现以后，基于计算机本身的硬件结构，多采用二进制来表示和存储数据，但由于二进制位数较长，书写、阅读和记忆都不方便，因此又出现了十六进制。而计算机与人的信息交换又多用十进制，因此，熟悉计算机中的常用数制及相互转换十分重要。

二、实训步骤

参考步骤如下。

步骤 1▶ 单击“开始”按钮，在打开的“开始”菜单中选择“计算器”选项，打开“计算器”程序窗口。

步骤 2▶ 单击“打开导航”按钮☰，在打开的导航中选择“程序员”选项，切换到“程序员”选项，如图 2-1 所示。

步骤 3▶ 选择“BIN”（二进制）选项，然后输入二进制数 10100110，计算器会自动将其转换为 HEX（十六进制）、DEC（十进制）、OCT（八进制），如图 2-2 所示。

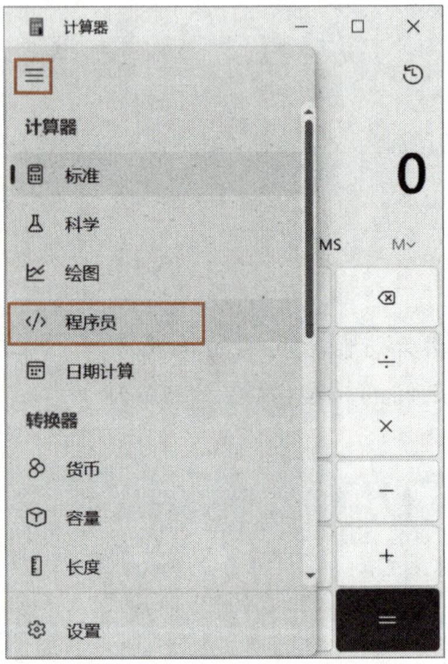

图 2-1　选择“程序员”选项

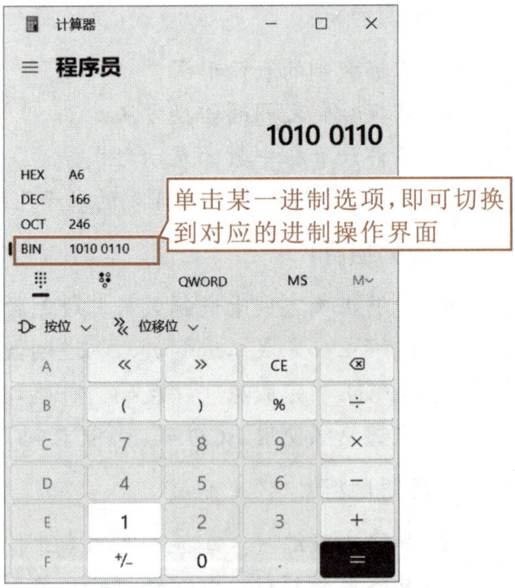

图 2-2　输入二进制数后，计算器自动将其转换为其他进制数

提　示

Windows 自带的计算器目前只能进行整数部分的数制转换，不能进行小数部分的数制转换。将其他进制数转换为十进制数时，对于小数部分，我们可以用计算器计算每一位数的位权并乘以该数，然后依次相加。例如，将八进制数 0.23 转换为十进制数的操作如下。

首先，将计算器切换为“科学”模式，输入常数 8（如果是十六进制数转换为十进制数，则为 16），然后依次单击“x^y”键、“1”键、“+/–”键、“×”键和“2”键（见图 2-3），最后单击“＝”键，得出八进制数 0.2 转换为十进制数的结果是 0.25，如图 2-4 所示。

用同样的方法计算八进制数 0.03 转换为十进制数的结果是 0.046 875，将其与 0.25 相加得出八进制数 0.23 转换为十进制数的结果是 0.296 875。

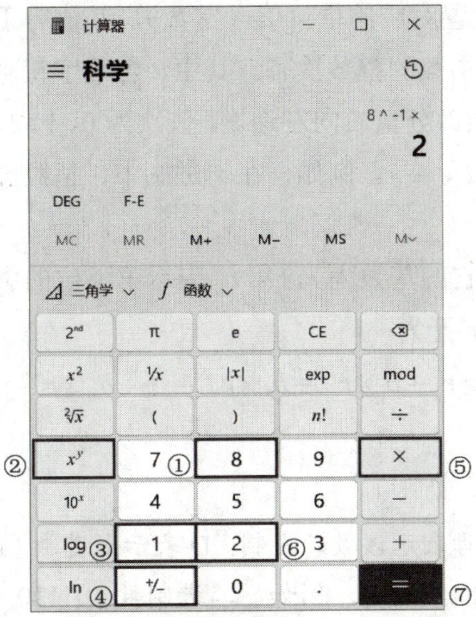

图 2-3　输入运算公式

图 2-4　得出运算结果

三、实训思考

在模块实训过程中，根据实际情况，你认为自己哪些地方做得很好，还有哪些地方需要改进。

笔记

相关知识

一、数制

数制是指数的制式，是用一组固定的符号和统一的规则（进位）来表示数值的一种科学方法。人们常用的数制有十进制、二进制、八进制和十六进制等。

无论使用哪一种数制，数值的表示都包含两个基本要素：基数和位权。

- **基数：** 一种数制允许使用的计数符号（或称数码）的个数。一般而言，r 进制的基数为 r，即可供使用的计数符号有 r 个，分别为 $0 \sim r-1$，每个数位计满 r 就向其高位进 1，即“逢 r 进一”。
- **位权：** 简称权，是指数制中每一固定位置对应的单位值（常数），其值等于以基数为底，以数字符号所处位置的序号为指数的整数次幂。其中，各数字符号所处位置的序号计法：以小数点为基准，整数部分自右向左递增，依次为 0、1、2、…；小数部分自左向右递减，依次为 −1、−2、…。例如，在十进制中，整数部分自右向左第 3 位的权为 10^2，即 100。

一个 r 进制数，它所用的计数符号有 r 个，它的基数为 r，用 r^k 表示第 k 位的位权，因此，r 进制数 $a_n a_{n-1} \cdots a_2 a_1 a_0 . b_1 b_2 \cdots b_m$ 可以按权展开为

$$a_n \times r^n + a_{n-1} \times r^{n-1} + \cdots + a_2 \times r^2 + a_1 \times r^1 + a_0 \times r^0 + b_1 \times r^{-1} + b_2 \times r^{-2} + \cdots + b_m \times r^{-m}$$

提 示

一般情况下，可以在数字的后面用特定的字母表示该数的进制：D 表示十进制（D 可省略）；B 表示二进制；O 表示八进制；H 表示十六进制。例如，二进制数 101110 表示为 101110B。

（一）十进制

十进制数的特征如下。

（1）十进制所采用的计数符号有 10 个，即 0、1、2、…、9。

（2）基数为 10。

（3）逢十进一，借一当十。

例如，十进制数 125.36 按权展开为

$$125.36\text{D} = 1 \times 10^2 + 2 \times 10^1 + 5 \times 10^0 + 3 \times 10^{-1} + 6 \times 10^{-2}$$

（二）二进制

二进制数的特征如下。

（1）二进制所采用的计数符号有 2 个，即 0 和 1。

（2）基数为 2。

（3）逢二进一，借一当二。

例如，二进制数 1101 按权展开为

$$1101B = 1\times2^3 + 1\times2^2 + 0\times2^1 + 1\times2^0$$

知识链接

人们习惯用十进制计数，而计算机则采用二进制计数，这是由于二进制在计算机设备中易于实现，计算规则简单，且易应用于逻辑代数（真和假）。

在单片机中，所有信息（包括数值、字符、汉字、指令等）的存储、处理与传送都是采用二进制的形式。二进制数中只有“0”和“1”两个计数符号，利用二进制数进行操作和运算比较符合机器的特点，运算简单、可靠性高、易于实现，但是阅读与书写比较复杂。二进制数的运算规则如表 2-1 所示。

表 2-1　二进制数的运算规则

加法运算	减法运算	乘法运算
$0+0=0$	$0-0=0$	$0\times0=0$
$0+1=1$	$10-1=1$（向高位借 1）	$0\times1=0$
$1+0=1$	$1-0=1$	$1\times0=0$
$1+1=10$（向高位进 1）	$1-1=0$	$1\times1=1$

（三）八进制

八进制数的特征如下。

（1）八进制所采用的计数符号有 8 个，即 0、1、2、…、7。

（2）基数为 8。

（3）逢八进一，借一当八。

例如，八进制数 7251 按权展开为

$$7251O = 7\times8^3 + 2\times8^2 + 5\times8^1 + 1\times8^0$$

（四）十六进制

十六进制数的特征如下。

（1）十六进制所采用的计数符号有 16 个，即 0～9、A、B、C、D、E 和 F。

（2）基数为 16。

（3）逢十六进一，借一当十六。

例如，十六进制数 D27A 按权展开为

$$D27AH = 13\times16^3 + 2\times16^2 + 7\times16^1 + 10\times16^0$$

二、数制之间的转换

（一）十进制数转换成二进制数、八进制数、十六进制数

十进制数转换成二进制数、八进制数和十六进制数时，需要将整数部分和小数部分分别进行转换，然后把转换的结果合在一起。下面以将一个十进制数转换成 r 进制数为例进行说明。

1．整数部分的转换

整数部分的转换采用“除基取余法”，方法如下。

将十进制数的整数部分反复除以基数 r，将每次得到的商作为被除数，并取得相应的余数，直到商为0。将每次得到的余数按所得顺序的相反顺序排列，即为转换后的 r 进制整数。

2．小数部分的转换

小数部分的转换采用“乘基取整法”，方法如下。

将十进制数的小数部分反复乘以基数 r，将每次乘积的小数部分作为被乘数，并取得相应的整数部分，直到乘积的小数部分为 0。将每次得到的整数部分按先后顺序排列在小数点后，即为转换后的 r 进制小数。

【例 2-1】 将 69.625D 转换成二进制数、八进制数和十六进制数。

【解】 （1）转换成二进制数。

整数部分：

除式	余数
2 | 69	
2 | 34	1
2 | 17	0
2 | 8	1
2 | 4	0
2 | 2	0
2 | 1	0
0	1

小数部分：

乘式	整数
0.625	
× 2	
1.250	1
0.25	
× 2	
0.50	0
× 2	
1.0	1

所以，69.625D = 1000101.101B。

（2）转换成八进制数。

整数部分：

除式	余数
8 | 69	
8 | 8	5
8 | 1	0
0	1

小数部分：

乘式	整数
0.625	
× 8	
5.000	5

所以，69.625D = 105.5O。

（3）转换成十六进制数。

整数部分：

16	69	余 数
16	4	5
	0	4

小数部分：

0.625	整 数
× 16	
10.000	10 (A)

所以，69.625D = 45.AH。

提　示

有些十进制小数不能精确地转换成二进制小数，即无法使乘积的小数部分得到 0，此时根据精度要求保留到相应的小数位即可。

（二）二进制数、八进制数、十六进制数转换成十进制数

二进制数、八进制数、十六进制数转换成十进制数非常简单，方法如下。

将二进制数、八进制数、十六进制数按权展开，然后各项相加，即可得到相应的十进制数。

【例 2-2】 将非十进制数 1011.11B、154.01O、1CB.DH 转换成十进制数。

【解】

$$1011.11B = 1\times2^3 + 0\times2^2 + 1\times2^1 + 1\times2^0 + 1\times2^{-1} + 1\times2^{-2} = 11.75D$$

$$154.01O = 1\times8^2 + 5\times8^1 + 4\times8^0 + 0\times8^{-1} + 1\times8^{-2} = 108.015\,625D$$

$$1CB.DH = 1\times16^2 + 12\times16^1 + 11\times16^0 + 13\times16^{-1} = 459.812\,5D$$

（三）二进制数、八进制数、十六进制数之间的转换

二进制数、八进制数、十六进制数之间存在特殊的关系：$8^1 = 2^3$、$16^1 = 2^4$，即 1 位八进制数对应 3 位二进制数，1 位十六进制数对应 4 位二进制数，表 2-2 列出了它们之间的对应关系。

表 2-2　二进制数、八进制数与十六进制数之间的对应关系

二进制数	八进制数	十六进制数
0000	0	0
0001	1	1
0010	2	2
0011	3	3
0100	4	4

表 2-2（续）

二进制数	八进制数	十六进制数
0101	5	5
0110	6	6
0111	7	7
1000	10	8
1001	11	9
1010	12	A
1011	13	B
1100	14	C
1101	15	D
1110	16	E
1111	17	F

1．二进制数转换成八进制数

二进制数转换成八进制数的方法：从小数点开始向左右两边每 3 位并为一组，对应 1 位八进制数，不足 3 位时补 0 即可。

2．二进制数转换成十六进制数

二进制数转换成十六进制数的方法：从小数点开始向左右两边每 4 位并为一组，对应 1 位十六进制数，不足 4 位时补 0 即可。

【例 2-3】 将 1101101.0101B 转换成八进制数和十六进制数。

【解】 （1）二进制数转换成八进制数。

二进制数：	001	101	101	.	010	100
	↓	↓	↓	↓	↓	↓
八进制数：	1	5	5	.	2	4

所以，1101101.0101B＝155.24O。

（2）二进制数转换成十六进制数。

二进制数：	0110	1101	.	0101
	↓	↓	↓	↓
十六进制数：	6	D	.	5

所以，1101101.0101B＝6D.5H。

3．八进制数转换成二进制数

八进制数转换成二进制数的方法：把每 1 位八进制数转换成相应的 3 位二进制数。

4．十六进制数转换成二进制数

十六进制数转换成二进制数的方法：把每 1 位十六进制数转换成相应的 4 位二进制数。

【例 2-4】 将 207.54O 和 E4.2AH 转换成二进制数。

【解】 （1）八进制数转换成二进制数。

八进制数：	2	0	7	.	5	4
	↓	↓	↓	↓	↓	↓
二进制数：	010	000	111	.	101	100

所以，207.54O = 10000111.1011B。

（2）十六进制数转换成二进制数。

十六进制数：	E	4	.	2	A
	↓	↓	↓	↓	↓
二进制数：	1110	0100	.	0010	1010

所以，E4.2AH = 11100100.0010101B。

三、计算机中数的表示

计算机中的所有信息都是以二进制形式存储的，为了便于处理信息，计算机中数的表示形式有带符号数和无符号数两种。

◈ **带符号数：**用最高位作为符号位，且用 0 表示正数，用 1 表示负数，其一般形式如下。

D_{n-1}	D_{n-2} …… D_0
符号位	数值部分

例如，11001010 表示−74(4AH)。

◈ **无符号数：**没有符号位，全部的有效位都用来表示数的大小，其一般形式如下。

D_{n-1} …… D_0
数值部分

例如，11001010 表示202(0CAH)。

提 示

如果十六进制数的最高位是 A～F 某一位，还需要在其前面加一个数字“0”，以便于程序编译。

由于带符号数较为常用，下面我们重点介绍带符号数的表示形式。带符号数在计算机中的表示形式主要有原码、反码和补码。

要了解原码、反码和补码，首先要了解机器数和真值的概念。

◈ **机器数：**一个二进制数连同符号位在内作为一个数。

◈ **真值：**机器数的实际数值。

（一）原码

原码表示时，最高位为符号位，0 表示正数，1 表示负数，后 7 位为二进制数的数值位，数值位与真值数值位相同，通常用$[X]_{原}$表示。

【例 2-5】 求+115 和−115 的原码（设机器数的位数是 8）。

【解】 $[+115]_{原} = 01110011B$；$[-115]_{原} = 11110011B$

提　示

由于$[+0]_{原} = 00000000B$，而$[-0]_{原} = 10000000B$，所以数 0 的原码不唯一。8 位二进制原码能表示的范围是：−127～+127。

（二）反码

反码表示时，正数的反码与原码表示相同；负数的反码，其符号位为 1，数值位为原码数值各位取反。反码通常用$[X]_{反}$表示。

【例 2-6】 求+103、−103 的反码。

【解】 当 X = +103 时，$[X]_{原} = 01100111B$，则

$$[X]_{反} = [X]_{原} = 01100111B$$

当 X = −103 时，$[X]_{原} = 11100111B$，则

$$[X]_{反} = 10011000B$$

（三）补码

补码表示时，正数的补码与原码相同；负数的补码，其符号位为 1，数值位等于反码加 1，即$[X]_{补} = [X]_{反}+1$。

【例 2-7】 求+73、−73 的反码。

【解】
$$[+73]_{补} = [+73]_{原} = 01001001B$$
$$[-73]_{补} = [-73]_{反}+1 = 10110110 + 1 = 10110111B$$

四、编码

（一）BCD 码

BCD（Binary-Coded Decimal）码是一种用 4 位二进制数表示 1 位十进制数的代码。BCD 码可分为有权码和无权码两类。有权 BCD 码有 8421 码、2421 码、5421 码；无权 BCD 码有余 3 码、格雷码等。其中，8421 码是最基本和最常用的 BCD 码，它和 4 位自然二进制码相似，从高到低 4 位二进制数的权值分别是 8、4、2、1。8421 码如表 2-3 所示。

表 2-3　8421 码

十进制数	8421 码	十进制数	8421 码
0	0000	5	0101
1	0001	6	0110
2	0010	7	0111
3	0011	8	1000
4	0100	9	1001

提　示

和 4 位自然二进制码不同的是，8421 码只选用了 4 位自然二进制码中的前 10 组代码，余下的 6 组代码不用。通常所说的 BCD 码大都是指 8421 码。

【例 2-8】　写出 79.5D 的 BCD 码表示。

【解】

$$79.5D = 01111001.0101BCD$$

（二）ASCII 码

计算机除了处理数值信息外，还要处理大量的字符信息（如英文字母、标点符号、控制字符等）。目前，广泛使用的字符编码是 ASCII 码，即美国信息交换标准代码（American Standard Code for Information Interchange）。它用 8 位二进制数表示，共可表示 256 个字符。例如，字符 A 的编码表示如下。

b7	b6	b5	b4	b3	b2	b1	b0
0	1	0	0	0	0	0	1

码值为 0～127 的编码称为 ASCII 码基本集，它只使用低 7 位二进制数，其最高位（b7）用作奇偶校验位。码值为 128～255 的编码称为 ASCII 码扩展集，留作他用。常用字符与 ASCII 码值的对照关系如表 2-4 所示。

表 2-4　常用字符与 ASCII 码值的对照关系

码值	字符	码值	字符	码值	字符	码值	字符	码值	字符	码值	字符
0	NUL	22	SYN	44	,	66	B	88	X	110	n
1	SOH	23	ETB	45	-	67	C	89	Y	111	o
2	STX	24	CAN	46	.	68	D	90	Z	112	p
3	ETX	25	EM	47	/	69	E	91	[	113	q
4	EOT	26	SUB	48	0	70	F	92	\	114	r

表 2-4（续）

码值	字符	码值	字符	码值	字符	码值	字符	码值	字符	码值	字符
5	ENQ	27	ESC	49	1	71	G	93	]	115	s
6	ACK	28	FS	50	2	72	H	94	^	116	t
7	BEL	29	GS	51	3	73	I	95	_	117	u
8	BS	30	RS	52	4	74	J	96	`	118	v
9	HT	31	US	53	5	75	K	97	a	119	w
10	LF	32	SP	54	6	76	L	98	b	120	x
11	VT	33	!	55	7	77	M	99	c	121	y
12	FF	34	“	56	8	78	N	100	d	122	z
13	CR	35	#	57	9	79	O	101	e	123	{
14	SO	36	$	58	:	80	P	102	f	124	|
15	SI	37	%	59	;	81	Q	103	g	125	}
16	DLE	38	&	60	<	82	R	104	h	126	~
17	DC1	39	‘	61	=	83	S	105	i	127	DEL
18	DC2	40	(	62	>	84	T	106	j		
19	DC3	41	)	63	?	85	U	107	k		
20	DC4	42	*	64	@	86	V	108	l		
21	NAK	43	+	65	A	87	W	109	m		

学习成果检验

一、选择题

1．八进制可用字母（　　）表示。

A．B　　B．D

C．H　　D．O

2．在单片机中，所有信息（包括数值、字符、汉字、指令等）的存储、处理与传送都是采用（　　）的形式。

A．二进制　　B．十进制

C．八进制　　D．十六进制

3．二进制数 1001001 转换成十进制数是（　　）。

A．72　　B．71

C．75　　D．73

4．十进制数 59 转换成无符号二进制整数是（　　）。

A．0111101　　B．0111011

C．0111101　　D．0111111

5．ASCII 码用（　　）位二进制数表示。

A．2　　B．4

C．8　　D．16

二、填空题

1．无论使用哪一种数制，数值的表示都包含两个基本要素：____________和位权。

2．十六进制所采用的计数符号有 16 个，即____________________________。

3．带符号数用____________作为符号位，且用 0 表示正数，用 1 表示负数。

4．BCD 码是一种用____________位二进制数表示 1 位十进制数的代码。

三、简答题

1．将下列各二进制数转换为十进制数及十六进制数。

（1）11011B；　　（2）1101001B；　　（3）1111B。

2．什么是原码、反码及补码？

3．已知原码如下，写出其反码和补码。

（1）$[X]_{原}=01011001$；　　（2）$[X]_{原}=11000110$；

（3）$[X]_{原}=01110001$；　　（4）$[X]_{原}=10011011$。

学习成果评价

指导教师根据学生的实际学习成果对其进行评价，学生配合指导教师共同完成学习成果评价表，如表 2-5 所示。

表 2-5　学习成果评价表

班级		组号		日期	
姓名		学号		指导教师	
评价项目	评价内容			满分/分	评分/分
知识	数制			5	
	数制之间的转换			5	
	计算机中数的表示			5	
	编码			5	
技能	能够正确完成十进制数与二进制数、八进制数、十六进制数之间的转换			15	
	能够正确完成二进制数、八进制数、十六进制数之间的转换			15	
	能够正确完成原码、反码、补码之间的转换			10	
	能够熟练使用 BCD 码、ASCII 码			15	
素养	积极参加教学活动，主动学习、思考、讨论			5	
	认真负责，按时完成学习、实训任务			5	
	团结协作，与组员之间密切配合			5	
	服从指挥，遵守课堂和实训室纪律			5	
	有竞争意识、勇于克服困难			5	
合计				100	
自我评价					
教师评价					

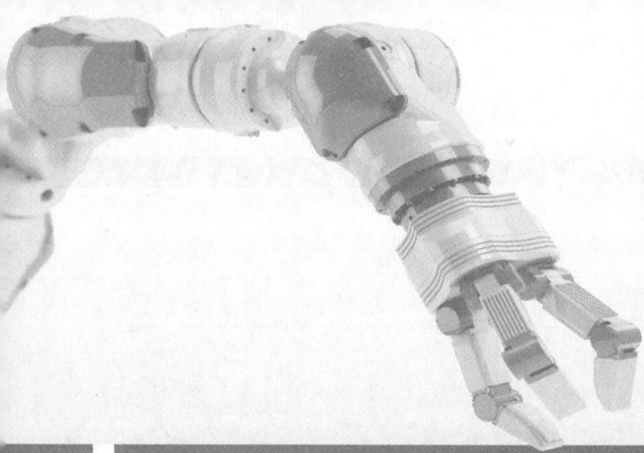

模块三
认识单片机的内部组成

模块导读

自 20 世纪 70 年代，单片机诞生以来，其发展速度非常迅猛，应用领域也越来越广泛，因此，对单片机相关知识的学习是非常重要的。本模块主要介绍单片机的内部组成，通过本模块的学习，学生将对单片机有更深入的了解，有助于后续知识的学习。

学习目标

知识目标

- 掌握 MCS-51 系列单片机的内部结构、引脚定义及功能。
- 掌握单片机应用系统的开发流程。
- 掌握 MCS-51 系列单片机的常用软件。

能力目标

- 能够使用 Keil 软件、Proteus 软件进行编译、仿真、调试。
- 能够设计简单的单片机应用系统。

素质目标

- 加强实践练习，掌握一定的专业技能和职业素养。
- 具备精益求精、科学严谨、追求卓越的工匠精神。
- 养成自主学习、协作学习、探究学习的意识。

模块实训——设计 LED 流水灯

一、实训描述

夜晚时，在城市的大街小巷，随处可以看到各式各样的广告艺术灯、霓虹灯和流水灯等，它们变幻着绚烂的色彩和动感的图案，这些大多是由单片机控制 LED 灯来实现的。

请设计制作 8 个 LED 灯的闪烁控制系统。要求每次只亮 1 个灯，其他灯全灭，从第 1 个灯开始亮，然后第 2 个灯亮，依此类推，第 8 个灯亮过之后，再转到第 1 个灯，循环闪烁呈现出流水灯的效果。每个灯亮的时间间隔为 1 s。

二、实训步骤

（一）整体设计思想

本系统采用 MCS-51 系列单片机。在单片机的一个 I/O 端口上接 8 个发光二极管（LED），编写 C 语言程序使 8 个 LED 灯从上到下循环闪烁，时间间隔为 1 s，呈现出流水灯的效果。

（二）硬件设计

根据 LED 流水灯的整体设计思想，LED 流水灯硬件系统原理图如图 3-1 所示，将 8 个 LED 灯分别连接在 P2.0～P2.7 端口上。

（三）软件设计

要实现流水灯功能，只要将 D_1～D_8 灯依次点亮、熄灭即可。端口输出低电平，LED 灯点亮；端口输出高电平，LED 灯熄灭。因此，LED 流水灯的程序设计流程如下。

P2.0 低→延时→P2.0 高→P2.1 低→延时→P2.1 高→P2.2 低→延时→P2.2 高→P2.3 低→延时→P2.3 高→P2.4 低→延时→P2.4 高→P2.5 低→延时→P2.5 高→P2.6 低→延时→P2.6 高→P2.7 低→延时→P2.7 高→返回到程序开始处。

扫一扫

参考代码

（四）利用 Keil 软件编译、调试

1. 启动 Keil

双击桌面上的 Keil 图标，打开工作界面，如图 3-2 所示。工作界面包含工程窗口、程序编辑窗口及输出窗口等。

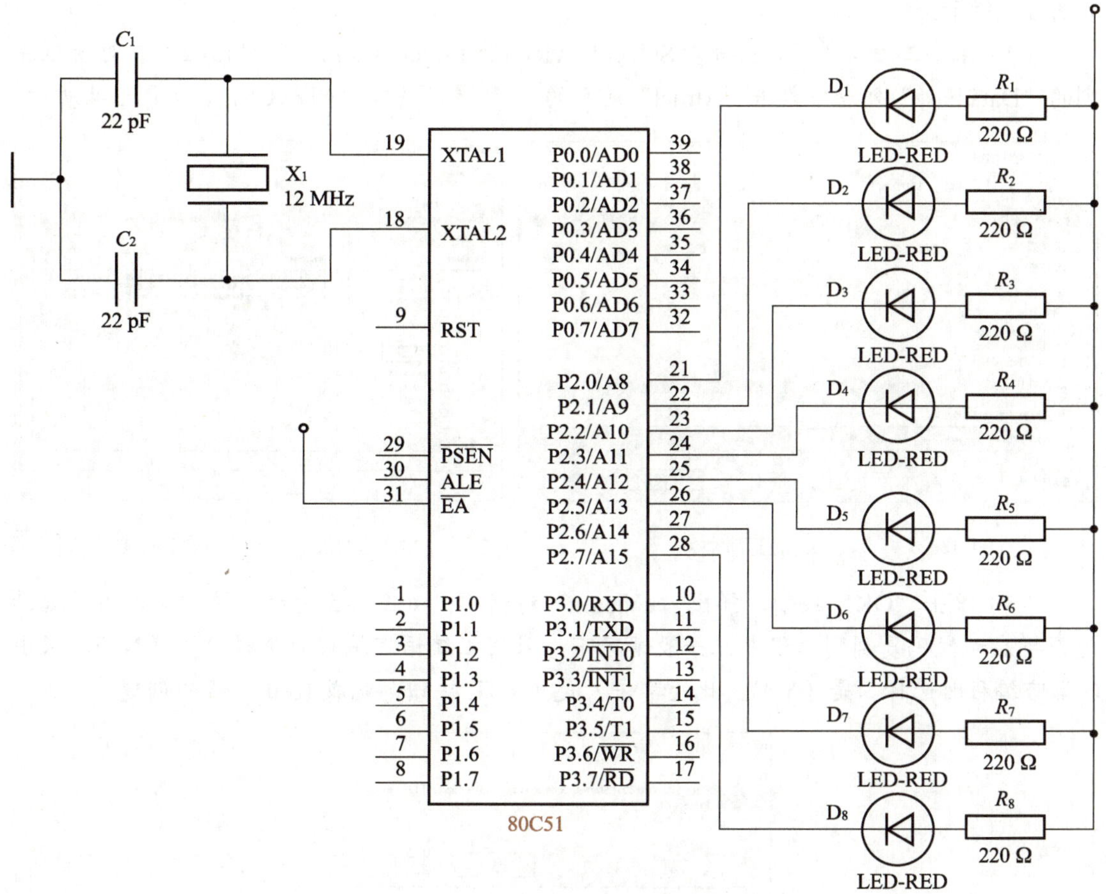

图 3-1　LED 流水灯硬件系统原理图

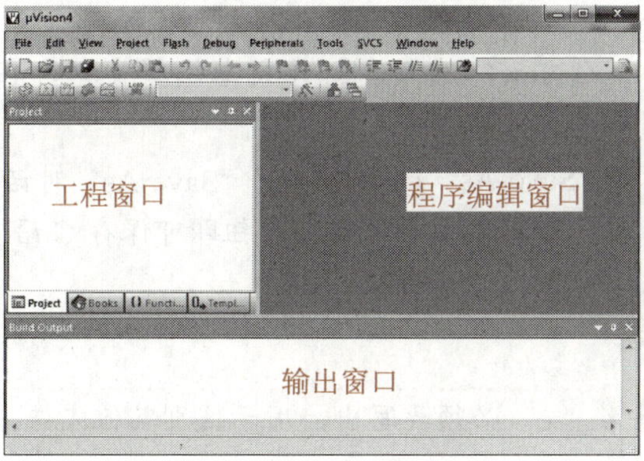

图 3-2　Keil 工作界面

2．创建 Keil 工程

（1）选择 “Project” → “New µVision Project” 选项，弹出 “Create New Project” 对话框，在对话框中选择工程保存路径并输入工程名 “LED 流水灯”，单击 “保存” 按钮，

如图 3-3 所示。

（2）保存工程文件后，弹出“Select Device for Target ‘Target1’”对话框，在对话框左侧的“Data base”列表中单击“Atmel”前面的“+”号，选择“AT89C51”，如图 3-4 所示。

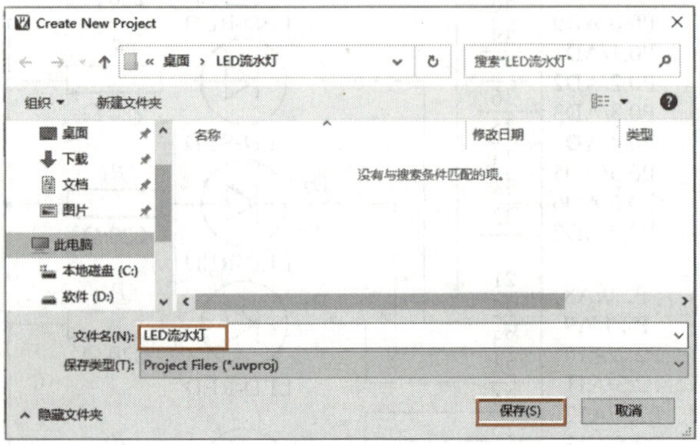

图 3-3　创建 Keil 工程文件

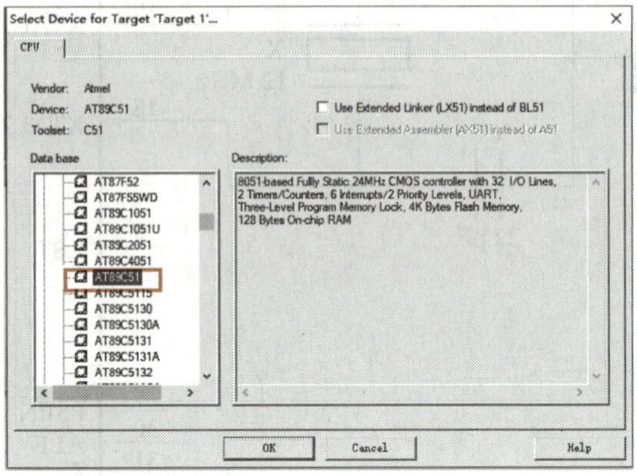

图 3-4　“Select Device for Target ‘Target1’”对话框

（3）单击“OK”按钮，弹出“μVision”对话框，如图 3-5 所示。该对话框用于选择是否将启动代码复制到工程中。一般情况下，采用汇编语言编程时选择“否（N）”，采用 C 语言编程时选择“是（Y）”。此处单击“是（Y）”按钮，完成 Keil 工程的创建。

图 3-5　“μVision”对话框

3. 创建文件

（1）选择“File”→“New”选项，打开文本编辑窗口，在该窗口中输入 C 语言程序。

（2）选择“File”→“Save As”选项，弹出“Save As”对话框，在“文件名”编辑框中输入“LED 流水灯.c”，然后单击“保存”按钮即可保存 C 语言程序文件。

提　示

文件名后面的扩展名“.c”必须要写出，用于区别其他文件。

（3）在“Project”窗口中，单击“Target 1”前面的“+”号，打开下一层“Source Group 1”；右击“Source Group 1”，在弹出的快捷菜单中选择“Add Files to Group ‘Source Group 1’”选项（见图 3-6），此时弹出“Add Files to Group ‘Source Group 1’”对话框。

（4）在“Add Files to Group ‘Source Group 1’”对话框的“文件类型”下拉列表中，

选择“C Source file（*.c）”类型，找到并选择前面新建的“LED 流水灯.c”文件，然后单击“Add”按钮，即可将 C 语言程序文件添加到工程中。添加 C 语言程序文件后的效果如图 3-7 所示。

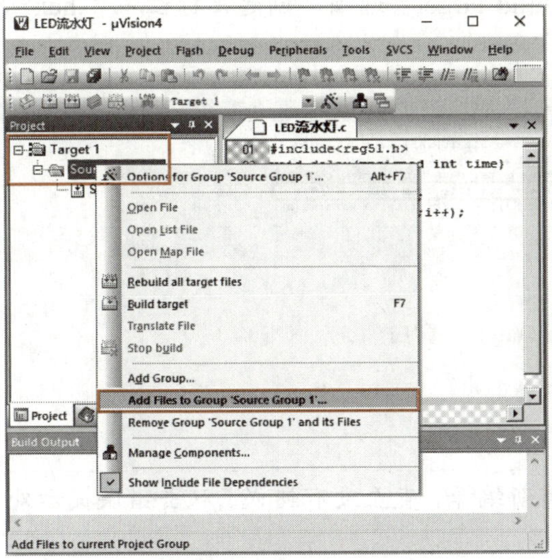

图 3-6　添加程序文件

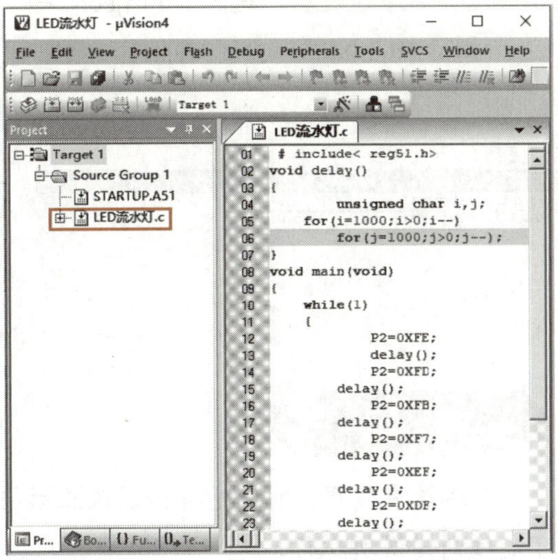

图 3-7　添加 C 语言程序文件后的效果

4．设置工程属性

（1）在“Project”窗口中，右击“Target 1”，在弹出的快捷菜单中选择“Option for Target ‘Target 1’”选项，弹出“Option for Target ‘Target 1’”对话框。此对话框中有 10 个选项卡，大部分都可以选择默认设置，通常需要进行设置的选项有“Target”和“Output”。

（2）选择“Target”选项卡，可以进行工程目标属性设置，如“Xtal”“Memory Model”等。设置时，参数与系统实际相符即可，如图 3-8 所示。

（3）选择“Output”→“Create Executable”选项，勾选“Debug Information”“Browse Information”“Create HEX File”前的复选框，在“HEX Format”后的下拉列表中选择“HEX-80”，如图 3-9 所示，然后单击“OK”按钮。

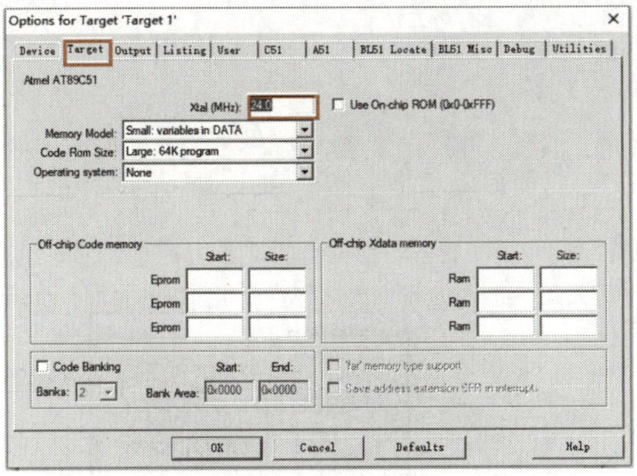

图 3-8　“Target”选项卡

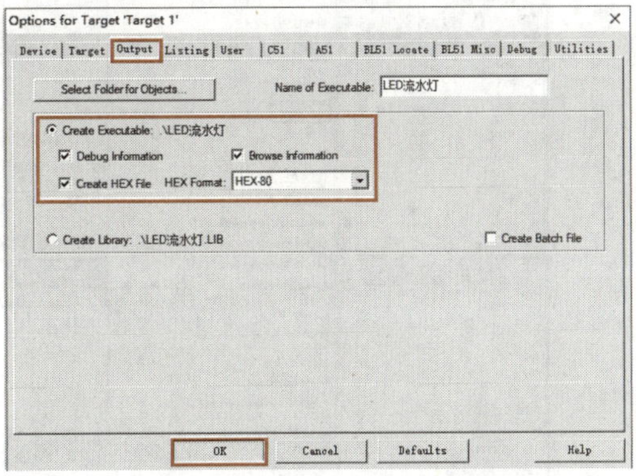

图 3-9　“Output”选项卡

5. 调试运行

（1）选择“Project”→“Translate”选项，编译当前文件，编译过程中的相关信息将出现在“Build Output”窗口中。如图 3-10（a）所示，编译结果为 0 错误，0 警告。

（2）编译通过后，选择“Project”→“Build target”选项，创建目标程序“.hex”文件，如图 3-10（b）所示。

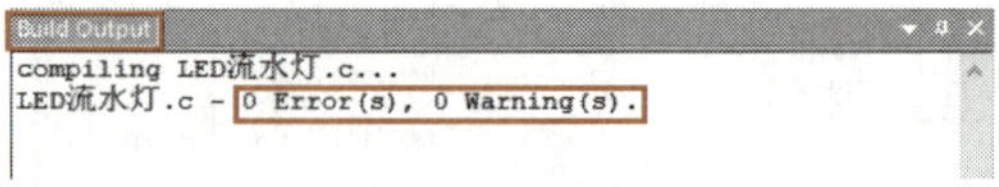

（a）

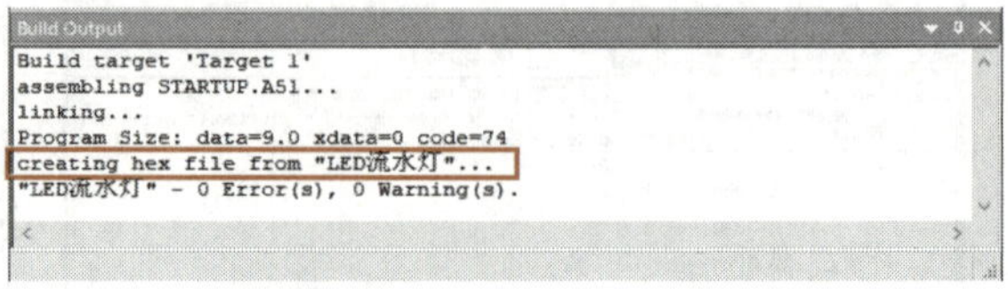

（b）

图 3-10 “Build Output”窗口

提 示

若编译有错误，则应先将错误改正后再重新编译，直至没有错误。双击错误提示处，可定位到错误所在行。

（3）编译成功后，选择“Debug”→“Start/Stop Debug Session”选项，进入 Keil 调试模式。如图 3-11 所示，选择“Run”，将运行到一个中断；选择“Step”，将单步运行；选择“Step Over”，将跳过函数单步运行。

（4）进入调试模式后，选择“Peripherals”→“Interrupt”“I/O-Ports”“Serial”“Timer”选项，可以打开中断、I/O 端口、串行接口、定时器的观察窗口，并可以进行设置。例如，编译程序“LED 流水灯.c”后，选择“Peripherals”→“I/O-Ports”→“Port 2”选项，可以打开 P2 端口观察窗口。选择“Debug”→“Step”选项，将在 P2 端口观察窗口中看到程序运行结果，如图 3-12 所示。

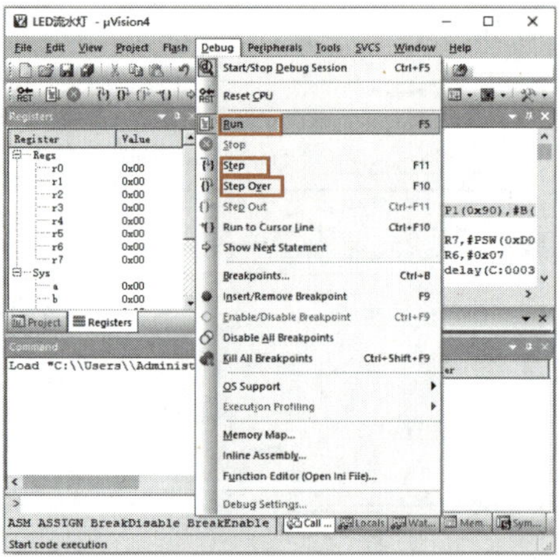

图 3-11 选择调试方式

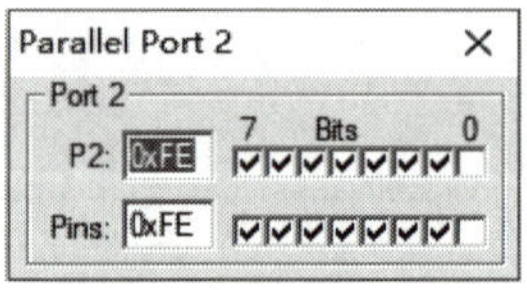

图 3-12 P2 端口观察窗口

提　示

图 3-12 中，“√”表示该位为 1，空白表示该位为 0。

（五）利用 Proteus 设计、仿真

1. 启动 Proteus

双击桌面上的 Proteus 图标打开软件，初始界面如图 3-13 所示。初始界面包含了 3 项菜单栏，分别是文件菜单、系统菜单和帮助菜单。其中，文件菜单是文件操作栏，包含对文件的基本操作，如新建工程、保存文件等；系统菜单是系统设置选项栏；帮助菜单为帮助栏。

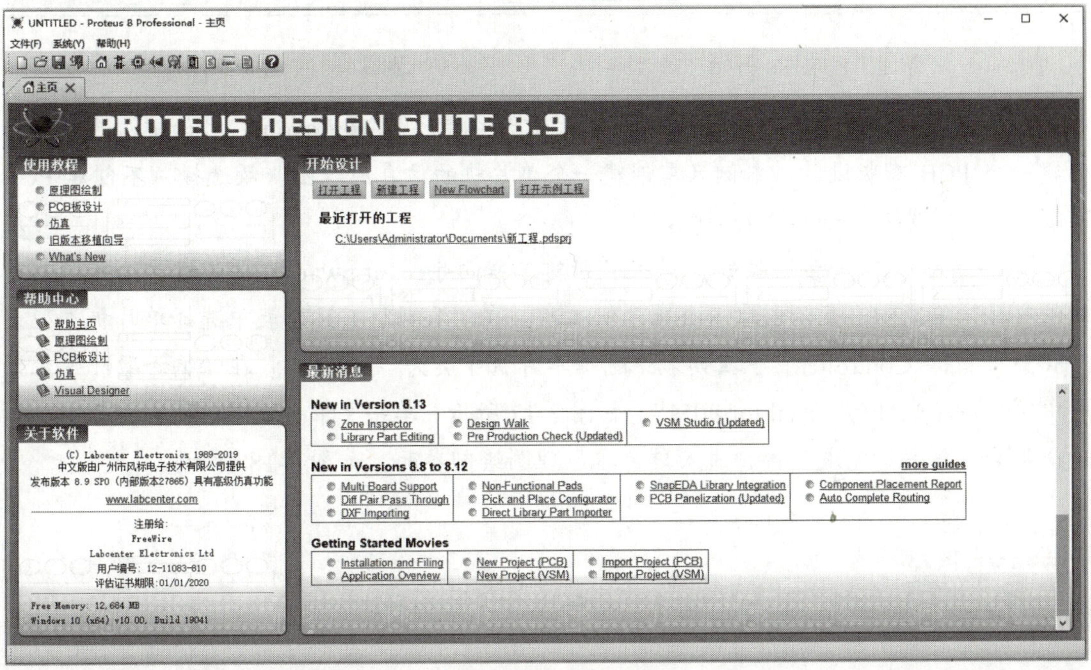

图 3-13　初始界面

2. 创建工程

（1）选择“文件”→“新建工程”选项，打开“新建工程向导：开始”对话框，在“名称”编辑框中输入工程名“LED 流水灯.pdsprj”；在“路径”编辑框中输入工程的保存路径（也可以通过“浏览”按钮选择保存路径），这里路径设定为桌面上名为“Proteus LED 流水灯”的空文件夹；工程类型设置区选择“新工程”单选钮，如图 3-14 所示。

（2）单击“下一步”按钮，弹出“新建工程向导：Schematic Design”对话框，选择“从选中的模板中创建原理图”单选钮，在“Design Templates”列表中选择“DEFAULT”选项，它表示创建一个默认的原理图模板，如图 3-15 所示。

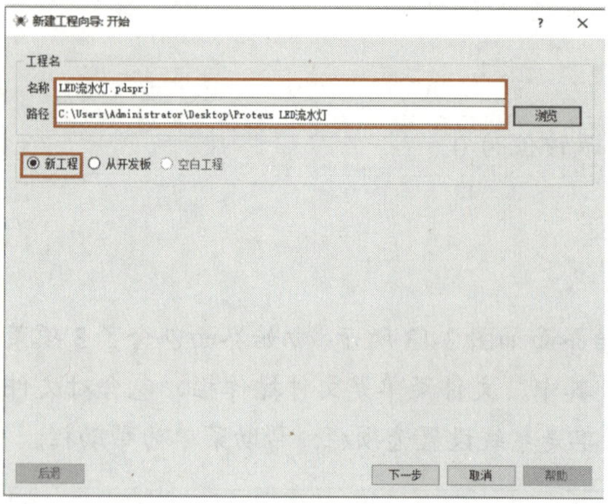

图 3-14 “新建工程向导：开始”对话框

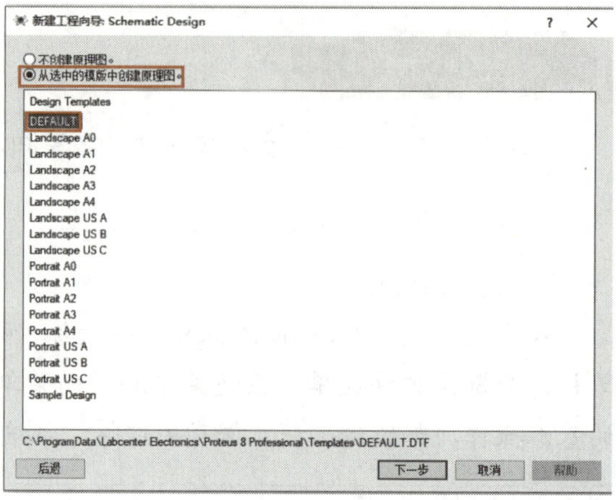

图 3-15 创建原理图模板

（3）单击“下一步”按钮，弹出“新建工程向导：PCB Layout”对话框，选择是否创建一个 PCB 布版设计。本例只需创建一个单片机的仿真原理图，故选择“不创建 PCB 布版设计”单选钮，如图 3-16 所示。

（4）单击“下一步”按钮，弹出“新建工程向导：Firmware”对话框，选择“创建固件项目”单选钮，表示创建一个单片机工程。在“系列”下拉列表中选择单片机类型为“8051”；在“Controller”下拉列表中选择单片机子类为“80C51”；在“编译器”下拉列表中选择编译软件为“Keil for 8051”，如图 3-17 所示。单击“下一步”按钮，打开下一个对话框后，单击“完成”按钮进入单片机原理图绘制界面，如图 3-18 所示。

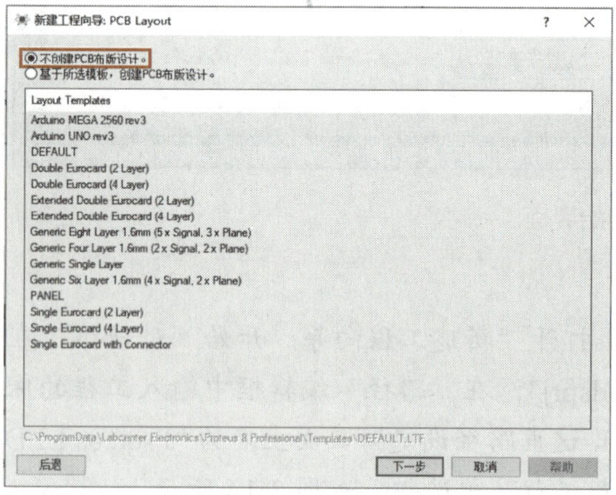

图 3-16 PCB 布版设计选择

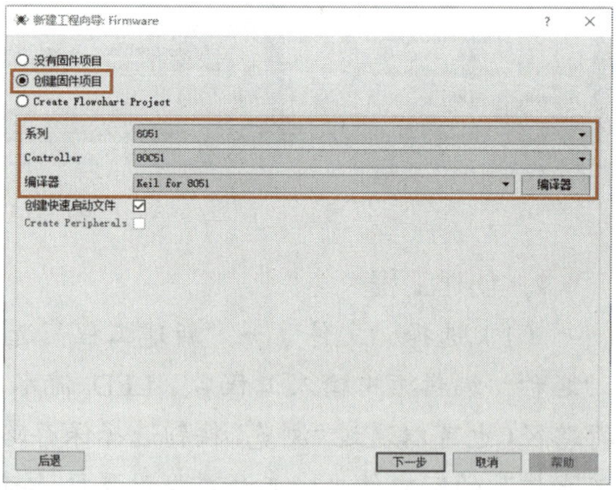

图 3-17 创建固件项目

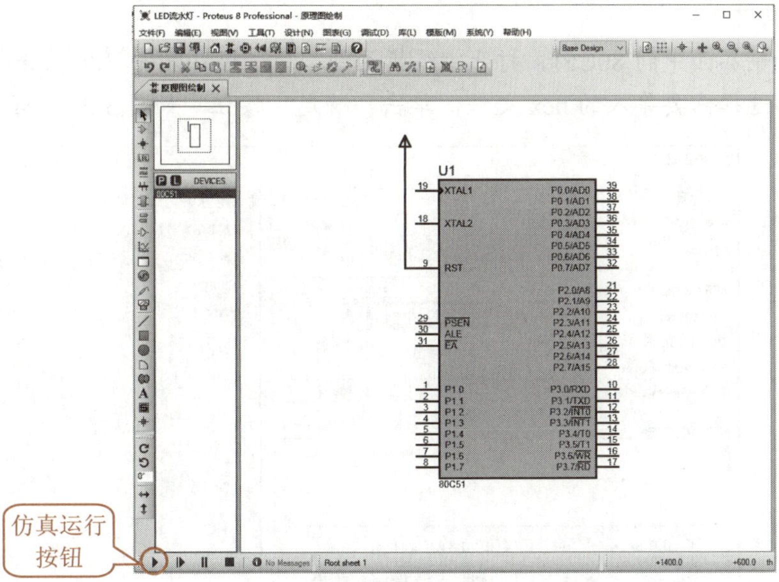

图 3-18　单片机原理图绘制界面

3．选取元器件并连接电路

（1）单击左侧导航栏中的按钮P，弹出“Pick Devices”对话框，在“Keywords”编辑框中输入关键词“LED”，对话框中部将出现关于 LED 的搜索结果，选择“LED-RED”选项，右侧上方即出现该元器件的预览图，如图 3-19 所示。单击“OK”按钮，该元器件将添加到元器件库中。

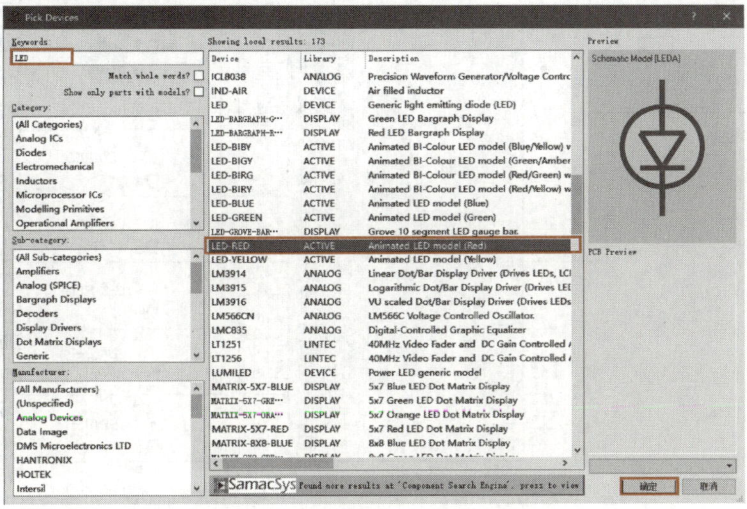

图 3-19　“Pick Devices”对话框

（2）使用上述方法在“Keywords”编辑框中分别输入关键词“CRYSTAL”“CAP”“RES”，选择相应的晶振、电容和电阻。添加完元器件后，修改各元器件参数，并按图 3-1 所示的 LED 流水灯硬件系统原理图连接各元器件。

4. 添加目标文件

双击原理图绘制界面中的 80C51，打开“编辑元件”对话框。单击“Program File”右侧的文件夹按钮，选择需要导入的 hex 文件，单击“确定”按钮，如图 3-20 所示。

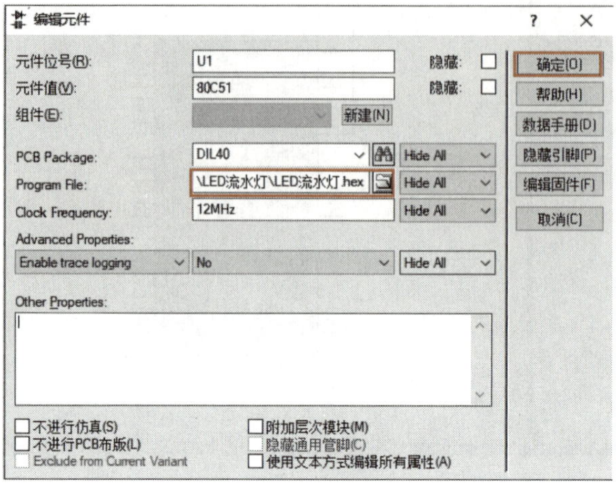

图 3-20　导入 hex 文件

5. 系统仿真

返回原理图绘制界面，单击仿真运行按钮（见图 3-18），即可进行 LED 流水灯的仿真，仿真效果如图 3-21 所示。

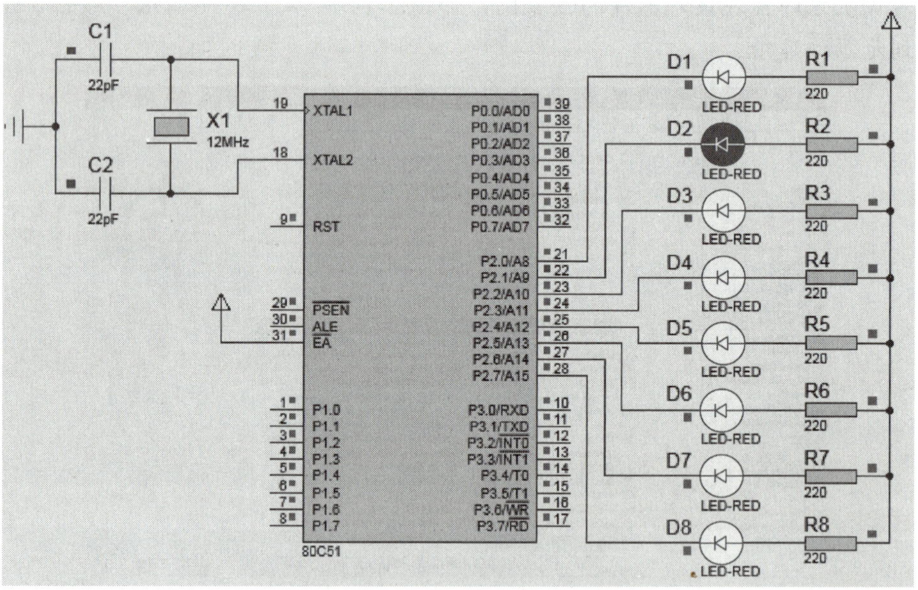

图 3-21　LED 流水灯仿真效果

进入仿真状态后，可以看到 D_1～D_8 灯会交替出现亮、灭两种显示效果。

扫一扫

实训解说

三、实训思考

在模块实训过程中，根据实际情况，你认为自己哪些地方做得很好，还有哪些地方需要改进。

笔记

相关知识

一、单片机的内部结构

51 系列单片机内部包括中央处理器（CPU）、片内数据存储器、片内程序存储器、定时/计数器、并行 I/O 端口、串行接口、中断系统和时钟电路等部件，如图 3-22 所示。

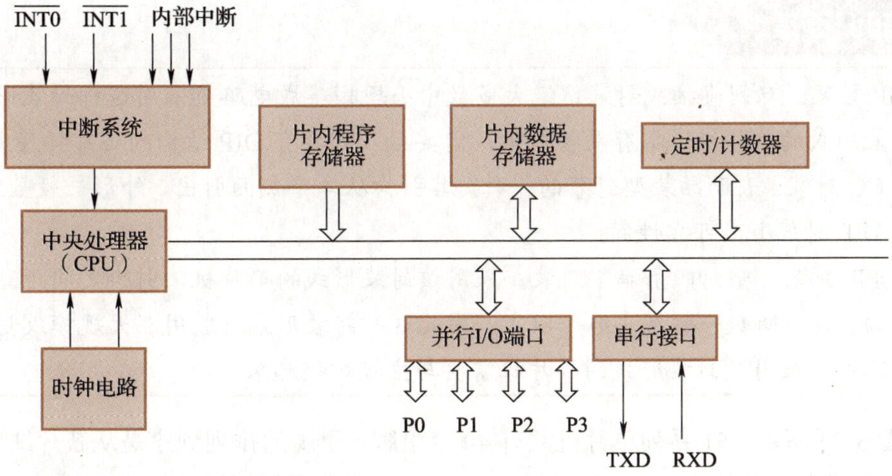

图 3-22 单片机内部结构框图

- **中央处理器（CPU）：** CPU 是单片机的核心部件，包含运算器、控制器及寄存器等。
- **片内数据存储器：** 简称片内 RAM。51 系列单片机共有 256 个 RAM 单元，其中后 128 个单元被专用寄存器占用，供用户使用的只有前 128 个单元。因此，通常所说的片内数据存储器指的是前 128 个单元。
- **片内程序存储器：** 简称片内 ROM。51 系列单片机有 4 KB 的 ROM，用于存放程序、原始数据或表格。
- **定时/计数器：** 51 系列单片机共有 2 个 16 位的定时/计数器，它们主要用来完成定时或计数功能。用作定时器时，单片机通过计数内部分频时钟实现定时功能；用作计数器时，系统对 P3.4（T0）或 P3.5（T1）端口的低电平脉冲计数。
- **并行 I/O 端口：** 51 系列单片机共有 4 个 8 位的并行 I/O 端口（P0、P1、P2、P3），这些端口用于完成数据的输入和输出。
- **串行接口：** 51 系列单片机有一个可编程的全双工通信串行接口，可用来实现单片机和其他设备之间的串行数据传送。该串行接口既可作为全双工异步通信收发器使用，又可作为同步移位寄存器使用。它通过 RXD（P3.0）引脚接收数据，TXD（P3.1）引脚发送数据。
- **中断系统：** 51 系列单片机的中断功能较强，可以满足不同的应用需求。中断优先级有高级和低级之分，系统根据中断优先级来响应不同的中断请求。
- **时钟电路：** 51 系列单片机内部有时钟电路，可为单片机提供时钟信号。

二、单片机的引脚定义及功能

单片机有 DIP 封装、PLCC 封装、TQFP 封装等多种封装形式，其中比较常见的是 DIP 封装，如图 3-23 所示。下面以 DIP 封装的 51 系列单片机为例介绍单片机的引脚定义及功能。

知识链接

DIP 封装：双列直插式封装。绝大多数中小规模集成电路都采用这种封装形式。采用该封装形式的单片机通常有两排引脚，需要插入到具有 DIP 结构的芯片插座上。

PLCC 封装：表面贴装型封装的一种。其引脚从 4 个侧面引出，外形一般呈正方形，尺寸比 DIP 封装小，可靠性高。

TQFP 封装：塑封四角扁平封装。采用该封装形式的单片机，引脚之间距离很小，引脚很细，其引脚数一般在 100 个以上，因此这种封装形式一般用在大规模或超大规模集成电路中。采用该封装形式的单片机需要与主板焊接起来。

如图 3-24 所示，51 系列单片机共有 40 个引脚，引脚的排列顺序是从芯片缺口左侧的引脚逆时针数起，依次为 1、2、3、4、…、40。40 个引脚包括 2 个电源引脚、2 个时钟引脚、4 个控制引脚，以及 32 个 8 位可编程 I/O 引脚。

图 3-23　DIP 封装的单片机

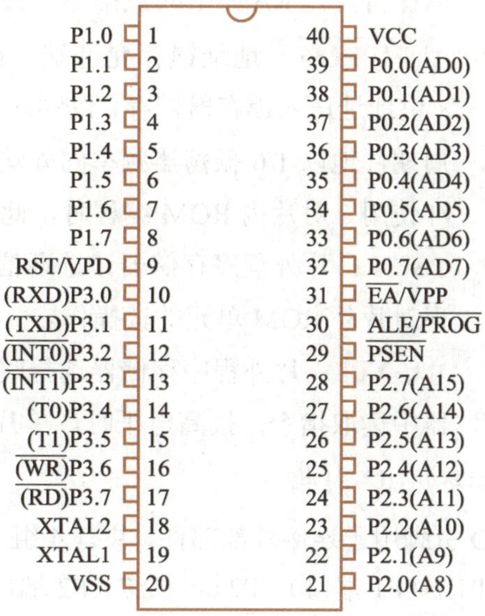

图 3-24　51 系列单片机引脚排列

知识链接

> 51 系列单片机是对兼容 Intel 8051 指令系统的单片机的统称，主要品牌及其产品如下。
>
> Intel：80C31、80C32、80C51、80C52、87C51、87C52 等。
>
> Atmel：89C51、89C52、89C2051、89S51、89S52 等。
>
> STC：STC89C51、STC90C51、STC11 系列、STC15 系列等。

（一）电源引脚

电源引脚共 2 个，分别接入电源和地线。

- VCC：电源输入，接+5 V 电源。
- VSS：接地线。

（二）时钟引脚

时钟引脚主要用于接入外部时钟电路，为单片机的正常运转提供基本的时钟信号。

- XTAL1：片内振荡电路的输入端。当接外部振荡器时，此端要接地。
- XTAL2：片内振荡电路的输出端。当接外部振荡器时，此端用于接外部振荡信号。

（三）控制引脚

控制引脚用于提供控制信号，有的引脚还具有复用功能。

- RST/VPD：复位/备用电源端。该引脚上连续出现 2 个机器周期的高电平时将复位单片机。当 VCC 掉电时，该引脚可接上备用电源，由 VPD 向片内 RAM 供电，以保持片内 RAM 中的数据不丢失。

- $ALE/\overline{PROG}$：地址锁存允许端。在系统扩展时，ALE 用于把 P0 端口输出的低 8 位地址送入锁存器锁存，以实现低 8 位地址和数据的分时传送。由于 ALE 引脚周期性地以 1/6 振荡器频率向外输出正脉冲，因此可作为外部时钟或外部定时脉冲使用。对片内 ROM 编程时，此引脚可作为编程脉冲输入端。
- $\overline{PSEN}$：片外程序存储器读选通信号输出端。当 $\overline{PSEN}$ 有效（低电平）时，可实现对片外 ROM 单元的读操作。
- $\overline{EA}$/VPP：片外程序存储器选择端。该引脚接低电平时，单片机从片外程序存储器中读取指令；接高电平时，单片机从片内程序存储器中读取指令。

（四）I/O 引脚

I/O 引脚用于连接外部部件，共有 4 组，每组 8 个引脚，分别为 P0.0～P0.7（P0 端口）、P1.0～P1.7（P1 端口）、P2.0～P2.7（P2 端口）、P3.0～P3.7（P3 端口），下面将介绍它们的物理结构和功能。

1. P0 端口

P0 端口位结构如图 3-25 所示。其电路由一个锁存器（D 型触发器），两个三态门缓冲器（U_1 和 U_2），与门、非门和多路开关 MUX 组成的输出控制电路，一对场效应管（T_1 和 T_2）等组成。

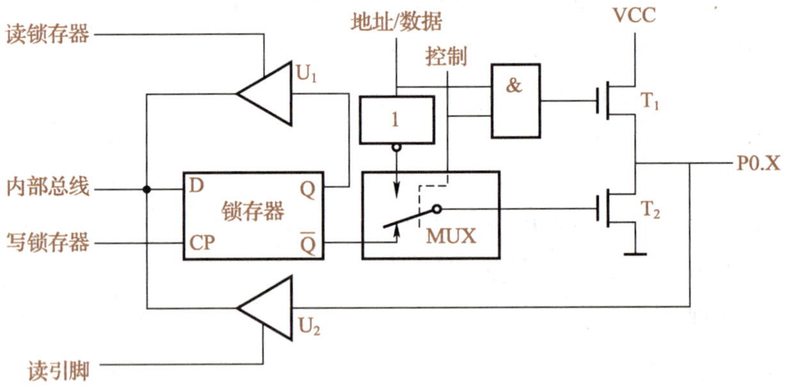

图 3-25　P0 端口位结构

P0 端口具有两种功能：① 当多路开关和锁存器接通时，P0 端口可以作为通用 I/O 端口；② 当多路开关和非门接通时，P0 端口可以作为地址/数据总线。

1）P0 端口作为通用 I/O 端口

当 P0 端口作为通用 I/O 端口时，多路开关的控制信号为 0（低电平），T_1 管截止，多路开关与锁存器的 $\overline{Q}$ 端相接。

（1）数据输入。

当 P0 端口作为通用 I/O 端口时，其数据输入有读引脚和读锁存器两种方式。

- **读引脚**：读引脚中的数据时，读引脚三态门缓冲器 U_2 打开（即三态门缓冲器的控制端有效），P0.X 上的数据经三态门缓冲器 U_2 进入内部总线，此时数据并不经过锁存器。
- **读锁存器**：读锁存器中的数据时，读锁存器三态门缓冲器 U_1 打开（即三态门缓冲器的控制端有效），锁存器输出端 Q 的数据经三态门缓冲器 U_1 进入内部总线。

提 示

51 系列单片机在对端口 P0～P3 的输入操作上，有如下约定：凡属于“读-修改-写”方式的指令，均从锁存器读入信号；其他指令则从端口引脚线上读入信号。

（2）数据输出。

当 P0 端口作为通用 I/O 端口时，其数据输出工作过程如下。

当写锁存器信号 CP 有效时，内部总线的信号经锁存器的输入端 D→锁存器的反向输出端 $\overline{Q}$→多路开关 MUX→T_2 管（数据反相）→P0.X 输出。

提 示

当 P0 端口作为数据输出端口使用时，P0 是漏极开路输出，当驱动上接电流负载时，需要外接上拉电阻。

2）P0 端口作为地址/数据总线

当 P0 端口作为地址/数据总线时，多路开关的控制信号为 1（高电平），与门输出信号由地址/数据线信号决定，多路开关与反相器的输出端相连，地址信号经非门（数据反相）、T_2 管（数据反相）输出至 P0.X。

P0 端口输出低 8 位地址信息后，将变为数据总线，此时控制信号为 0，T_1 管截止，多路开关转向锁存器反相输出端 $\overline{Q}$；CPU 自动将 0FFH（即向 D 锁存器写入一个高电平）写入 P0 端口锁存器，使 T2 管截止；在读引脚信号控制下，P0.X 上的数据通过读引脚三态门缓冲器 U_2 送到内部总线。

2. P1 端口

P1 端口的结构简单，位结构如图 3-26 所示，其与 P0 端口的主要区别在于，P1 端口没有非门和多路开关 MUX，并用内部上拉电阻代替了 P0 端口的场效应管 T_1。

P1 端口仅可作为通用 I/O 端口，输出数据时，内部总线输出的数据经锁存器和场效应管后，锁存在端口线上，所以 P1 端口是具有输出锁存的静态口；输入数据时，有读引脚和读锁存器之分，工作过程参照 P0 端口，这里不再赘述。

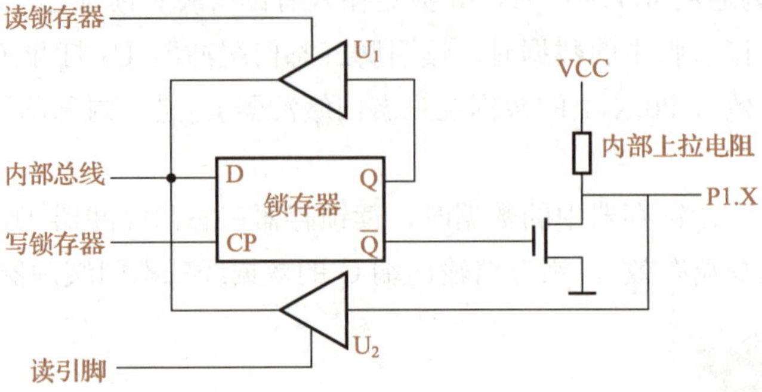

图 3-26　P1 端口位结构

3．P2 端口

P2 端口位结构如图 3-27 所示。由于既有上拉电阻，又有多路开关 MUX，因此 P2 端口在功能上兼有 P0 端口和 P1 端口的特点。

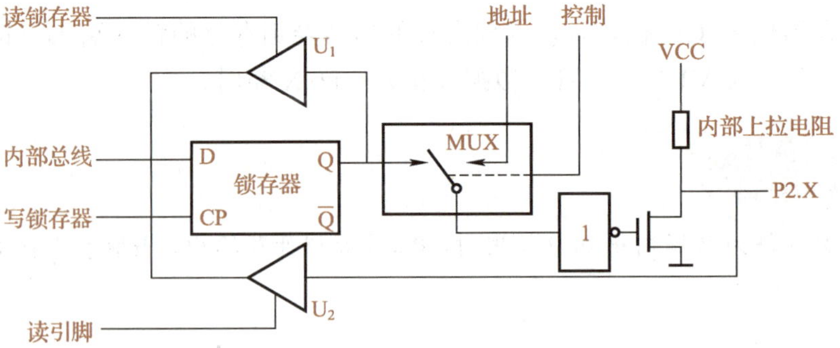

图 3-27　P2 端口位结构

P2 端口具有两种功能：① P2 端口可以作为通用 I/O 端口；② P2 端口可以作为地址总线的高 8 位（AD8～AD15），与 P0 端口的低 8 位一起构成 16 位地址总线。

1）P2 端口作为通用 I/O 端口

当 P2 端口作为通用 I/O 端口时，多路开关的控制信号为 0（低电平），多路开关与锁存器的 Q 端相接，数据输入、输出工作过程与 P0 端口作为通用 I/O 端口时相似，这里不再赘述。

2）P2 端口作为地址总线

当 P2 端口作为地址总线时，多路开关的控制信号为 1（高电平），多路开关与地址线接通，地址信号经非门（数据反相）、场效应管（数据反相）输出至 P2.X。

4．P3 端口

P3 端口位结构如图 3-28 所示。P3 端口除了具有通用 I/O 端口的功能外，还具有第二功能，如外部中断、计数等。

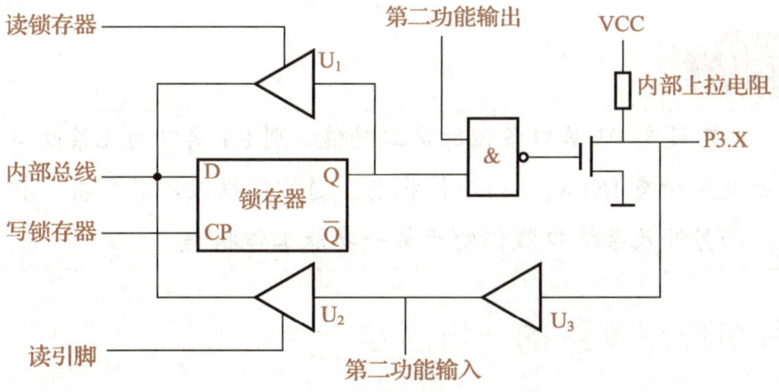

图 3-28　P3 端口位结构

1）P3 端口作为通用 I/O 端口

当 P3 端口作为通用 I/O 端口时，第二功能输出信号为 1（高电平），此时，内部总线信号经锁存器和场效应管输入/输出，工作过程与 P1 端口相同。

2）P3 端口第二功能

P3 端口第二功能如表 3-1 所示。

表 3-1　P3 端口第二功能表

端口线	第二功能名称	功能描述
P3.0	RXD	串行数据接收
P3.1	TXD	串行数据发送
P3.2	$\overline{\text{INT0}}$	外部中断 0 输入
P3.3	$\overline{\text{INT1}}$	外部中断 1 输入
P3.4	T0	定时/计数器 0 外部输入
P3.5	T1	定时/计数器 1 外部输入
P3.6	$\overline{\text{WR}}$	片外数据存储器写选通信号
P3.7	$\overline{\text{RD}}$	片外数据存储器读选通信号

（1）数据输入。

当 P3 端口的某一位作为第二功能输入时，在输入通路上增设了一个缓冲器 U_3，输入的第二功能信号可从缓冲器 U_3 的输出端取得。

（2）数据输出。

当 P3 端口的某一位输出第二功能信号时，该位锁存器置“1”，使与非门对第二功能信号的输出是畅通的，从而实现第二功能信号的输出。

提 示

在应用中，如不设定 P3 端口各位的第二功能，则 P3 端口的几条端口线自动处于第一功能状态，也就是静态 I/O 端口的工作状态。通常根据应用的需要，把几条端口线设置为第二功能，而另外几条端口线仍处于第一功能工作状态。

三、单片机应用系统的开发流程

学习单片机的目的就是为了进行单片机应用系统的开发，下面将简要介绍一下单片机应用系统的开发流程，如图 3-29 所示。

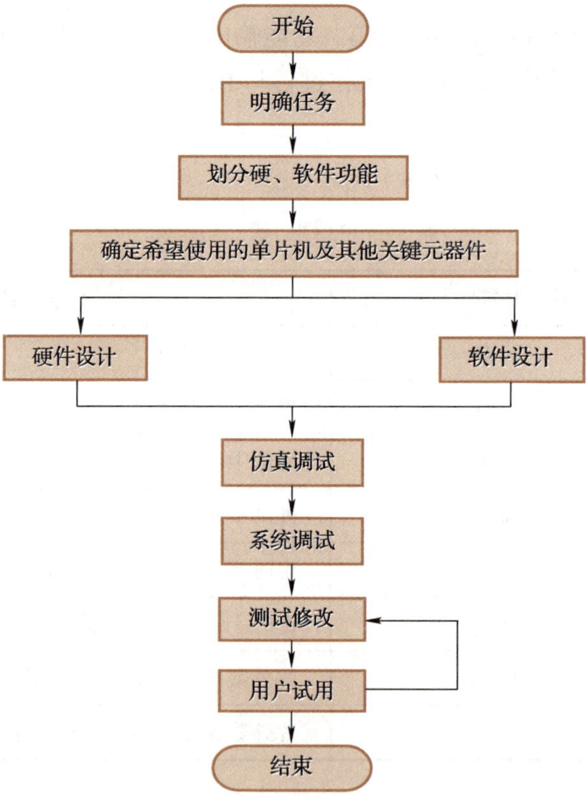

图 3-29 单片机应用系统的开发流程

（一）明确任务

分析和了解系统的总体要求，并综合考虑系统使用环境、可靠性要求、可维护性及产品的成本等因素，制定出可行的性能指标。

（二）划分硬、软件功能

单片机应用系统由硬件和软件两部分组成。在单片机应用系统中，有些功能既可由硬件来实现，也可由软件来实现。使用硬件实现可以提高系统的实时性和可靠性；使用软件实现，可以降低系统成本，简化硬件结构。因此在总体考虑时，必须综合分析以上因素，合理地制定硬件和软件任务的比例。

（三）确定希望使用的单片机及其他关键元器件

根据硬件设计任务，选择单片机及其他关键元器件，如 A/D 转换器、D/A 转换器、传感器、放大器等，这些元器件需要满足系统精度、速度及可靠性等方面的要求。

（四）硬件设计

根据总体设计要求，以及选定的单片机及关键元器件，利用软件设计出单片机应用系统的电路原理图。

（五）软件设计

在硬件设计的基础上，确定软件系统的程序结构并划分功能模块，然后进行各模块的程序设计。

（六）仿真调试

硬件和软件设计结束后，需要进行两者的仿真调试。为避免浪费资源，在生成实际电路板之前，可以利用 Keil 和 Proteus 软件进行系统仿真，出现问题可以及时修改。

（七）系统调试

完成系统仿真后，根据电路原理图绘制 PCB（printed circuit board）印刷电路板图，然后将 PCB 图交给相关厂商生产电路板。拿到电路板后，为便于更换元器件和修改电路，可首先在电路板上焊接所需芯片插座，并利用编程器将程序写入单片机。

接下来将单片机及其他芯片插到相应的芯片插座中，接通电源及其他输入、输出设备，进行系统联调，直至调试成功。

（八）测试修改、用户试用

经测试检验符合要求后，将系统交给用户试用，对于出现的实际问题进行修改完善，系统开发完成。

另外，为了方便起见，单片机教学过程中进行的仿真实验大多在仿真板上进行。如图 3-30 所示，这块仿真板可以进行流水灯、数码管显示等实验。

图 3-30　单片机多功能仿真板

四、MCS-51 系列单片机常用软件

MCS-51 系列单片机的常用软件有 Keil、Proteus、STC-ISP 软件等。进行单片机应用系统开发时，一般先在 Keil 软件中使用汇编语言或 C 语言编写程序，程序编译通过后，生成目标文件（hex 文件）；然后通过仿真软件 Proteus 进行仿真、调试；调试完成后，使用串口线或 USB 转串口线连接单片机硬件电路和计算机，连接完成后，安装相应的驱动程序，使用 STC-ISP 软件将目标文件写入单片机中；然后运行程序，若运行结果未能达到预期目标，需要查找错误并修改程序，再重新编译、下载和运行，直至单片机上的程序能够完成既定的功能。

Keil、Proteus 软件在前面已经介绍了其使用方法，这里不再赘述。下面主要介绍 STC-ISP 软件的使用方法。

访问 http://www.stcmcudata.com/，下载 STC-ISP 软件。打开该软件时，软件会自动将驱动文件复制到相关的系统目录中，其界面如图 3-31 所示。

STC-ISP 软件的设置步骤如下。

（1）选择单片机型号。在“单片机型号”的下拉列表中选择“STC89C51”。

（2）选择串行接口。若已经连接好 USB 转串口线，单击“扫描”按钮会自动出现已连接的串行接口；如未出现，则需要更改串口号，再重新扫描即可。

（3）单击“打开程序文件”按钮，选择要加载的 hex 文件。

（4）单击左下方的“下载/编程”按钮。在单击该按钮之前确保单片机未上电，因为该启动方式属于冷启动，需等待一段时间。

（5）给单片机上电，此时，在窗口的右下方出现下载进度条，下载完成后，即可在单片机上运行程序。

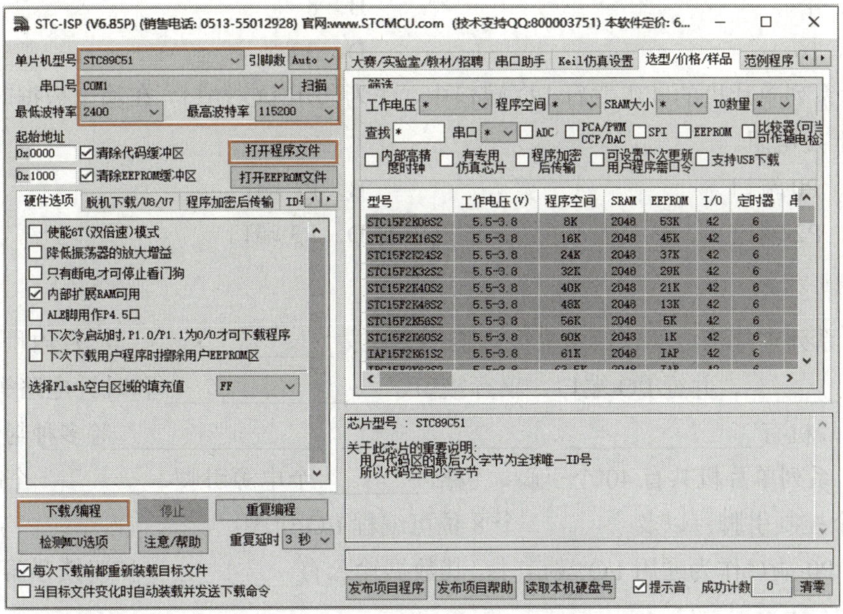

图 3-31　STC-ISP 软件界面

知类通达

单片机学习的过程应该是一个循序渐进、不断学习、不断积累的过程。要想学好单片机应做到以下几点。

（1）思想上要有刻苦学习的决心。

（2）硬件上要有一套完整的学习开发工具。

（3）软件上要注重理论和实践相结合。

学习成果检验

一、选择题

1．51 系列单片机有（　　）的片内程序存储器，用于存放程序、原始数据或表格。

A．4 KB　　　　B．64 KB

C．128 KB　　　D．256 KB

2. 51 系列单片机共有 2 个（　　）位的定时/计数器，它们主要用来完成定时或计数功能。

A. 4　　　　B. 8

C. 16　　　　D. 32

3. 51 系列单片机的 4 组并行 I/O 端口中，作为通用 I/O 端口，在输出数据时，（　　）必须外接上拉电阻。

A. P0 端口　　　　B. P1 端口

C. P2 端口　　　　D. P3 端口

二、填空题

1. 51 系列单片机内部包括中央处理器（CPU）、________________、片内程序存储器、________________、并行 I/O 端口、串行接口、________________和时钟电路等部件。

2. 单片机有______________、______________、______________等多种封装形式。

3. 51 系列单片机共有 40 个引脚，包括________个电源引脚、________个时钟引脚、________个控制引脚，以及________个 8 位可编程 I/O 引脚。

4. 当 P0 端口作为通用 I/O 端口时，其数据输入有___________和读锁存器两种方式。

三、简答题

1. 51 系列单片机由哪几部分组成？

2. 简述单片机应用系统的开发流程。

四、编程题

设计制作一个 LED 灯的闪烁控制。要求亮、灭交替出现，时间间隔为 1 s。

学习成果评价

指导教师根据学生的实际学习成果对其进行评价，学生配合指导教师共同完成学习成果评价表，如表 3-2 所示。

表 3-2　学习成果评价表

班级		组号		日期	
姓名		学号		指导教师	
评价项目	评价内容			满分/分	评分/分
知识	单片机的内部结构			5	
	单片机的引脚定义及功能			5	
	单片机应用系统的开发流程			5	
	MCS-51 系列单片机常用软件			5	
技能	能够使用 Keil 软件、Proteus 软件进行编译、仿真、调试			30	
	能够设计简单的单片机应用系统			25	
素养	积极参加教学活动，主动学习、思考、讨论			5	
	认真负责，按时完成学习、实训任务			5	
	团结协作，与组员之间密切配合			5	
	服从指挥，遵守课堂和实训室纪律			5	
	有竞争意识、勇于克服困难			5	
合计				100	
自我评价					
教师评价					

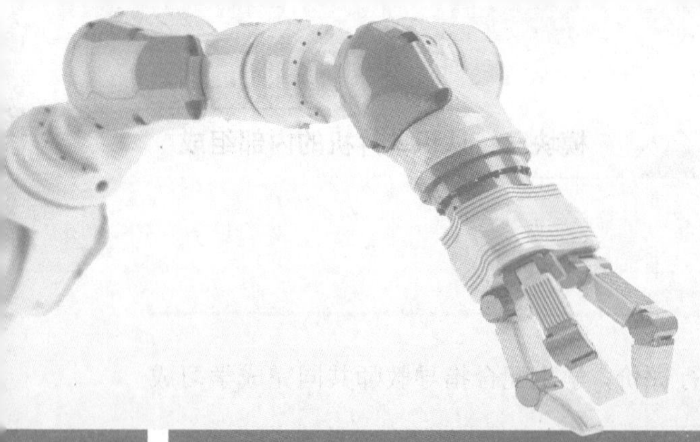

模块四

认识单片机的存储器

模块导读

存储器是单片机的重要组成部分。根据物理结构的不同，存储器可分为程序存储器和数据存储器。程序存储器用于存放程序代码，数据存储器用于存放程序运行期间的中间数据，两者作用不同，不能混用。本模块将带领大家认识单片机的存储器。

学习目标

知识目标

- 熟悉程序存储器的结构。
- 熟悉数据存储器的结构。
- 了解工作寄存器、位寻址、用户 RAM、特殊功能寄存器的地址分配。

能力目标

- 能够正确区分程序存储器与数据存储器。

素质目标

- 养成坚持不懈、刻苦钻研的职业作风。
- 具备勇于创新、虚心好学的品质。
- 养成自主学习、协作学习、探究学习的意识。

模块实训——设计花样流水灯

一、实训描述

模块三中介绍的 LED 流水灯只能按照某种单调的规律显示，无法实现复杂多变的花样显示。花样流水灯就是让 LED 灯按照一定规律进行各种变化，以达到变换闪烁、美不胜收的视觉效果。请设计制作花样流水灯控制系统。

二、实训步骤

（一）整体设计思想

本系统采用 MCS-51 系列单片机。在单片机的两个 I/O 端口上接 16 个发光二极管（LED），编写 C 语言程序使 16 个 LED 灯按预先设定的花样变换闪烁。

（二）硬件设计

根据花样流水灯的整体设计思想，花样流水灯硬件系统原理图如图 4-1 所示，将 16 个 LED 灯分别连接在 P0.0～P0.7 和 P2.0～P2.7 端口上。

（三）软件设计

为实现花样的变换，可将相应的变换数据预设在数组中，每个数组元素对应一种显示组合。程序循环读取数组中的显示组合并送往端口，即可实现自定义花样的自由显示。

扫一扫

参考代码

送给 P0 端口和 P2 端口显示的花样字节可分别定义为两组字节数组，也可合并定义为一个字节数组，参考代码中按照第二种方式给出了花样数组定义。

由于花样数组所占内存空间较大，且预设后相对固定，因此应将存储类型设为 code，使其保存于 Flash 空间，而不会占用 RAM 空间。

三、实训思考

在模块实训过程中，根据实际情况，你认为自己哪些地方做得很好，还有哪些地方需要改进。

笔记

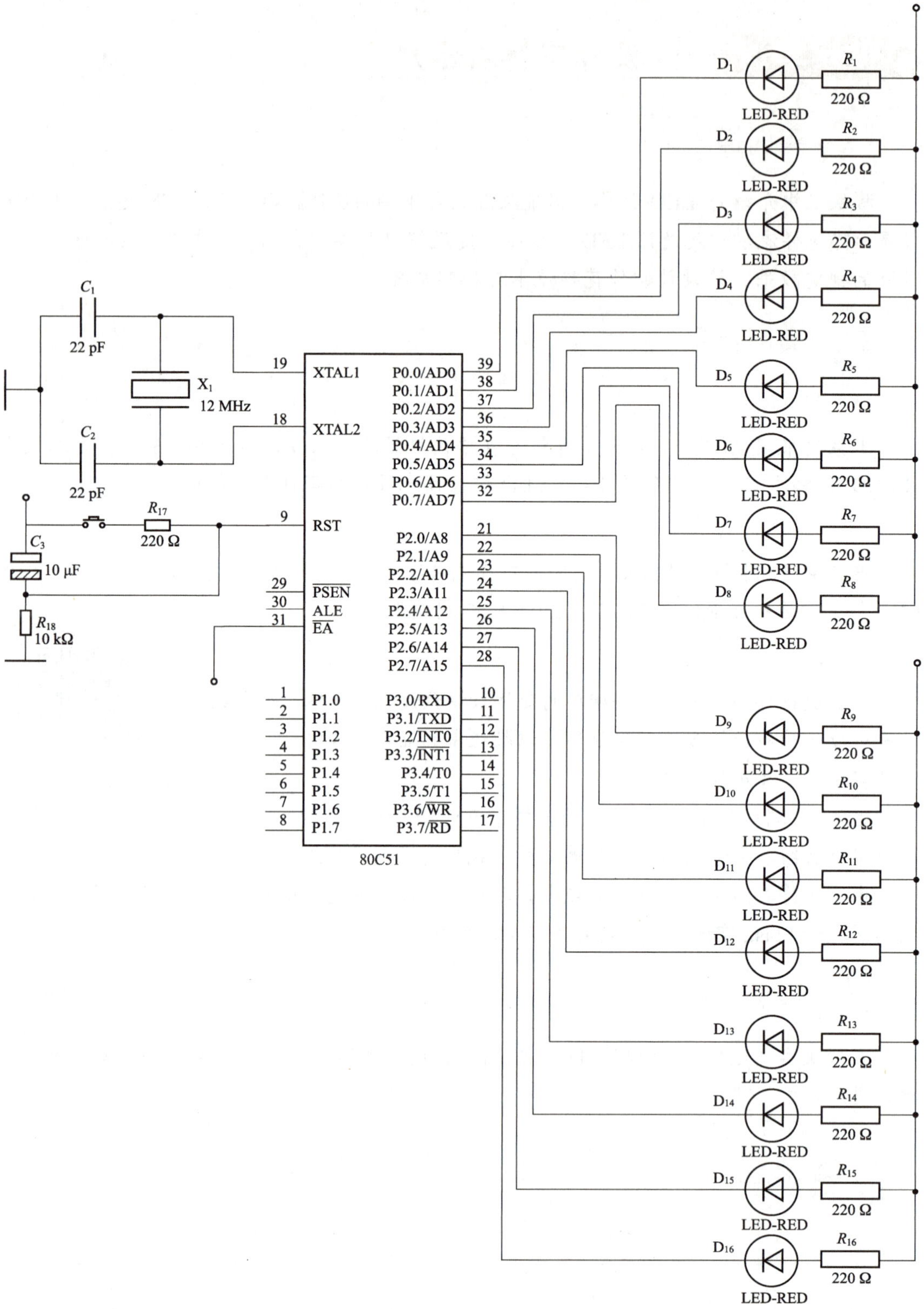

图 4-1　花样流水灯硬件系统原理图

相关知识

51 系列单片机的存储器分为程序存储器（ROM）和数据存储器（RAM）。

- **程序存储器（ROM）**：又称只读存储器，其特点是在程序正常运行时，CPU 对程序存储器只能进行读操作。它通常用来存储固定不变的程序，如引导程序、基本输入输出系统程序等。当系统断电时，程序存储器中的信息不会丢失。
- **数据存储器（RAM）**：又称随机存储器，它用于存放程序运行期间的中间数据，可随时进行读写操作。当系统断电时，数据存储器中的信息会全部丢失。

程序存储器和数据存储器为分开编址，具有各自独立的寻址空间和寻址方式。

一、程序存储器

程序存储器由片内程序存储器和片外程序存储器两部分构成，用来存放程序及常数。片内和片外程序存储器采用 16 位统一编址方式，地址范围为 0000H～FFFFH。程序存储器结构如图 4-2 所示。

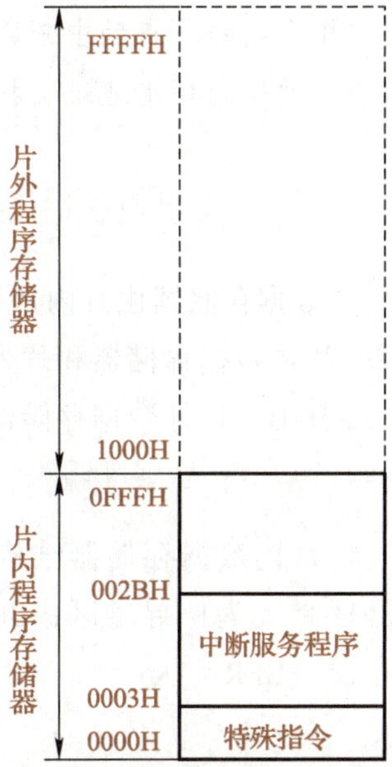

图 4-2　程序存储器结构

对于没有片内程序存储器的单片机来说，其程序存储器必须外接，此时 $\overline{EA}$ 引脚必须接低电平，强制 CPU 从片外程序存储器中读取指令。对于有片内程序存储器的单片机来说，CPU 会先从片内程序存储器中读取指令。具体情况如下。

（1）当 $\overline{EA}$ 接高电平时，CPU 从片内程序存储器的 0000H 单元开始读取指令，若指令地址超过 0FFFH，CPU 将自动转向片外程序存储器读取指令。

（2）当 $\overline{EA}$ 接低电平时，CPU 从片外程序存储器中读取指令并执行。

51 系列单片机片内程序存储器的地址范围为 0000H～0FFFH。在这些程序存储单元中，有些特殊的存储单元在使用时需要加以注意。

（一）特殊存储单元 0000H～0002H

单片机复位后，CPU 将从 0000H 单元开始执行程序。如果不希望程序从 0000H 单元开始，则应在这 3 个单元中存放一条无条件转移指令，使 CPU 直接跳转到用户指定的单元执行程序。

（二）特殊存储单元 0003H～002AH

这 40 个存储单元是专门存放中断服务程序的地址单元。它们被均匀地分为 5 段，其功能如下。

- 0003H～000AH：外部中断 0 中断地址区。
- 000BH～0012H：定时/计数器 0 中断地址区。
- 0013H～001AH：外部中断 1 中断地址区。
- 001BH～0022H：定时/计数器 1 中断地址区。
- 0023H～002AH：串行中断地址区。

知识链接

CPU 响应中断后，程序根据中断类型自动跳转到对应的中断地址区执行程序。从上面的单元分配可以看出，每个中断服务程序只有 8 个字节单元可用，用 8 个字节来存放一个中断服务程序显然是不可能的。因此，通常在中断地址区存放一条无条件转移指令，该指令指向真正的中断服务程序地址。当中断被响应后，CPU 读到中断地址区的转移指令，便转向指定地址去执行中断服务程序。

二、数据存储器

数据存储器由片内数据存储器和片外数据存储器两部分构成，用来存放运算的中间结果。片内数据存储器和片外数据存储器采用分开编址方式。片内数据存储器采用 8 位地址，共 256 B；片外数据存储器采用 16 位地址，共 64 KB。数据存储器结构如图 4-3 所示。

（一）片内数据存储器

片内数据存储器结构如图 4-4 所示。其中，00H～1FH 单元为工作寄存器区；20H～2FH 单元为位寻址区；30H～7FH 单元为用户 RAM 区；80H～FFH 单元为特殊功能寄存器（SFR）区。

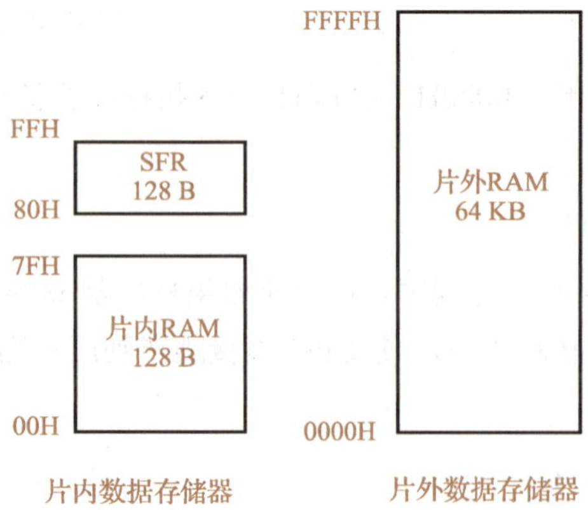

图 4-3 数据存储器结构

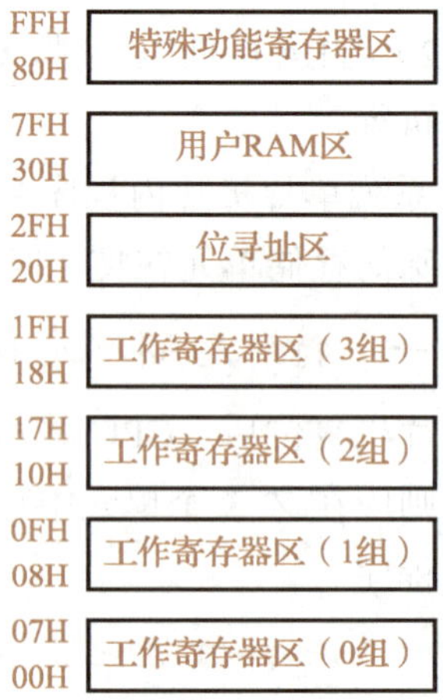

图 4-4 片内数据存储器结构

1．工作寄存器区（00H～1FH）

工作寄存器区共有 32 个单元，它被均匀地分为 4 组，每组包含 8 个 8 位寄存器，分别以 R0～R7 来命名，这些寄存器也被称为通用寄存器。这 4 组寄存器的名称都是 R0～R7，那么在程序中如何区分和使用呢？这就需要使用 SFR 中的程序状态字寄存器（PSW）来管理它们。CPU 只要定义 PSW 中的 D3 和 D4 位（RS0 和 RS1），即可选中这 4 组通用寄存器中的一个，对应的地址分配如表 4-1 所示。

表 4-1　工作寄存器的地址分配表

工作寄存器组号	RS1	RS0	各组寄存器对应的地址							
			R0	R1	R2	R3	R4	R5	R6	R7
0	0	0	00H	01H	02H	03H	04H	05H	06H	07H
1	0	1	08H	09H	0AH	0BH	0CH	0DH	0EH	0FH
2	1	0	10H	11H	12H	13H	14H	15H	16H	17H
3	1	1	18H	19H	1AH	1BH	1CH	1DH	1EH	1FH

提　示

若程序中并不需要使用 4 组寄存器，则未被选中的寄存器组便可用作一般的数据缓冲器。单片机在复位后，默认选中第 0 组工作寄存器。

2．位寻址区（20H～2FH）

位寻址区既可作为一般的存储单元，使用字节进行寻址；也可通过位寻址的方式进行访问。位寻址区共有 16 个字节，每个字节 8 位，共计 128 位，相应的位地址为 00H～7FH。

位寻址区的地址分配如表 4-2 所示。CPU 能直接寻址这些位，执行如置“1”、清“0”、求“反”、转移、传送和逻辑等操作。

表 4-2　位寻址区的地址分配表

字节地址	位地址							
	D7	D6	D5	D4	D3	D2	D1	D0
2FH	7FH	7EH	7DH	7CH	7BH	7AH	79H	78H
2EH	77H	76H	75H	74H	73H	72H	71H	70H
2DH	6FH	6EH	6DH	6CH	6BH	6AH	69H	68H
2CH	67H	66H	65H	64H	63H	62H	61H	60H
2BH	5FH	5EH	5DH	5CH	5BH	5AH	59H	58H
2AH	57H	56H	55H	54H	53H	52H	51H	50H
29H	4FH	4EH	4DH	4CH	4BH	4AH	49H	48H

表 4-2（续）

字节地址	位地址							
	D7	D6	D5	D4	D3	D2	D1	D0
28H	47H	46H	45H	44H	43H	42H	41H	40H
27H	3FH	3EH	3DH	3CH	3BH	3AH	39H	38H
26H	37H	36H	35H	34H	33H	32H	31H	30H
25H	2FH	2EH	2DH	2CH	2BH	2AH	29H	28H
24H	27H	26H	25H	24H	23H	22H	21H	20H
23H	1FH	1EH	1DH	1CH	1BH	1AH	19H	18H
22H	17H	16H	15H	14H	13H	12H	11H	10H
21H	0FH	0EH	0DH	0CH	0BH	0AH	09H	08H
20H	07H	06H	05H	04H	03H	02H	01H	00H

3．用户 RAM 区（30H～7FH）

用户 RAM 区共有 80 个单元，这部分区域的使用没有任何规定和限制，可作为堆栈或数据缓冲器使用。

4．SFR（80H～FFH）

51 系列单片机有 21 个 SFR。它们都有自己的固定地址，离散地分布在片内地址 80H～FFH 的 RAM 空间中，如表 4-3 所示。CPU 可以直接使用寄存器的名字或者通过直接寻址方式对其进行访问，其中有 11 个寄存器还可以通过位寻址的方式进行访问。

表 4-3　SFR 的地址分配表

SFR	字节地址	位地址/位功能标记								位寻址
		D7	D6	D5	D4	D3	D2	D1	D0	
B	F0H	F7H B.7	F6H B.6	F5H B.5	F4H B.4	F3H B.3	F2H B.2	F1H B.1	F0H B.0	是
ACC	E0H	E7H ACC.7	E6H ACC.6	E5H ACC.5	E4H ACC.4	E3H ACC.3	E2H ACC.2	E1H ACC.1	E0H ACC.0	是
PSW	D0H	D7H CY	D6H AC	D5H F0	D4H RS1	D3H RS0	D2H OV	D1H —	D0H P	是
IP	B8H	BFH —	BEH —	BDH —	BCH PS	BBH PT1	BAH PX1	B9H PT0	B8H PX0	是
P3	B0H	B7H P3.7	B6H P3.6	B5H P3.5	B4H P3.4	B3H P3.3	B2H P3.2	B1H P3.1	B0H P3.0	是
IE	A8H	AFH EA	AEH —	ADH —	ACH ES	ABH ET1	AAH EX1	A9H ET0	A8H EX0	是
P2	A0H	A7H P2.7	A6H P2.6	A5H P2.5	A4H P2.4	A3H P2.3	A2H P2.2	A1H P2.1	A0H P2.0	是

表 4-3（续）

SFR	字节地址	位地址/位功能标记								位寻址
		D7	D6	D5	D4	D3	D2	D1	D0	
SBUF	99H									否
SCON	98H	9FH SM0	9EH SM1	9DH SM2	9CH REN	9BH TB8	9AH RB8	99H TI	98H RI	是
P1	90H	97H P1.7	96H P1.6	95H P1.5	94H P1.4	93H P1.3	92H P1.2	91H P1.1	90H P1.0	是
TH1	8DH									否
TH0	8CH									否
TL1	8BH									否
TL0	8AH									否
TMOD	89H	GATE	$C/\overline{T}$	M1	M0	GATE	$C/\overline{T}$	M1	M0	否
TCON	88H	8FH TF1	8EH TR1	8DH TF0	8CH TR0	8BH IE1	8AH IT1	89H IE0	88H IT0	是
PCON	87H	SMOD	—	—	—	GF1	GF0	PD	IDL	否
DPH	83H									否
DPL	82H									否
SP	81H									否
P0	80H	87H P0.7	86H P0.6	85H P0.5	84H P0.4	83H P0.3	82H P0.2	81H P0.1	80H P0.0	是

SFR 主要分布在以下几个部件中。

- **CPU：**包括 6 个 SFR，分别是 B、ACC、PSW、DPH、DPL 和 SP。其中，2 个 8 位寄存器 DPL 和 DPH 组成 16 位的 DPTR。
- **中断系统：**包括 2 个 SFR，分别是 IP 和 IE。
- **定时器：**包括 6 个 SFR，分别是 TH0、TH1、TL0、TL1、TMON 和 TCON。其中，8 位寄存器 TL0 和 TH0 组成 T0，TL1 和 TH1 组成 T1。
- **并行 I/O 端口：**包括 4 个 SFR，分别是 P0、P1、P2 和 P3。
- **串行接口：**包括 3 个 SFR，分别是 SBUF、SCON 和 PCON。

扫一扫

PC、PSW

从表 4-3 中可以看出，21 个 SFR 并没有完全使用 80H～FFH 这 128 个地址空间。对于没有定义的地址单元，用户不能作为寄存器使用。

（二）片外数据存储器

片外数据存储器的地址范围是 0000H～FFFFH，共 64 KB。在实际应用中，用户可以根据具体需求进行适当的扩展。

学习成果检验

一、选择题

1．特殊存储单元 0003H～002AH 是专门存放中断服务程序的地址单元，它被均匀地分为 5 段，其中，0013H～001AH 是（　　）。

A．外部中断 0 中断地址区

B．定时/计数器 0 中断地址区

C．外部中断 1 中断地址区

D．定时/计数器 1 中断地址区

2．CPU 只要定义程序状态字寄存器（PSW）的（　　）位，即可选中工作寄存器 4 组中的一个。

A．D0 和 D1　　　　B．D2 和 D3

C．D3 和 D4　　　　D．D4 和 D5

3．51 系列单片机有（　　）个 SFR。

A．5　　　　B．8

C．16　　　　D．21

二、填空题

1．片内程序存储器和片外程序存储器采用____________位统一编址方式，地址范围为____________。

2．单片机复位后，CPU 将从____________单元开始执行程序。

3．片内数据存储器和片外数据存储器采用____________编址方式。

三、简答题

1．程序存储器和数据存储器采用的编址方式相同吗？最大存储空间分别是多少？

2．51 系列单片机的片内数据存储器分为哪几个地址空间？各部分的主要功能是什么？

学习成果评价

指导教师根据学生的实际学习成果对其进行评价，学生配合指导教师共同完成学习成果评价表，如表 4-4 所示。

表 4-4　学习成果评价表

班级		组号		日期	
姓名		学号		指导教师	
评价项目	评价内容			满分/分	评分/分
知识	特殊存储单元 0000H～0002H			10	
	特殊存储单元 0003H～002AH			10	
	片内数据存储器			10	
	片外数据存储器			10	
技能	能够正确区分程序存储器与数据存储器			35	
素养	积极参加教学活动，主动学习、思考、讨论			5	
	认真负责，按时完成学习、实训任务			5	
	团结协作，与组员之间密切配合			5	
	服从指挥，遵守课堂和实训室纪律			5	
	有竞争意识、勇于克服困难			5	
合计				100	
自我评价					
教师评价					

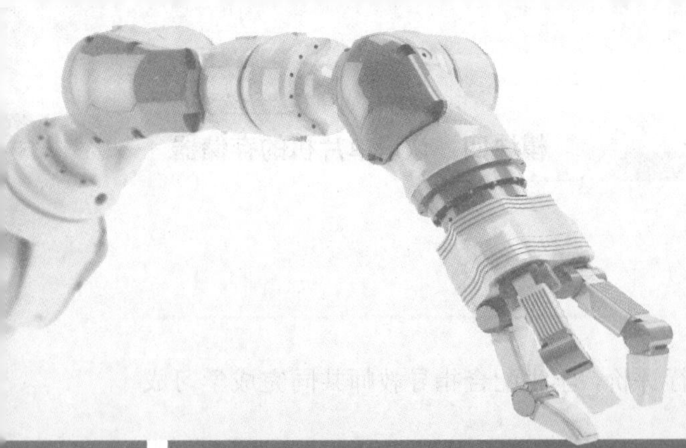

模块五

认识时钟电路和复位电路

模块导读

时钟电路和复位电路是构成单片机系统不可缺少的部分。时钟电路为单片机提供时钟信号，复位电路用于将单片机内部各部分电路的状态恢复到初始状态。本模块将带领大家认识时钟电路和复位电路。

学习目标

知识目标

- 掌握时钟电路的形成方式。
- 掌握单片机的时序单位。
- 掌握单片机的复位电路。

能力目标

- 能够熟练计算单片机四个周期的具体值。
- 能够熟练掌握单片机复位的方法。

素质目标

- 加强实践练习，掌握一定的专业技能和职业素养。
- 具备勇于创新、虚心好学的品质。
- 养成自主学习、协作学习、探究学习的意识。

模块实训——设计交通信号灯

一、实训描述

十字路口的交通信号灯如图 5-1 所示，它是我们日常生活中常见的单片机应用之一。请设计一个交通信号灯，并实现如表 5-1 所示的功能。

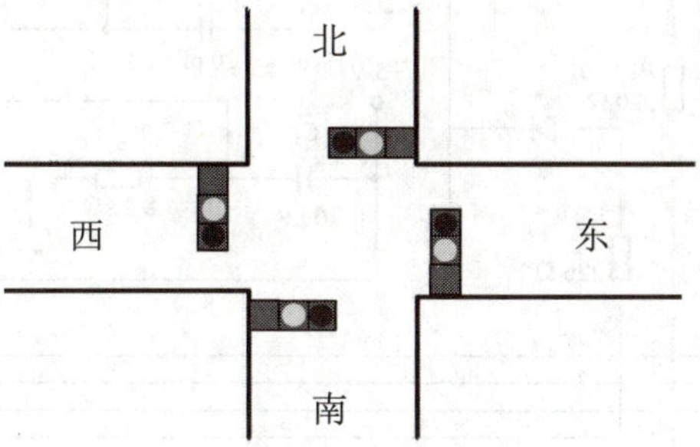

图 5-1　十字路口的交通信号灯示意图

表 5-1　交通信号灯可实现的功能

南北主道	信号	绿灯亮	黄灯亮	红灯亮	
	时间	30 s	2 s	22 s	
东西从道	信号	红灯亮		绿灯亮	黄灯亮
	时间	32 s		20 s	2 s

二、实训步骤

（一）整体设计思想

用 AT89C51 单片机构建最小系统；将单片机的一个 I/O 端口按照主道通行(从道禁止)30 s→主道通行到主道禁止过渡 2 s→从道通行（主道禁止）20 s→从道通行到从道禁止过渡 2 s 的顺序与时间，周期性地输出交通控制指令；主道和从道分别用红、绿、黄 3 只发光二极管作交通指令显示。交通信号灯总体结构框图如图 5-2 所示。

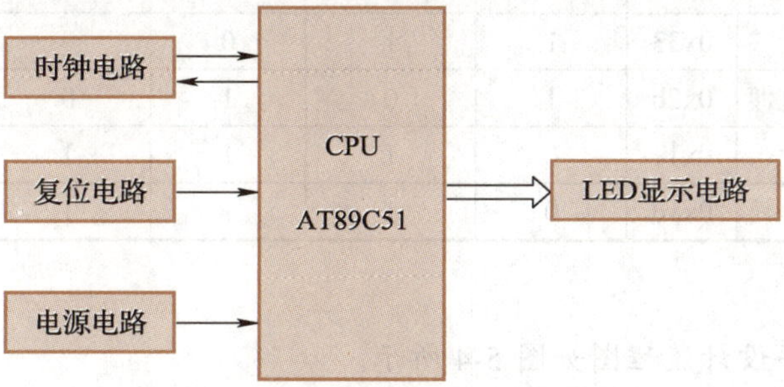

图 5-2　交通信号灯总体结构框图

（二）硬件设计

根据交通信号灯的整体设计思想，交通信号灯硬件系统原理图如图 5-3 所示，包括电源电路、时钟电路、复位电路和 LED 显示电路。

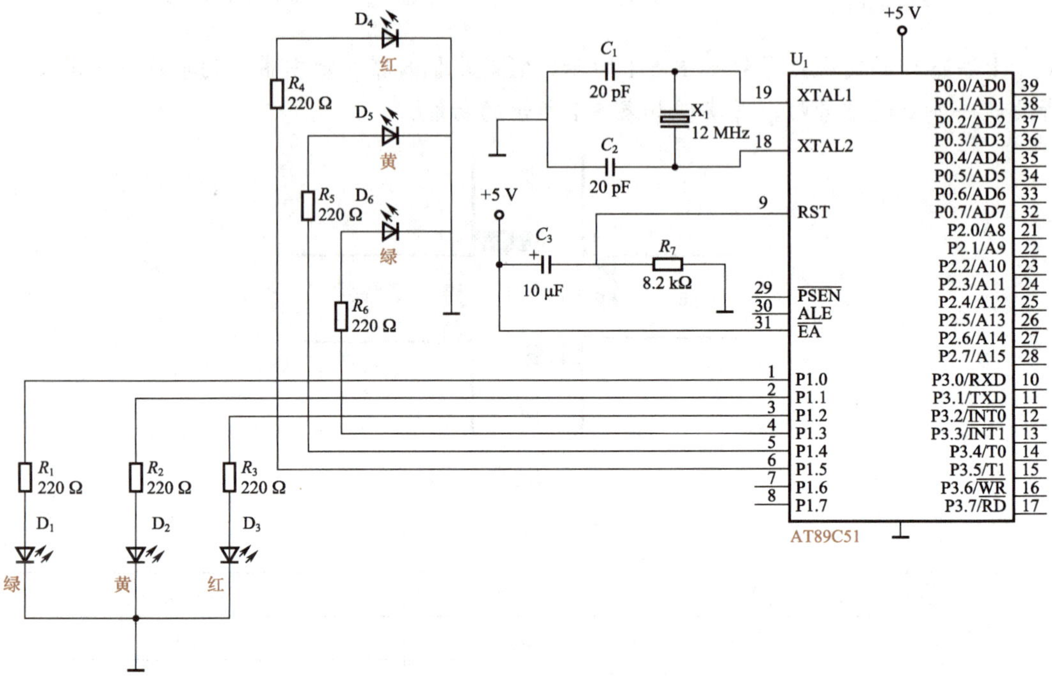

图 5-3　交通信号灯硬件系统原理图

（三）软件设计

1．端口分配

用 AT89C51 的 P1 端口输出如表 5-2 所示的交通指令。每输出一种指令后，延迟相应的通行时间。

表 5-2　P1 端口分配及指令说明

交通控制	指令	南北主道			东西从道		
		P1.5（红）	P1.4（黄）	P1.3（绿）	P1.2（红）	P1.1（黄）	P1.0（绿）
主道通行、从道禁止	0x33	1	1	0	0	1	1
主道通行到主道禁止过渡	0x2b	1	0	1	0	1	1
从道通行、主道禁止	0x1e	0	1	1	1	1	0
从道通行到从道禁止过渡	0x1d	0	1	1	1	0	1

2．程序设计

交通信号灯程序设计流程图如图 5-4 所示。

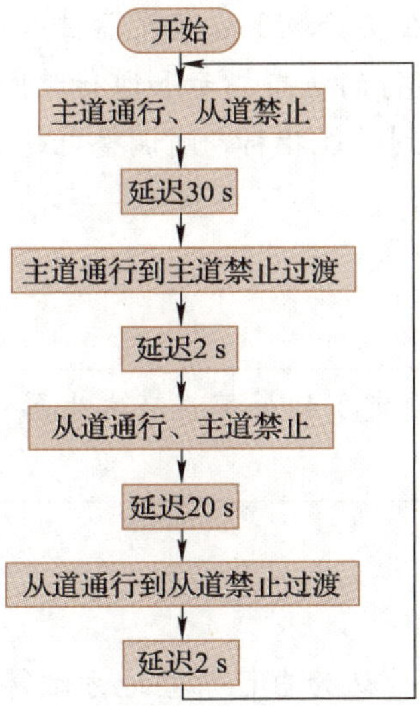

图 5-4　交通信号灯程序设计流程图

扫一扫

参考代码

（四）仿真调试

运行 Proteus 仿真软件，添加、放置元器件，并按交通信号灯的硬件系统原理图连接电路，建立仿真模型。单击仿真运行按钮，即可进行交通信号灯的仿真，仿真效果如图 5-5 所示。

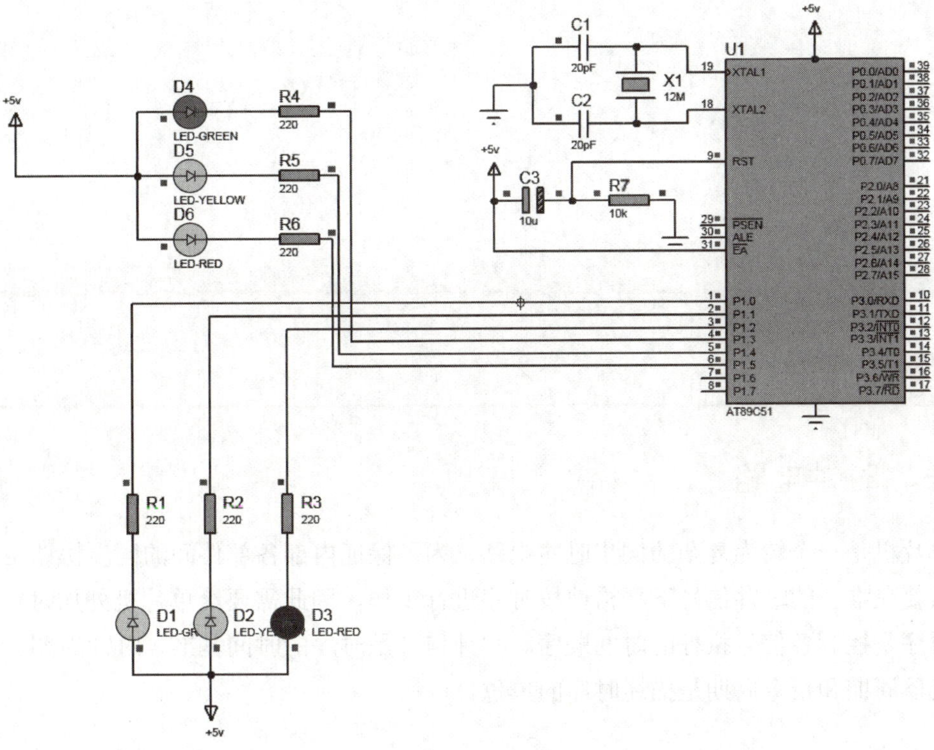

图 5-5　交通信号灯仿真效果

仿真调试成功后，按硬件系统原理图在实验板上安装元器件并进行测试：烧录 hex 文件，运行程序，测试通行的状态指示和通行时间，对比、分析是否达到性能指标。若没有达到性能指标，则调整电路或元器件参数，优化程序，以达到性能指标。

扫一扫

实训解说

活学活练

设计制作一个输出两种声音（频率自定）的警笛声音发生器，同时用两种不同颜色的发光二极管模拟发光。

三、实训思考

在模块实训过程中，根据实际情况，你认为自己哪些地方做得很好，还有哪些地方需要改进。

笔记

相关知识

一、时钟电路

单片机是一个较为复杂的同步时序电路，为了保证内部各部件间的同步协调工作，单片机需要在唯一的时钟信号下严格地按时序进行工作，因此需要给单片机外加时钟电路。

时序是控制各信号执行的时间顺序。时钟信号是时序的时间基准，时钟周期、状态周期、机器周期和指令周期是描述时序的单位。

（一）时钟电路的形成

根据单片机产生时钟信号的方式不同，时钟电路可分为内部时钟电路和外接时钟电路两种。

内部时钟电路是指利用单片机内部的高增益反相放大器，在引脚 XTAL1 和 XTAL2 之间外接晶体振荡器（简称晶振）和两个微调电容构成的电路，如图 5-6 所示。

外接时钟电路是指把外部已有的时钟信号引入单片机内的电路，如图 5-7 所示。采用这种方式可以使单片机的时钟与外部信号保持同步。

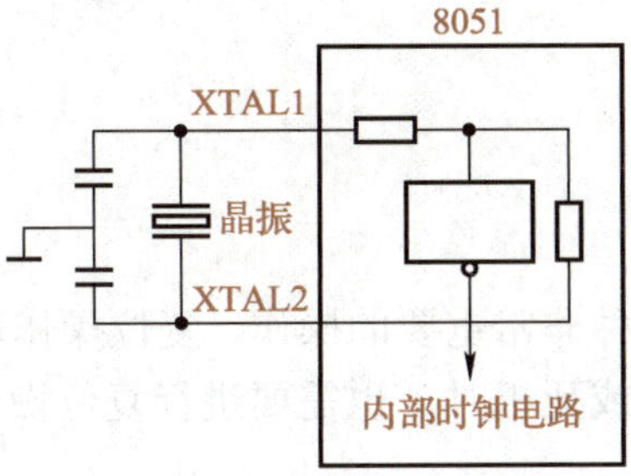

图 5-6　内部时钟电路

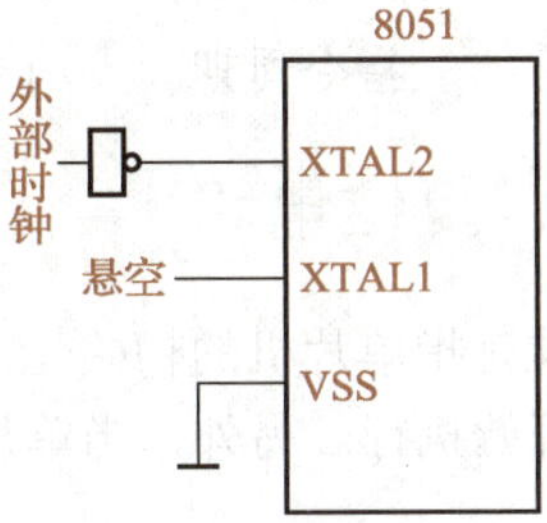

图 5-7　外接时钟电路

（二）时钟周期

时钟周期又称为振荡周期，定义为时钟频率的倒数，是单片机中最基本、最小的时间单位。例如，时钟频率为 12 MHz 的单片机，它的时钟周期就是 1/12 μs。在一个时钟周期内，CPU 仅完成一个最基本的动作。

知识链接

> 时钟频率控制着单片机的工作节奏，对同一种机型的单片机，时钟频率越高，单片机的工作速度就越快。但是，由于单片机硬件电路和元器件的限制，时钟频率是有一定的限制的。例如，8051 单片机的时钟频率范围是 1.2～12 MHz。

（三）状态周期

在 51 系列单片机中，把 1 个时钟周期定义为 1 个节拍，用 P 表示；把 2 个节拍定义为 1 个状态周期，用 S 表示。

（四）机器周期

一条指令的执行可分为若干个操作，如取指令、读存储器、写存储器等。完成某一个操作的时间称为一个机器周期。通常情况下，一个机器周期由 12 个时钟周期组成。

（五）指令周期

执行一条指令所需要的时间称为指令周期。它一般由若干个机器周期组成。指令不同，所需要的机器周期数也不同。在 51 系列单片机的指令系统中，一些简单的单字节指令，指令取出到指令寄存器后，立即译码执行，因此只需要一个机器周期；一些比较复杂的指令，如转移指令、乘法指令等，则需要两个或两个以上的机器周期。

【例 5-1】 若 MCS-51 系列单片机外接晶振的频率为 12 MHz，则单片机四个周期的具体值分别为多少？

【解】 时钟周期　1/12 μs = 0.083 3 μs

状态周期　1/6 μs　0.167 μs

机器周期　1 μs

指令周期　1～4 μs

二、复位电路

复位是指单片机的初始化。复位是单片机中一种非常重要的操作，复位操作后程序从 0000H 开始执行。另外，当单片机运行中出现错误或死机时，也需要进行复位操作。

（一）复位条件

单片机复位需要在单片机的引脚 RST/VPD 上连续出现 2 个机器周期以上的高电平。例如，若单片机的时钟频率为 12 MHz，则机器周期为 1 μs，那么复位信号需要保证持续 2 μs 以上的时间，单片机内部才执行复位操作。

（二）复位电路的形式

常见的复位电路有上电自动复位电路和按键复位电路两种形式。

- **上电自动复位电路**：如图 5-8 所示，电源接通瞬间，RC 电路充电，由于电容两端电压不能突变，所以 RST/VPD 端可以维持一段时间的高电平，只要时间大于两个机器周期，即可实现自动复位。
- **按键复位电路**：如图 5-9 所示，在电容两端并联一个带有电阻和开关的支路。当开关断开时，按键复位电路与上电自动复位电路相同；当开关闭合时，电容通过并联的电阻迅速放电，然后，RC 电路充电，能够保证 RST/VPD 端维持一段时间的高电平以实现复位。

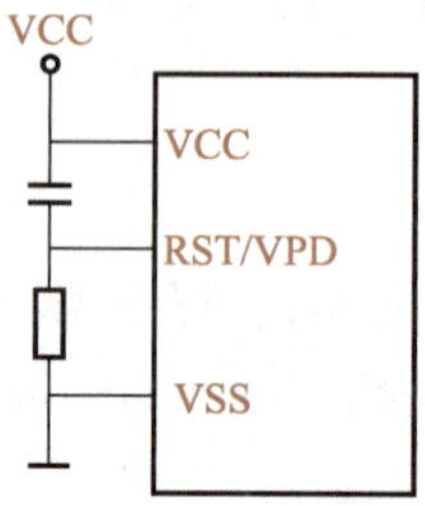

图 5-8　上电自动复位电路

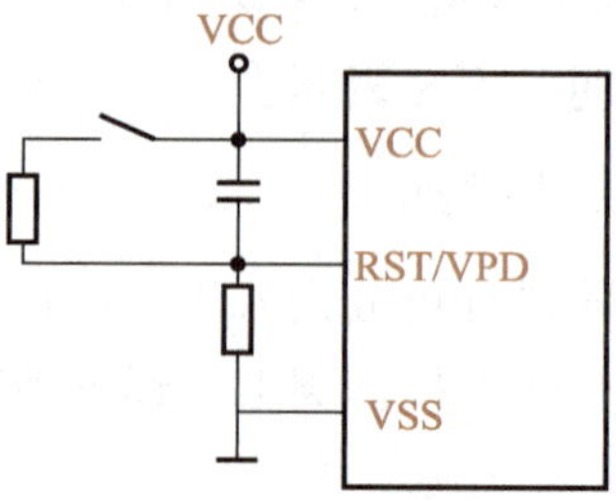

图 5-9　按键复位电路

（三）复位后寄存器的状态

单片机复位后会将一些特殊功能寄存器（SFR）的值重新设置，复位后 SFR 的状态如表 5-3 所示。

表 5-3　复位后 SFR 的状态

SFR 名称	SFR 符号	复位状态	SFR 名称	SFR 符号	复位状态
程序计数器	PC	0000H	定时/计数器方式控制寄存器	TMOD	00H
累加器 A	ACC	00H	定时/计数器控制寄存器	TCON	00H
寄存器 B	B	00H	定时/计数器 0（低位字节）	TL0	00H
程序状态字	PSW	00H	定时/计数器 0（高位字节）	TH0	00H
堆栈指针	SP	07H	定时/计数器 1（低位字节）	TL1	00H
地址指针	DPTR（包括 DPH 和 DPL）	0000H	定时/计数器 1（高位字节）	TH1	00H
P0～P3 端口	P0～P3	FFH	串行控制寄存器	SCON	00H
中断优先级控制寄存器	IP	XXX00000B	串行数据缓冲器	SBUF	XXXXXXXXB
中断允许控制寄存器	IE	0XX00000B	电源控制寄存器	PCON	0XXX0000B

注：X 表示无关位，是一个随机值。H 是十六进制数后缀，B 是二进制数后缀。

知识链接

利用单片机本身的资源，外加时钟电路、复位电路、电源电路，即可构成单片机的最小系统。

学习成果检验

一、选择题

1．单片机进行复位操作后，程序从（　　）开始执行。

A．1000H　　B．0001H　　C．0000H　　D．2000H

2．51 系列单片机最小的时间单位是（　　）。

A．节拍　　B．状态周期　　C．机器周期　　D．指令周期

二、填空题

1. 内部时钟电路是指利用单片机内部的高增益反相放大器，在引脚 XTAL1 和 XTAL2 之间外接________________和两个微调电容构成的电路。

2. 在 51 系列单片机中，把 1 个时钟周期定义为 1 个节拍，2 个节拍定义为 1 个_____。

3. RST/VPD 控制引脚用于对系统进行复位操作，当引脚上连续出现____________个机器周期的高电平时将复位单片机。

三、简答题

1. 单片机复位有哪些方法？

2. 简述 51 系列单片机复位后各寄存器的状态。

学习成果评价

指导教师根据学生的实际学习成果对其进行评价，学生配合指导教师共同完成学习成果评价表，如表 5-4 所示。

表 5-4　学习成果评价表

班级		组号		日期	
姓名		学号		指导教师	
评价项目	评价内容			满分/分	评分/分
知识	时钟电路的形成			6	
	时钟周期、状态周期、机器周期、指令周期			6	
	复位条件			6	
	复位电路的形式			6	
	复位后寄存器的状态			6	
技能	能够熟练计算四个周期的具体值			25	
	能够熟练掌握单片机复位的方法			20	
素养	积极参加教学活动，主动学习、思考、讨论			5	
	认真负责，按时完成学习、实训任务			5	
	团结协作，与组员之间密切配合			5	
	服从指挥，遵守课堂和实训室纪律			5	
	有竞争意识、勇于克服困难			5	
合计				100	
自我评价					
教师评价					

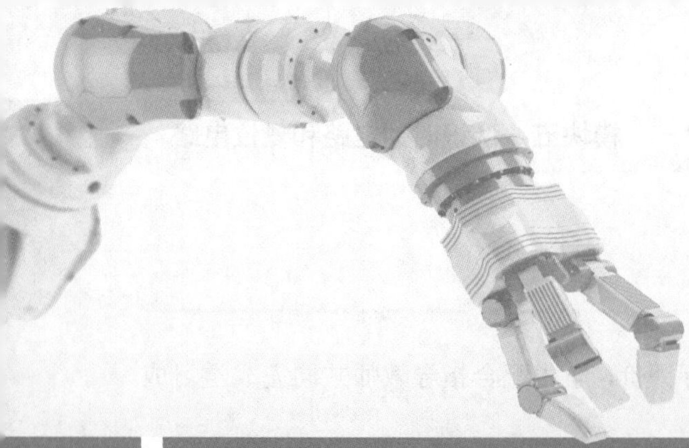

模块六
认识指令格式和寻址方式

模块导读

单片机通过执行程序完成人们指定的任务。程序是由一条条的指令构成的，指令的正确与否决定了程序能否正常运行，而指令格式和寻址方式决定了指令是否正确。本模块以 MCS-51 系列单片机为例，讲解指令格式和寻址方式的相关知识，为后续学习系统程序设计打下基础。

学习目标

知识目标

- 掌握指令格式。
- 掌握寻址方式。

能力目标

- 能够使用汇编语言设计平方和计算程序。

素质目标

- 养成坚持不懈、刻苦钻研的职业作风。
- 树立追求卓越、勇于拼搏的奋斗精神。
- 培育执着专注、踏实认真的职业素质。

模块实训——设计平方和计算程序

一、实训描述

小王是一名自动化系的学生。进入新的学期，他开始了单片机课程的学习。某节课上，老师提出了一个编程问题：假设 a、b、C 分别存放在单片机片内 RAM 的 30H、31H 和 40H 三个单元，编写汇编语言程序，实现 $C=a^2+b^2$。

通过反复尝试，小王最终解决了老师提出的问题。

二、实训实施

（一）整体设计思想

编译源程序，将生成的 hex 文件写入单片机片内 RAM 并运行，然后打开单片机内部存储器窗口，即可观察到片内 30H、31H、40H 三个单元的内容。

（二）硬件设计

根据平方和计算程序整体设计思想，对硬件系统进行设计，得出平方和计算程序系统原理图如图 6-1 所示。

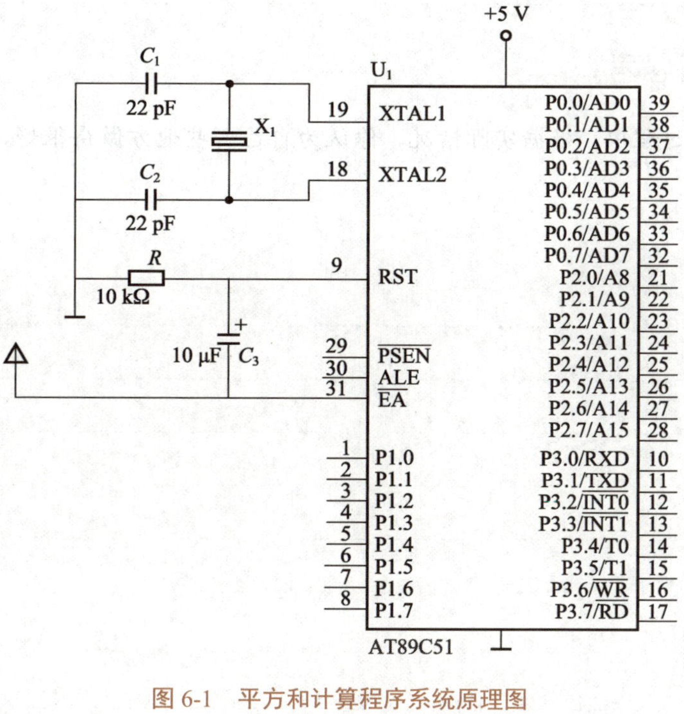

图 6-1　平方和计算程序系统原理图

（三）软件设计

在编辑汇编语言源程序时，可先编写一个主程序框架，再编写各个功能子程序。为了调用方便，应对子程序的入口和出口条件做尽可能详细的说明，并根据需要将主程序和子程序分别定位到适当的存储器地址，最后在主程序中通过调用子程序来完成所要求的任务。

对于本实训，主程序可通过调用子程序“SQR”用查表方式分别求得 a 的平方和 b 的平方的值，然后进行相加，得到最后的 C 值。

（四）仿真调试

利用 Keil 软件输入、编辑汇编语言源程序，保存文件时，程序的后缀应为“.ASM”，如“PRO1.ASM”。

以项目的形式打开上一步输入的汇编语言源程序文件并编译。编译成功后，软件生成 hex 文件，然后进入 Proteus 软件的调试模式进行仿真运行。

参考代码

提　示

程序调试是一个反复的过程，一般很难一次设计成功。因此，程序调试必须通过反复调试，不断修改硬件和软件，直到运行结果完全符合要求为止。

三、实训思考

在模块实施过程中，根据实际情况，你认为自己哪些地方做得很好，还有哪些地方需要改进。

笔记

相关知识

指令是单片机能够识别和执行的命令。由于单片机的硬件只能识别二进制数，因此最初的指令采用二进制表示，后来指令开始采用八进制和十六进制表示，这些都称为机器语言。机器语言不易理解，不易记忆，编辑程序时容易出错。

为了便于阅读和书写，一些厂商根据指令功能和操作对象的不同，为不同指令给出了英文缩写符号，称为助记符。用助记符表示的指令称为汇编语言指令。下面将要学习的就是这种指令，需要注意的是，汇编语言指令不能直接运行，它要翻译为机器语言指令后才能运行。

一、指令格式

一条指令通常由操作码和操作数两部分组成。操作码表示本条指令所要执行的操作，操作数则表示本条指令的操作对象，指令格式如下。

操作码　[操作数 1], [操作数 2], [操作数 3]

操作码和操作数之间至少空一个格，操作数之间用逗号“,”隔开。操作码一般使用2～5 个英文字母的助记符表示，如 JC、MOV、SUBB 等。在不同的指令中，操作数的数量可以是 0～3 个，操作数可以是一个数据，也可以是一个地址或寄存器符号。例如，一条典型的汇编语言指令为

MOV　A, 25H　　　;将片内 RAM 中地址为 25H 单元的内容送入累加器 A

其中，MOV 为操作码；A 和 25H 为操作数；分号“;”后的内容为注释，它不是指令的组成部分，不会在汇编过程中被翻译为机器语言，其只表示本条指令的功能。

知识链接

51 系列单片机指令系统中的常用助记符及其含义如表 6-1 所示。

表 6-1　51 系列单片机指令系统中的常用助记符及其含义

助记符	含义	助记符	含义
A	累加器 A	(X)	X 中的内容
B	寄存器 B	((X))	以 X 中的内容为地址的内容
Ri	寄存器间接寻址的寄存器(i=0 或 1)	/	加在位地址之前，表示对该位取反
Rn	当前工作寄存器 R0～R7 中的一个	#	立即数前缀
bit	具有位寻址功能的位地址	@	间接地址寄存器的前缀
rel	用补码形式表示的偏移量，范围为 −128 ～ +127	$	程序计数器 PC 的当前值

表 6-1（续）

助记符	含义	助记符	含义
#data	指令中的 8 位立即数，即 00H～FFH	←	箭头右面的数据传送到箭头左面
#data16	指令中的 16 位立即数，即 0000H～FFFFH	∧	逻辑与运算
addr11	11 位的目的地址，只限于 ACALL 和 AJMP 中使用	∨	逻辑或运算
addr16	16 位的目的地址，只限于 LCALL 和 LJMP 中使用	⊕	逻辑异或运算
direct	8 位直接地址，代表片内 RAM 的地址 00H～7FH 或 SFR 的地址 80H～FFH	@DPTR	16 位片外数据指针，范围为 0000H～FFFFH

二、寻址方式

寻址方式是指 CPU 在执行指令前，寻找参与运算的数据或数据地址的方式。每种微处理器都有多种寻址方式，寻址方式的多少是反映指令系统优劣的主要指标之一。51 系列单片机指令系统有 7 种寻址方式，分别是立即寻址、直接寻址、寄存器寻址、寄存器间接寻址、变址寻址、相对寻址和位寻址。

（一）立即寻址

立即寻址的操作数直接包含在指令中。这样的操作数称为立即数，立即数前面需要加“#”，一般占用 1 个或 2 个字节。例如：

```
MOV    R0, #30H            ;将立即数 30H 送入 R0
MOV    DPTR, #2000H        ;将立即数 2000H 送入 DPTR
```

（二）直接寻址

直接寻址是利用在指令中直接给出操作数所在的单元地址或位地址进行寻址的。指令中的操作数是所需要数据的地址，真正的数据存放于此地址中。例如：

```
MOV    A, 25H              ;将片内 RAM 中地址为 25H 单元的内容送入累加器 A
MOV    P0, #45H            ;将立即数 45H 送入直接寻址的特殊功能寄存器 P0 中
MOV    30H, 20H            ;将片内 RAM 中地址为 20H 单元的内容送入 30H 单元
```

直接寻址可以访问单片机内部数据存储器的低 128 个单元（00H～7FH）和特殊功能寄存器（80H～FFH）。采用直接寻址访问特殊功能寄存器时，可以用直接地址，也可以用寄存器名。例如，指令“MOV　A, 0D0H”与“MOV　A, PSW”功能相同。

提　示

PSW 的直接地址就是 0D0H。

（三）寄存器寻址

寄存器寻址将指令需要的数据存放在寄存器 R0～R7、累加器 A、寄存器 B、数据指针 DPTR 或布尔处理器的位累加器 CY 等寄存器中，不放在位地址或用户 RAM 区。例如：

```
MOV   A, R1     ;将寄存器 R1 中的数据送入累加器 A
```

数据传送前，若 R1 中的数据是#02H，A 中的数据是#55H，则传送后原本累加器 A 中的数据将会被 R1 中的数据覆盖，变成#02H，如图 6-2 所示。

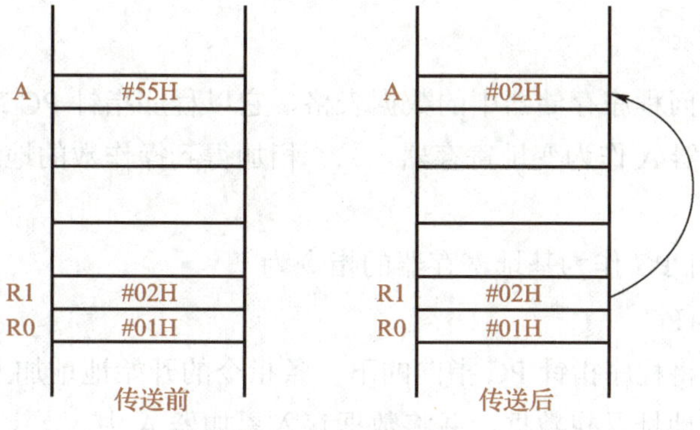

图 6-2　寄存器寻址

（四）寄存器间接寻址

寄存器间接寻址是以某个寄存器中的内容作为地址去寻找操作数。在该寻址方式中，寻址片内 RAM 区的低 128 个单元时，需要使用寄存器 R0、R1 作为间接寻址寄存器。寻址片外 64 KB 的 RAM 区时，可以使用 16 位寄存器 DPTR 作为间接寻址寄存器，也可以使用 R0 或 R1 作为低 8 位地址、P2 端口指定高 8 位地址的方式。寄存器用于间接寻址方式时，需要在寄存器前加上“@”符号。例如：

```
MOV   A, @R0
```

本指令采用了寄存器间接寻址方式，因此，参与运算的数据不是直接给出的，而是需要根据寄存器 R0 中的地址找到数据。该指令的执行过程如图 6-3 所示。

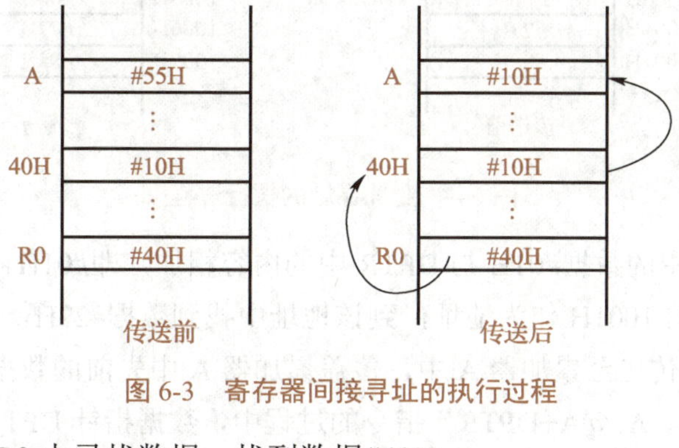

图 6-3　寄存器间接寻址的执行过程

（1）到寄存器 R0 中寻找数据，找到数据#40H。

（2）以 40H 为地址，到该地址对应的存储单元去寻找数据，此时找到数据#10H。

（3）将数据#10H 送入累加器 A 中，覆盖掉原本的数据#55H。#10H 才是累加器 A 最终要寻址的数据。

提 示

寄存器间接寻址方式不能对特殊功能寄存器（SFR）进行寻址。

（五）变址寻址

变址寻址可以访问程序存储器中的数据表格，它以程序指针 PC 或数据指针 DPTR 作为基址寄存器，累加器 A 作为变址寄存器，二者相加得到操作数的地址，再按此地址寻址并读取操作数。

（1）以程序指针 PC 作为基址寄存器的指令为

```
MOVC    A, @A+PC
```

该指令执行时，将程序指针 PC 指向的下一条指令的开始地址加上累加器 A 中的内容作为新的地址，以此地址寻找数据，并将数据存入累加器 A 中。

（2）以程序指针 DPTR 作为基址寄存器的指令为

```
MOVC    A, @A+DPTR
```

该指令执行时，先将数据指针 DPTR 的内容加上累加器 A 的内容作为新的地址，并以此地址寻找数据，将找到的数据存入累加器 A 中。该指令的执行过程如图 6-4 所示。

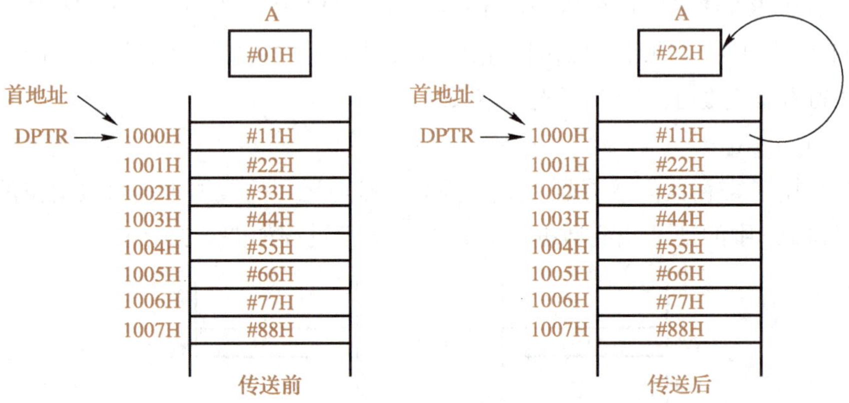

图 6-4　变址寻址的执行过程

① 将累加器 A 中的数据#01H 与 DPTR 中的内容相加，即#01H+1000H=1001H。

② 将①中得到的 1001H 作为地址，到该地址中找到数据#22H。

③ 将数据#22H 传送至累加器 A 中，覆盖累加器 A 中先前的数据。

在执行“MOVC　A, @A+DPTR”指令的过程中，数据指针 DPTR 一直指向数据表格的开头（即首地址 1000H）保持不变。当累加器 A 中的数据不断从#01H 变成#02H、#03H、#04H、#05H、#06H、#07H 时，累加器 A 与 DPTR 所指地址（1000H）之和将会不断地从 1001H 变成 1002H、1003H、1004H、1005H、1006H、1007H，从而可以从这些不断变化的地址单元中取得新的数据#11H、#22H、#33H、#44H、#55H、#66H、#77H、#88H，然后再将这些数据分别送入累加器 A 中进行处理。

（六）相对寻址

相对寻址通常出现在相对转移指令中，寻址不是寻找操作数的地址，而是要得到程序的转移地址 PC 的值。这种寻址方式是以 PC 的值加上指令中给定的偏移量作为新的转移地址。一般将相对转移指令操作码所在的地址称为源地址，转移后的地址称为目的地址，目的地址与源地址的关系为

目的地址=源地址+2（相对转移指令字节数）+偏移量 rel

例如：

```
SJMP   08H   ;PC+2+08H→PC
```

（七）位寻址

位寻址的指令操作数为 8 位二进制数中的某一位，寻址时按位进行操作。在 51 系列单片机指令系统中，操作数不仅可以是字节，还可以是一个二进制位。将一个二进制位作为操作数时，这个操作数的地址称为位地址。位寻址区包括片内 RAM 中的两个区域，具体如下。

（1）片内 RAM 中地址为 20H～2FH 的 16 个 RAM 单元，共 128 个位，位地址为 00H～7FH。位地址可用直接地址或单元地址加位地址的方式表示。

例如，“MOV　C, 7AH”与“MOV　C, 2FH.2”功能相同。

（2）特殊功能寄存器 SFR 中可供位寻址的专用寄存器有 11 个，共有 83 个位可进行位寻址操作，这些地址在指令中有 4 种表示方式。例如：

```
MOV   C, 0D6H       ;位地址表示法
MOV   C, AC         ;位名称表示法
MOV   C, 0D0H.6     ;单元地址加位的表示法
MOV   C, PSW.6      ;专用寄存器符号加位的表示法
```

上述 4 条指令的执行结果相同。

在 51 系列单片机中，对外部 I/O 端口的操作和对数据存储器的操作完全一样，这是因为外部数据存储器与 I/O 端口是统一编址的。例如，在指令中使用 P1.0 来表示 P1 端口的第 0 位，此种表示方式也属于位寻址的范畴。

学习成果检验

一、选择题

1．操作码一般使用（　　）个英文字母的助记符表示。

A．2～3　　B．3～5

C．2～5　　D．2～4

2．立即寻址中的立即数前面要加符号（　　）。

A．#　　B．@

C．+　　D．%

3．以程序指针 PC 作为基址寄存器的指令为（　　）。

A．INC　A　　B．INC　ACC

C．MOV　A, @R0　　D．MOVC　A, @A+PC

二、填空题

1．在指令“MOV　A, 30H”中，__________为操作码，__________为操作数。

2．直接寻址可以访问单片机内部数据存储器的__________和__________。

3．寄存器间接寻址是以__________作为地址去寻找操作数。

三、简答题

1．指令由哪几部分组成？

2．什么是位寻址？

四、编程题

试用指令实现以下数据的传送。

1．将 R3 中的数据传给 R4。

2．将片内 RAM 58H 单元中的内容送入片内 RAM 68H 单元。

学习成果评价

指导教师根据学生的实际学习成果对其进行评价，学生配合指导教师共同完成学习成果评价表，如表 6-2 所示。

表 6-2　学习成果评价表

班级		组号		日期	
姓名		学号		指导教师	
评价项目	评价内容			满分/分	评分/分
知识	指令格式			15	
	寻址方式			20	
技能	能够使用汇编语言设计平方和计算程序			40	
素养	积极参加教学活动，主动学习、思考、讨论			5	
	认真负责，按时完成学习、实训任务			5	
	团结协作，与组员之间密切配合			5	
	服从指挥，遵守课堂和实训室纪律			5	
	有竞争意识、勇于克服困难			5	
合计				100	
自我评价					
教师评价					

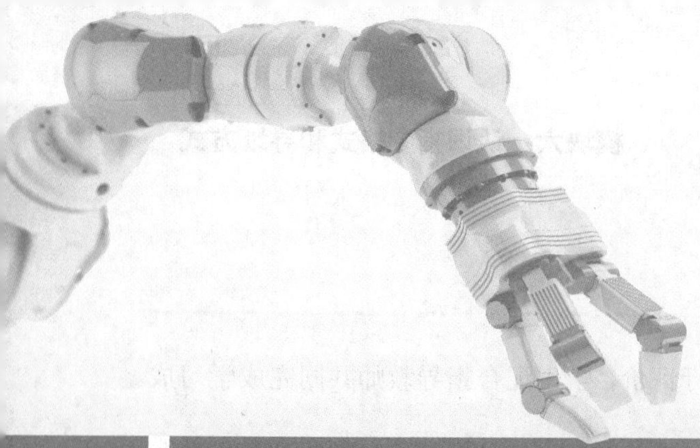

模块七
认识 51 系列单片机指令系统

模块导读

指令系统是所有指令的集合。不同类型的单片机，其指令系统也不同。MCS-51 系列单片机共有 111 条指令，根据功能的不同，这些指令可分为数据传送指令、算术运算指令、逻辑运算指令、移位指令、控制转移指令、位操作指令和伪指令。本模块主要介绍 MCS-51 系列单片机常见指令的相关知识，通过本模块的学习，学生将详细了解这些指令的具体功能。

学习目标

知识目标

- 掌握 MCS-51 系列单片机常见指令的功能。
- 掌握 MCS-51 系列单片机常见指令的指令格式。

能力目标

- 能够使用各种指令编写简单的汇编程序。

素质目标

- 养成坚持不懈、刻苦钻研的职业作风。
- 具备追求卓越、勇于拼搏的奋斗精神。
- 树立技能成才、技能报国的人生理想。

模块实训——设计汽车转向灯

一、实训描述

汽车转向灯可在车辆转弯时起到警示汽车前后的行人或车辆的作用。驾驶员拨动转向灯开关后，相应方向的转向灯便开始闪烁，提示本车的转弯方向。转向灯的闪烁是通过单片机控制 LED 灯来实现的。

请设计制作汽车转向灯，要求用单片机控制 LED 灯按 1 s 的时间间隔闪烁。

二、实训步骤

（一）整体设计思想

本系统采用 MCS-51 系列单片机。单片机的 P3.2 和 P3.3 引脚模拟汽车转向灯开关，P1.0 和 P1.1 引脚连接两个 LED 灯。编写汇编语言程序，使单片机控制 LED 灯按 1 s 的时间间隔闪烁。

（二）硬件设计

根据汽车转向灯整体设计思想，汽车转向灯硬件系统原理图如图 7-1 所示。

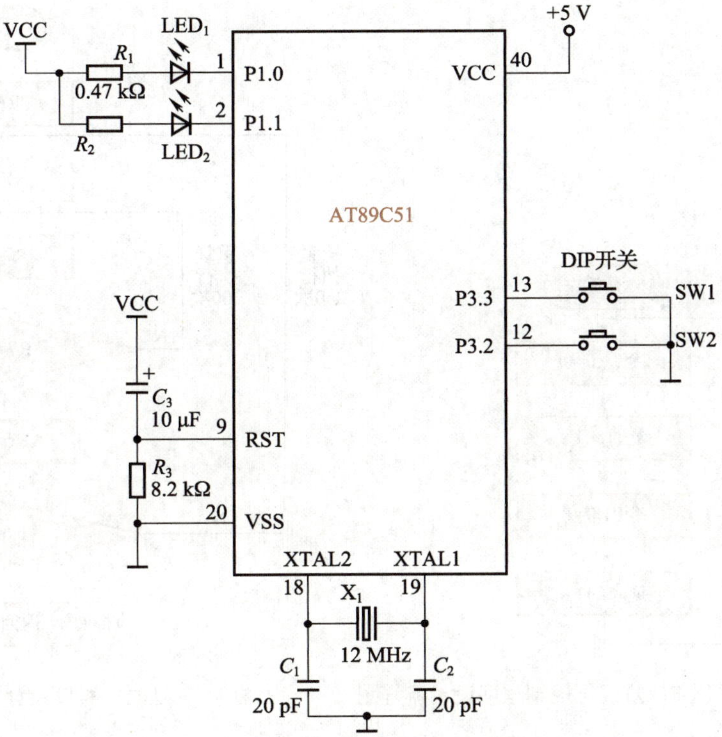

图 7-1　汽车转向灯硬件系统原理图

（三）软件设计

汽车转向灯主程序设计流程图如图 7-2 所示。

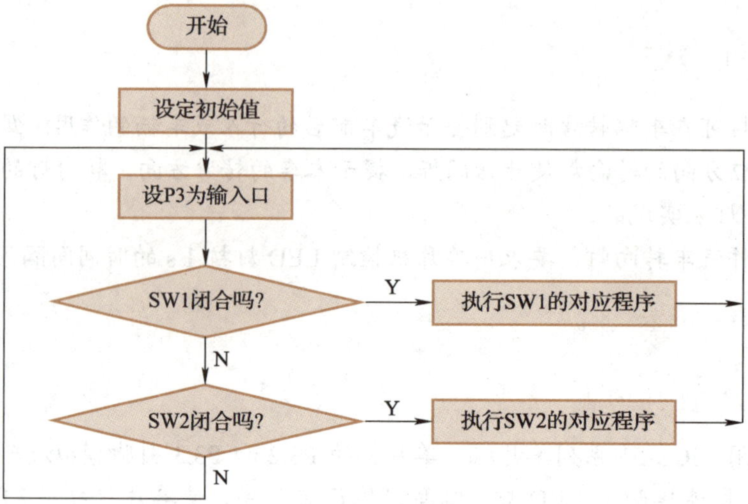

图 7-2　汽车转向灯主程序设计流程图

汽车转向灯 LED 灯闪烁控制程序设计流程图如图 7-3 所示、延时子程序设计流程图如图 7-4 所示。

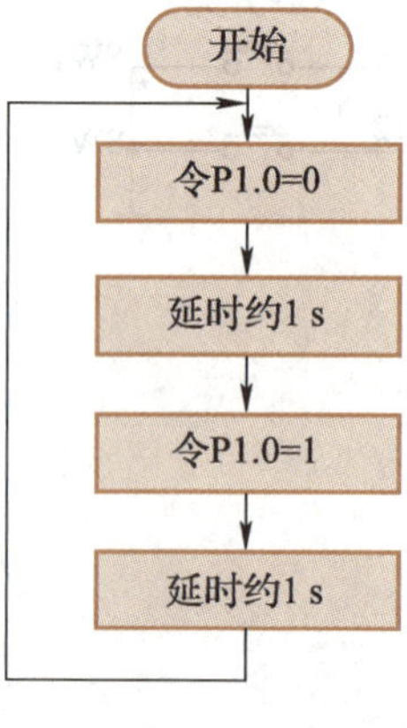

图 7-3　汽车转向灯 LED 灯闪烁控制程序设计流程图

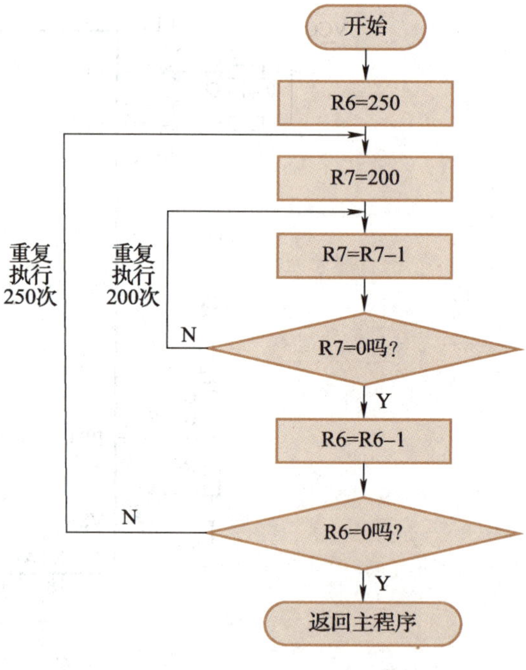

图 7-4　延时子程序设计流程图

（四）利用 Keil 软件编译、调试

扫一扫

参考代码

利用 Keil 软件输入、编辑汇编语言源程序，保存文件时，程序的后缀应为.ASM。

以项目的形式打开上一步输入的汇编语言源程序文件并编译。编译成功后，软件生成 hex 文件，然后进入 Proteus 软件的调试模式。

打开需要观察的调试窗口，选择在线仿真器进行硬件仿真。运行程序，观察实验板上 LED 灯的亮灭状态。

三、实训思考

在模块实训过程中，根据实际情况，你认为自己哪些地方做得很好，还有哪些地方需要改进。

笔记

相关知识

一、数据传送指令

数据传送指令是指令系统中使用最为频繁的一类指令，它主要用于数据的传送及交换，可以在片内 RAM 和 SFR 内进行，也可以在累加器 A 与片外 RAM 之间进行。该指令可把数据从源地址传送到目的地址，源地址内容不变，指令格式为

```
MOV   [目的操作数],[源操作数]
```

根据 MCS-51 系列单片机的存储器组织结构和特点，数据传送指令可分以下四类。

- **内部数据传送指令：**完成片内 RAM 单元、SFR 之间的数据传送。
- **外部数据传送指令：**完成片外 ROM 和片外 RAM 与累加器 A 之间的数据传送。
- **堆栈操作指令：**可根据堆栈指针 SP 中的栈顶地址进行数据传送。

◆ **数据交换指令**：完成片内 RAM 单元之间或片内 RAM 与片外 RAM 单元之间的数据交换。

（一）内部数据传送指令

1. 数据传送到累加器 A 的指令

该组指令的功能是将源操作数的内容送入累加器 A，指令格式如下。

```
MOV    A, R0
MOV    A, direct    ;direct 为直接寻址，如 40H、5FH
MOV    A, @Ri       ;Ri 代表 R0 或 R1
MOV    A, #data     ; #data 表示立即数，如#8 为十进制数 8、#55H 为十六进制数 55
```

【例 7-1】 已知 R0=30H，(30H)=20H，试问 51 系列单片机执行下列指令后累加器 A 中的内容是什么？

（1）MOV　A, R0

（2）MOV　A, 30H

（3）MOV　A, @R0

（4）MOV　A, #30H

【解】 （1）A=30H

（2）A=20H

（3）A=20H

（4）A=30H

2. 数据传送到工作寄存器 Rn 的指令

该组指令的功能是将源操作数的内容送入寄存器 Rn，指令格式如下。

```
MOV    Rn, A
MOV    Rn, direct
MOV    Rn, #data
```

3. 数据传送到片内 RAM 单元或 SFR 的指令

该组指令的功能是将源操作数的内容送入片内 RAM 单元或 SFR 中，指令格式如下。

```
MOV    direct, A
MOV    direct, Rn
MOV    direct1, direct2
MOV    direct, @Ri
MOV    direct, #data
MOV    @Ri, A
MOV    @Ri, direct
MOV    @Ri, #data
```

例如，“MOV　20H, @R1”是指将寄存器间接寻址得到的数据送入 20H 单元中。

（二）外部数据传送指令

1. 16 位数传送指令

该组指令的功能是将 16 位立即数送入数据指针寄存器 DPTR，指令格式如下。

```
MOV   DPTR, #data16
```

2. 累加器 A 与片外 RAM 之间的传送指令

该组指令的功能是在累加器 A 与片外 RAM 或 I/O 口之间进行数据传送，指令格式如下。

```
MOVX   A, @DPTR
MOVX   A, @Ri
MOVX   @DPTR, A
MOVX   @Ri, A
```

前两条指令执行时，可将片外 RAM 的内容读取到累加器 A；后两条指令执行时，可将累加器 A 的内容写入到片外 RAM。

提　示

片外 RAM 之间不能直接进行数据的传输。在 CPU 不知情的情况下，片外 RAM 之间直接完成数据的传送，这对系统来说是很不安全的。因此，要先将片外 RAM 的数据传输到内部累加器 A，然后通过累加器 A 将数据传输到另一个片外 RAM 中。

3. 程序存储器内容读指令

该组指令的功能是可以查询存放在程序存储器中的常数表格，指令格式如下。

```
MOVC   A, @A+PC
MOVC   A, @A+DPTR
```

第一条指令是以 PC 作为基址寄存器，先把累加器 A 中的无符号数与 PC 相加后得到一个 16 位地址，然后将该地址指向的程序存储器单元的内容送入累加器 A。

第二条指令是以 DPTR 作为基址寄存器，先把累加器 A 中的无符号数与 DPTR 相加后得到一个 16 位地址，然后将该地址指向的程序存储器单元的内容送入累加器 A。

（三）堆栈操作指令

符合“先进后出”或“后进先出”存放规则的区域称为堆栈。在 51 系列单片机的片内 RAM 中，也可以构造出这样一个“先进后出”的区域，用来存放某一数据区的地址，或者用来存放需要临时保存的中间数据。在使用堆栈时，需要用堆栈指针 SP 指向堆栈的栈顶，以便进行入栈和出栈操作。堆栈操作指令的指令格式如下。

```
PUSH   direct        ;将 direct 地址中的数据压入堆栈
POP    direct        ;将堆栈中的数据弹出到 direct 地址当中
```

堆栈操作指令的执行过程如下。

（1）入栈时，首先将 SP 加 1，然后将直接地址 direct 所指向的内容送入 SP 所指向的片内 RAM 单元。

（2）出栈时，首先将 SP 所指向的片内 RAM 单元的内容送入由直接地址指向的字节单元中，然后将 SP 减 1。

提 示

51 系列单片机的堆栈增长方向为向高地址增长，因此在设置堆栈时，要注意堆栈的栈顶不要超出用户 RAM 区。

（四）数据交换指令

该组指令的功能是交换源操作数和目的操作数的指定位，指令格式如下。

```
XCH    A, Rn
XCH    A, @Ri
XCH    A, direct
XCHD   A, @Ri
SWAP   A
```

前三条指令是整字节交换指令，可将累加器 A 中的内容与源操作数的内容相互交换。后两条指令是半字节交换指令。其中，XCHD 指令是将累加器 A 的低 4 位与 Ri 所指向的片内 RAM 单元的低 4 位相互交换，两者的高 4 位保持不变；SWAP 指令是将累加器 A 的高 4 位与低 4 位进行交换。

二、算术运算指令

算术运算指令包括加法指令、减法指令、乘法指令和除法指令。

（一）加法指令

加法指令可分为不带进位加法指令、带进位加法指令、增量指令和二-十进制调整指令。

1．不带进位加法指令

不带进位加法指令的功能是将源操作数与累加器 A 中的内容相加，并将结果保存到累加器 A 中，指令格式如下。

```
ADD    A, Rn
ADD    A, direct
ADD    A, @Ri
ADD    A, #data
```

该指令的运算结果会影响PSW标志位。

2. 带进位加法指令

带进位加法指令的功能是将源操作数与累加器A中的内容相加，再加上进位标志位CY，最后将结果放入累加器A中，指令格式如下。

```
ADDC    A, Rn
ADDC    A, direct
ADDC    A, @Ri
ADDC    A, #data
```

该组指令会影响到PSW标志位。

3. 增量指令

增量指令的功能是将指定操作数的内容加1，其指令格式如下。

```
INC   A
INC   Rn
INC   direct
INC   @Ri
INC   DPTR
```

若操作数是0FFH，则加1后将产生溢出，操作数变成00H，但溢出不会影响标志位。最后一条指令是对16位数据指针寄存器DPTR执行加1操作，指令执行时，先对低8位指针DPL的内容加1，如果产生溢出，就对高8位指针DPH加1。

4. 二-十进制调整指令

二-十进制调整指令的功能是对累加器A中参与BCD码加法操作的8位运算结果进行十进制调整，调整结果为压缩型BCD码，指令格式如下。

```
DA   A
```

指令执行时，先判断累加器A中的低4位是否大于9和辅助进位标志位AC是否为1，若两者有一个条件满足，则低4位的值加上6；同样，判断累加器A中的高4位是否大于9或者进位标志位CY是否为1，若两者有一个条件满足，则高4位的值加上6。

该指令只能跟在加法指令后，对加法结果进行调整，不能对减法指令的结果进行调整。该指令的执行结果不影响溢出标志位。

（二）减法指令

减法指令可分为带进位减法指令和减1指令。

1. 带进位减法指令

带进位减法指令的功能是将累加器A中的内容与第二操作数及进位标志位相减，结果送回到累加器A中。该组指令会影响到PSW中的进位标志位CY、辅助进位标志位AC和溢出标志位OV，指令格式如下。

```
SUBB    A, Rn
SUBB    A, direct
SUBB    A, @Ri
SUBB    A, #data
```

在执行减法指令的过程中，如果位 7 有借位，则 CY 置“1”，否则 CY 置“0”；如果位 3 有借位，则 AC 置“1”，否则 AC 置“0”；如果位 6 有错位而位 7 没有错位，或位 7 有错位而位 6 没有错位，则 OV 置“1”，否则 OV 置“0”。

2. 减 1 指令

减 1 指令的功能是将操作数的内容减 1，指令格式如下。

```
DEC    A
DEC    Rn
DEC    direct
DEC    @Ri
```

若操作数为 00H，则减 1 后产生溢出，操作数变成 0FFH。

（三）乘法指令

乘法指令可完成单字节的乘法操作，指令格式如下。

```
MUL    AB
```

指令执行时，将累加器 A 中的内容与寄存器 B 中的内容相乘，乘积的低 8 位送入累加器 A，高 8 位送入寄存器 B 中；如果乘积超过 0FFH，则 OV 置“1”，否则置“0”；CY 总是置“0”。

（四）除法指令

除法指令可完成单字节的除法操作，指令格式如下。

```
DIV    AB
```

指令执行时，将累加器 A 中的数据除以寄存器 B 中的 8 位无符号整数，所得商的整数部分存放在累加器 A 中，余数部分存放在寄存器 B 中。执行后，CY 和 OV 置“0”。

若执行该指令前，B 中的值为 0，则执行后累加器 A 与寄存器 B 中的内容不定，且 OV 置“1”。

三、逻辑运算指令

逻辑运算指令包括逻辑与指令、逻辑或指令、逻辑异或指令、逻辑清“0”和求反指令。

（一）逻辑与指令

逻辑与指令可完成两个操作数的按位与操作，指令格式如下。

```
ANL    A, Rn
```

```
ANL    A, direct
ANL    A, @Ri
ANL    A, #data
ANL    direct, A
ANL    direct, #data
```

前四条指令是以累加器 A 为目的操作数的逻辑与指令。指令的功能是将累加器 A 中的数据与源操作数所指定的数据进行按位与操作，并将结果送入累加器 A 中。

后两条指令是以 direct 为目的操作数的逻辑与指令。指令的功能是将 direct 地址单元的数据与源操作数所指定的数据进行按位与操作，并将结果送入 direct 地址单元中。

在实际应用中，若希望屏蔽目的操作数的某些位，可以将这些位和 0 相与；若希望某些位保持不变，可以将这些位和 1 相与。

（二）逻辑或指令

逻辑或指令可完成两个操作数的按位或操作，指令格式如下。

```
ORL    A, Rn
ORL    A, direct
ORL    A, @Ri
ORL    A, #data
ORL    direct, A
ORL    direct, #data
```

前四条指令是以累加器 A 为目的操作数的逻辑或指令。指令的功能是将累加器 A 中的数据与源操作数所指定的数据进行按位或操作，并将执行结果送入累加器 A 中。

后两条指令是以 direct 为目的操作数的逻辑或指令。指令的功能是将 direct 地址单元的数据与源操作数所指定的数据进行按位或操作，并将结果送入 direct 地址单元中。

在实际应用中，若希望将某一位置“1”，可以将该位与 1 进行或运算；若希望保持某些位不变，就可以将其与 0 进行或运算。

（三）逻辑异或指令

逻辑异或指令可完成两个操作数的按位异或操作，指令格式如下。

```
XRL    A, Rn
XRL    A, direct
XRL    A, @Ri
XRL    A, #data
XRL    direct, A
XRL    direct, #data
```

前四条指令是以累加器 A 为目的操作数的逻辑异或指令。指令的功能是将累加器 A 的数据与源操作数所指定的数据进行按位异或操作，并将结果送入累加器 A 中。

后两条是以 direct 为目的操作数的逻辑异或指令。指令的功能是将 direct 地址单元的数据与源操作数所指定的数据进行按位异或操作，并将结果送入 direct 地址单元中。

逻辑异或指令常被用来判断两数是否相等或对数值进行部分取反操作。

知识链接

逻辑异或：两数异或，相同为 0，不同为 1，即 $0\oplus 0=0$，$1\oplus 1=0$，$0\oplus 1=1$，$1\oplus 0=1$。从运算结果看，与 0 异或，数值不变；与 1 异或，数值取反。

（四）逻辑清“0”和求反指令

逻辑清“0”和求反指令的指令格式如下。

```
CLR   A       ;清除累加器 A 中的数据
CPL   A       ;将累加器 A 中的数据按位取反
```

四、移位指令

移位指令主要用于乘 2 和除 2 运算。此外，通过移位指令还可以达到串行接收或发送数据的目的。移位指令共 4 条，指令格式如下。

```
RL    A       ;将累加器 A 中的数据向左环移一位
RR    A       ;将累加器 A 中的数据向右环移一位
RLC   A       ;将累加器 A 中的数据连同 CY 向左环移一位，影响 CY 标志位
RRC   A       ;将累加器 A 中的数据连同 CY 向右环移一位，影响 CY 标志位
```

移位指令中的移位方式如图 7-5 所示。

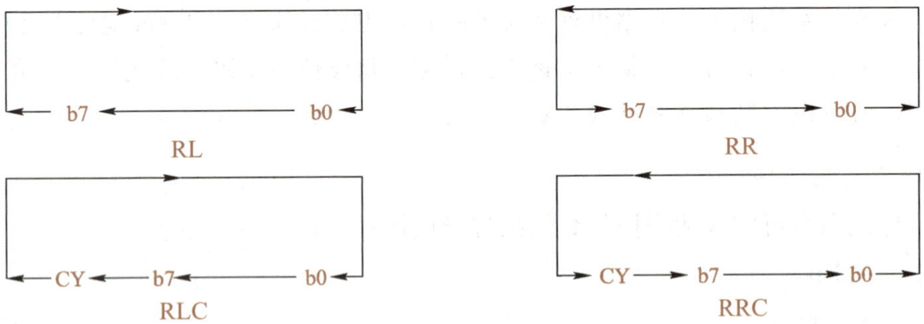

图 7-5　指令中的移位方式

RL 指令是将 b0～b7 这 8 位数据循环左移一位，b0 中的数据移至 b1，b1 中的数据移至 b2，依此类推，b7 中的数据移至 b0。RR 指令是将 b0～b7 循环右移一位，移动过程与 RL 指令类似，方向相反。

RLC 指令是将 CY、b0～b7 共 9 位数据循环左移一位，CY 中的数据移至 b0，b0 中的

数据移至 b1，依此类推，b7 中的数据移至 CY。RRC 是将 CY、b0～b7 共 9 位数据循环右移一位，移动过程与 RLC 指令类似，方向相反。

五、控制转移指令

控制转移指令通过改变程序计数器 PC 的值达到控制程序走向的目的，其作用区间为程序存储器空间。51 系列单片机具有丰富的控制转移指令，如无条件转移指令、条件转移指令、调用及返回指令等，进行编程开发十分灵活方便。

（一）无条件转移指令

无条件转移指令主要包括绝对转移指令、相对转移指令、长转移指令、散转指令等。

1. 绝对转移指令

绝对转移指令的跳转地址距离下一条指令的起始地址应在 2 KB 范围内，其指令格式如下。

```
AJMP    addr11
```

指令执行时，先将 PC 加 2，然后将 addr11 送入 PC 的低 11 位，PC 的高 5 位保持不变，这样得到的 PC 值即为跳转的目的地址。

2. 相对转移指令

相对转移指令的指令格式如下。

```
SJMP    rel
```

指令执行时，先将 PC 加 2，再将指令中带符号的偏移量 rel 与 PC 值相加，得到的结果送入 PC 作为跳转地址。

3. 长转移指令

长转移指令的指令格式如下。

```
LJMP    addr16
```

指令执行时，将 16 位目标地址 addr16 装入 PC，程序无条件跳转至该目标地址。目标地址可以是 64 KB 程序存储器地址空间内的任何地址。

4. 散转指令

散转指令能够实现程序的散转，转移的目标地址在 64 KB 范围内的程序存储区，指令格式如下。

```
JMP    @A+DPTR
```

指令执行时，将累加器 A 中的 8 位无符号数与数据指针 DPTR 中的 16 位数相加，其结果作为跳转地址送入 PC。该指令不改变累加器 A 和 DPTR 的内容，也不影响标志位。

（二）条件转移指令

条件转移指令主要包括累加器 A 判 0 指令、比较转移指令、减 1 不为 0 转移指令等。

1. 累加器 A 判 0 指令

该指令根据累加器 A 的值判断程序是否进行跳转，指令格式如下。

```
JZ    rel      ;(A)=0 时转移，否则顺序执行下一条指令
JNZ   rel      ;(A)≠0 时转移，否则顺序执行下一条指令
```

转移的目标地址在以当前指令的下一条指令地址为中心的 256 个字节范围内（−128～+127）。当条件满足时，则 PC←(PC)+N+rel，其中(PC)为该指令的起始地址，N 为该指令的字节数。

2. 比较转移指令

在 51 系列单片机指令系统中没有专门的比较指令，它只提供了 4 条比较转移指令，指令格式如下。

```
CJNE   A, direct, rel
CJNE   A, #data, rel
CJNE   Rn, #data, rel
CJNE   @Ri, #data, rel
```

该组指令的功能是比较两个操作数的大小，如果值不相等则转移。转移地址的计算方法与累加器 A 判 0 指令相同，即 PC←(PC)+N+rel。如果第一个操作数（无符号整数）小于第二个操作数，则进位标志位 CY 置“1”，否则置“0”。该指令不影响任何操作数的内容。

3. 减 1 不为 0 转移指令

减 1 不为 0 转移指令是先将操作数进行减 1 操作，再根据结果判断是否转移，指令格式如下。

```
DJNZ   Rn, rel
DJNZ   direct, rel
```

指令执行时，先将第一操作数减 1，然后判断结果是否为 0，不为 0 则转移到 PC←(PC)+N+rel；结果为 0，则顺序向下执行。该指令不影响标志位。

（三）调用及返回指令

具备特定功能的程序段通常可以用作子程序。调用子程序时，主程序中要有调用指令，子程序末尾需要有返回指令，以便执行完子程序后能够及时返回主程序。调用指令主要包括短调用指令和长调用指令等；返回指令主要包括子程序返回指令和中断返回指令等。

1. 短调用指令

短调用指令是一条 2 KB 范围内的子程序调用指令，指令格式如下。

```
ACALL   addr11
```

指令执行时，先将 PC 加 2 以获得下一条指令的地址；然后将 16 位地址压入堆栈，SP 内容加 2；最后把 PC 的高 5 位与 addr11 合成的 16 位地址（PC 的高 5 位作为合成地址的高 5 位，addr11 作为其低 11 位）作为子程序的入口地址送入 PC。

提　示

子程序的入口地址必须与 ACALL 下一条指令的第一个字节在同一个 2 KB 区域的存储器范围内。

2. 长调用指令

长调用指令可无条件地调用 16 位地址 addr16 指向的子程序，指令格式如下。

```
LCALL   addr16
```

长调用指令的执行过程如下。

① PC←(PC)+3；② PC 入栈（先压入低字节，后压入高字节），SP←SP+2；③ PC←addr16。

指令执行完毕后，程序跳转至 addr16 指定的子程序入口处执行子程序。

长调用指令可以调用位于 64 KB 范围内任意地址的子程序。指令执行后不影响任何标志位。

3. 子程序返回指令

子程序返回指令的功能是退出子程序，返回主程序，指令格式如下。

```
RET
```

指令执行时，将调用子程序时压入堆栈的下一条指令的地址取出送入 PC，使其能够返回主程序继续执行。

4. 中断返回指令

中断返回指令的功能与子程序返回指令相似，不同的是它还要清除 51 系列单片机内部的中断状态标志，指令格式如下。

```
RETI
```

六、位操作指令

位操作指令的操作数是某字节中的一个二进制位，其值只能是 0 或 1。此类指令又称为布尔操作指令。在位操作指令中，位操作数的表达形式有以下 4 种。

（1）直接地址方式，如 0A8H。

（2）点操作符方式，如 IE.0。

（3）位名称方式，如 EX0。

（4）用户定义方式，如用伪指令 BIT 做定义（“WBZD0　BIT　EX0”），经过用户的重新定义，可使用 WBZD0 代替 EX0。

51 系列单片机指令系统中的位操作指令可分为位数据传送指令、位变量修改指令、位变量逻辑与指令、位变量逻辑或指令、位变量条件转移指令。

（一）位数据传送指令

位数据传送指令是将源操作数指定的位变量送入目的操作数指定的位地址单元中。其中一个操作数是进位标志位 CY（CY 在指令中可简写为 C），另一个操作数可以是任何可直接寻址位，指令格式如下。

```
MOV   C, bit
MOV   bit, C
```

（二）位变量修改指令

位变量修改指令主要完成对位变量的修改，包括清零、置“1”、取反等，指令格式如下。

```
CLR   C          ;将进位标志位 CY 清零
CLR   bit        ;将位 bit 清零
CPL   C          ;将进位标志位 CY 取反
CPL   bit        ;将 bit 取反
SETB  C          ;将进位标志位 CY 置“1”
SETB  bit        ;将 bit 置“1”
```

（三）位变量逻辑与指令

位变量逻辑与指令可使进位标志位 CY 与源操作数作逻辑与运算，结果放入进位标志位 CY 中，指令格式如下。

```
ANL   C, bit
ANL   C, /bit    ;/bit 为 bit 的取反值
```

（四）位变量逻辑或指令

位变量逻辑或指令可使进位标志位 CY 与源操作数作逻辑或运算，结果放入进位标志位 CY 中，指令格式如下。

```
ORL   C, bit
ORL   C, /bit
```

（五）位变量条件转移指令

位变量条件转移指令可根据进位标志位 CY 或位变量的值完成程序的转移，指令格式如下。

```
JC    rel        ;若(CY)=1，则转移 PC←(PC)+2+rel
JNC   rel        ;若(CY)=0，则转移 PC←(PC)+2+rel
JB    bit, rel   ;若(bit)=1，则转移 PC←(PC)+3+rel
JNB   bit, rel   ;若(bit)=0，则转移 PC←(PC)+3+rel
JBC   bit, rel   ;若(bit)=1，则转移 PC←(PC)+3+rel，并将 bit 置“0”
```

七、伪指令

伪指令是指示和控制汇编过程的命令，如用来表示程序或数据的起始位置等。它是针对汇编程序的，并不针对 CPU，因此，在汇编过程中不产生可执行的目标代码。

不同版本的汇编语言，伪指令的符号和含义有所不同，但是基本用法是相同的。下面简单介绍 51 系列单片机编程时常用的 8 种伪指令。

（一）起始伪指令

起始伪指令的助记符为 ORG，伪指令格式如下。

[标号:]　ORG　16 位地址或符号

指令功能：将该语句后面的源程序所汇编成的目标代码存放在指定的 16 位地址或符号所表示的存储单元中。

（二）结束伪指令

结束伪指令的助记符为 END，伪指令格式如下。

[标号:]　END

指令功能：当汇编程序遇到该伪指令后，停止汇编。

（三）赋值伪指令

赋值伪指令的助记符为 EQU，伪指令格式如下。

字符名称　EQU　表达式

指令功能：将 EQU 右边表达式的内容赋给左边的字符名称。赋值后，字符名称可以作为地址或者数据在程序中使用。

（四）数据地址赋值伪指令

数据地址赋值伪指令的助记符为 DATA，伪指令格式如下。

字符名称　DATA　表达式

指令功能：将表达式的数据地址或代码地址赋给字符名称。DATA 伪指令和 EQU 伪指令类似，但要注意以下两点区别。

（1）DATA 不能将一个汇编符号赋给字符名称，如 R0～R7。

（2）DATA 伪指令可以先使用后定义。

（五）定义字节伪指令

定义字节伪指令的助记符为 DB，伪指令格式如下。

[标号:]　DB　8 位二进制数表

指令功能：将 8 位二进制数表存入以左边标号为起始地址的连续存储单元中。

（六）定义字伪指令

定义字伪指令的助记符为 DW，伪指令格式如下。

[标号:]　DW　16 位二进制数表

指令功能：将 16 位二进制数表存入以左边标号为起始地址的连续存储单元中。

（七）定义存储空间伪指令

定义存储空间伪指令的助记符为 DS，伪指令格式如下。

[标号:]　DS　表达式

指令功能：从标号所指示的地址开始预留一定数量的内存单元，存储单元的数量由表达式决定。

（八）定义位伪指令

定义位伪指令的助记符为 BIT，伪指令格式如下。

字符名称　BIT　位地址

指令功能：将位地址赋给字符名称。

学习成果检验

一、选择题

1．清除累加器 A 中的数据，用到的指令为（　　）。

A．CLR　A　　B．CPL　A　　C．RL　A　　D．RLC　A

2．将累加器 A 中的数据按位取反，用到的指令为（　　）。

A．CLR　A　　B．CPL　A　　C．RL　A　　D．RLC　A

3．指令“SJMP　rel”属于（　　）。

A．长转移指令　　B．绝对转移指令　　C．散转指令　　D．相对转移指令

二、填空题

1．数据传送指令主要用于数据的__________。

2．加法指令可分为__________、__________、__________和__________。

3．位操作指令的操作数是某字节中的一个二进制位，其值是______或______。

4．伪指令是__________和__________汇编过程的一些命令，如用来表示程序或数据的起始位置等。

三、简答题

1．简述乘法指令的指令格式和功能。

2．在位操作指令中，位操作数的表达形式有哪几种？

四、编程题

编写程序，从上到下依次点亮 LED 点阵某一列上的点。

学习成果评价

指导教师根据学生的实际学习成果对其进行评价，学生配合指导教师共同完成学习成果评价表，如表 7-1 所示。

表 7-1　学习成果评价表

班级		组号		日期	
姓名		学号		指导教师	
评价项目	评价内容			满分/分	评分/分
知识	MCS-51 系列单片机常见指令的功能			20	
	MCS-51 系列单片机常见指令的指令格式			20	
技能	能够使用各种指令编写简单的汇编程序			35	
素养	积极参加教学活动，主动学习、思考、讨论			5	
	认真负责，按时完成学习、实训任务			5	
	团结协作，与组员之间密切配合			5	
	服从指挥，遵守课堂和实训室纪律			5	
	有竞争意识、勇于克服困难			5	
合计				100	
自我评价					
教师评价					

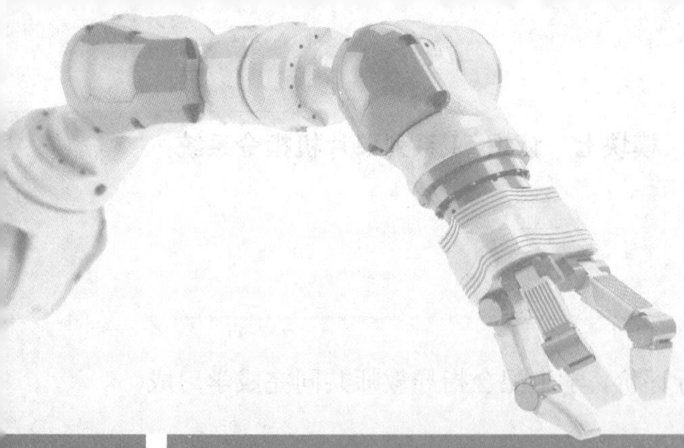

模块八

认识三种程序结构

模块导读

汇编语言程序设计并不难，但是要编写出质量高、可读性强且执行速度快的程序并不容易。熟练掌握汇编语言的指令系统及常用的程序结构，将有利于提高汇编程序编写能力。本模块将带领大家认识汇编语言常用的三种程序结构。

学习目标

知识目标

- 掌握汇编语言格式、构成。
- 掌握汇编语言程序设计步骤。
- 掌握汇编语言常用的三种程序结构。

能力目标

- 能够熟练应用汇编语言的三种程序结构进行程序设计。

素质目标

- 养成坚持不懈、刻苦钻研的职业作风。
- 具备勇于创新、虚心好学的品质。
- 养成自主学习、协作学习、探究学习的意识。

模块实训——设计信号闪烁灯

一、实训描述

信号闪烁灯在生活中比较常见，用途很多。例如，在高速公路或城市公路主干道的黄线上会安装一种紧贴地面的一闪一闪的灯，用于提醒驾驶员黄线的位置；处于行线下的高层建筑的顶部会安装红色警示灯，用于提醒飞行员障碍物的高度。

请设计制作一个信号闪烁灯，要求亮、灭交替进行，时间间隔为 0.2 s。

二、实训步骤

（一）整体设计思想

信号闪烁灯采用 MCS-51 系列单片机。在单片机的一个 I/O 端口上接一个发光二极管（LED）L1，编写汇编语言程序使 L1 不停地一亮一灭，时间间隔为 0.2 s。

（二）硬件设计

根据信号闪烁灯的整体设计思想，信号闪烁灯硬件系统原理图如图 8-1 所示。其中，将 LED 灯连接在 P0.0 端口上。

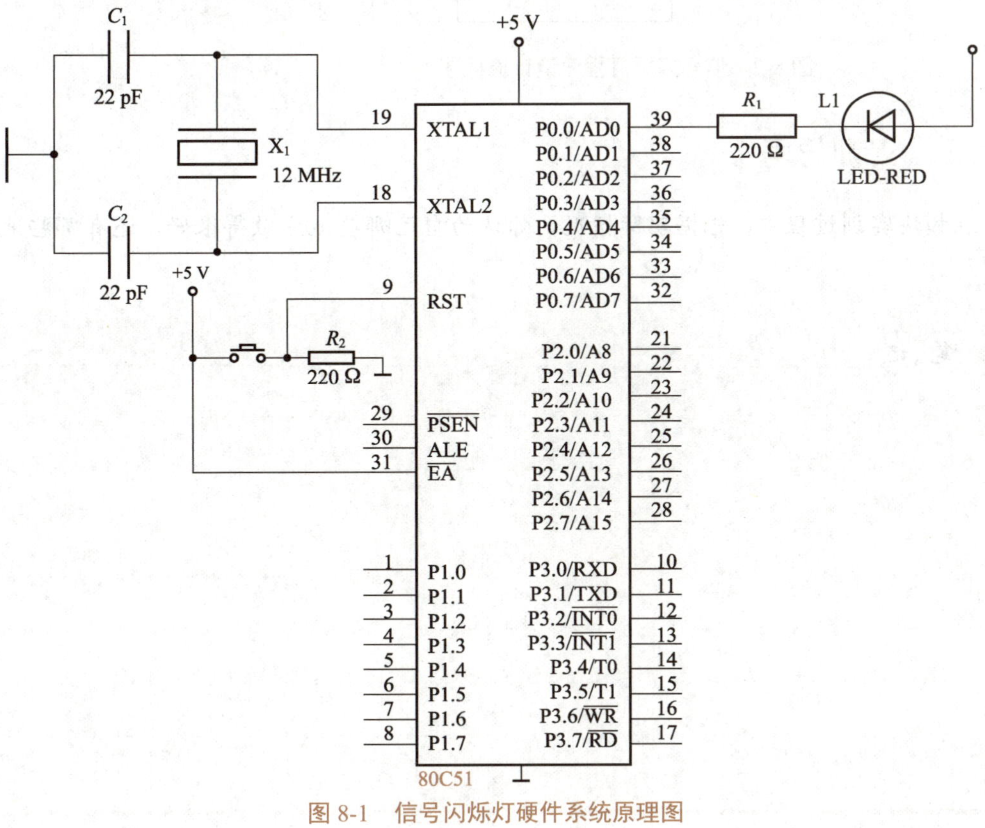

图 8-1　信号闪烁灯硬件系统原理图

（三）软件设计

从信号闪烁灯硬件系统原理图可以看出，当 P0.0 端口输出高电平时，L1 熄灭，这里可以使用“SETB　P0.0”指令使 P0.0 端口输出高电平；当 P0.0 端口输出低电平时，L1 点亮，这里可以使用“CLR　P0.0”指令使 P0.0 端口输出低电平。

由于单片机指令的执行时间很短，属于微秒级，而实训要求的 LED 灯闪烁时间间隔为 0.2 s，两者相差太大，因此在执行 LED 灯点亮和熄灭相关指令时，可以插入延迟程序来达到要求。

信号闪烁灯程序设计流程图如图 8-2 所示。

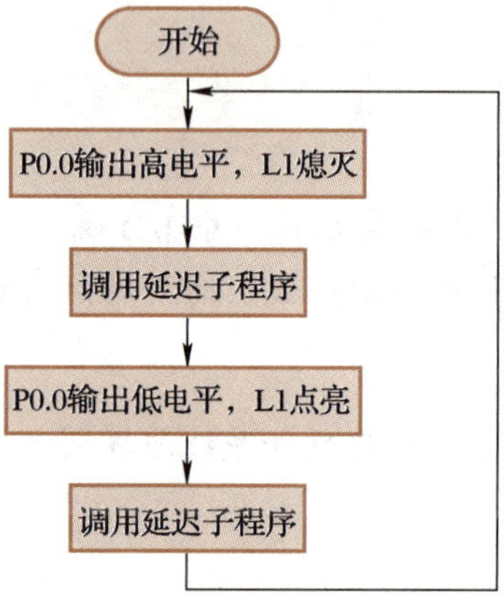

图 8-2　信号闪烁灯程序设计流程图

参考代码

三、实训思考

在模块实训过程中，根据实际情况，你认为自己哪些地方做得很好，还有哪些地方需要改进。

笔记

相关知识

一、程序设计基础

要编写一个完整的汇编语言程序，除了要熟悉单片机的指令以外，还需要了解汇编语言本身的格式要求、构成要素和程序设计步骤。

汇编语言是机器语言的符号化表示，用汇编语言编写的程序称为汇编语言程序。汇编语言是单片机应用系统开发中最常用的程序设计语言之一，用它编写的程序结构简单，执行速度快，编译后占用的存储空间小。

（一）汇编语言格式

一条汇编语言语句由标号、操作码、操作数和注释四部分组成，格式如下。

[标号:] 操作码 [操作数] [;注释]

提　示

格式中“[ ]”表示方括号中的内容是可选项，若不需要，可以不包括此项。另外，方括号本身并不在程序中出现。

下面分别介绍这四部分的使用规则。

1. 标号

标号是一种符号地址，用于表示所在指令行的地址，是可选项。它常用在转移指令中表示所要转移的位置，如 LOOP1。

标号是由数字和字母组成的标识符。另外，下划线符号“_”也允许出现在标号中。标号中的第一个字符只能是字母，不能是数字。标号最后跟冒号，两者之间不能有空格。

提　示

系统中保留使用的字符或字符组不能用作标号，以免引起混淆，如 SFR 名称、各种伪指令等。

一些常见的错误标号及对应的正确标号如表 8-1 所示。

表 8-1　一些常见的错误标号及对应的正确标号

错误标号	对应的正确标号
2BT:（以数字开头）	BT2:
BEGIN（无冒号）	BEGIN:
TA+TB:（+号不能出现在标号中）	TATB:
ADD:（指令助记符）	ADD1:

2．操作码

操作码表示指令中的助记符，是必选项，一般用大写表示，以便于阅读，如 MOV、ADD、JMP 等。

3．操作数

操作数是操作码要操作的数据或数据的地址，是可选项。指令中可以没有操作数，也可以有一个、两个或三个操作数，各操作数之间用逗号“,”隔开。寻址方式不同，操作数的写法也有所不同。这里主要介绍没有固定格式的立即寻址方式和直接寻址方式中操作数的写法。

1）立即寻址方式

在立即寻址方式中，操作数采用#data 格式。

- 若 data 是一个二进制数，则操作数末尾应以“B”作为结束，如#00101000B。
- 若 data 是一个十进制数，则操作数末尾应以“D”作为结束，如#20D。如果程序中出现的立即数结尾不带字母标号（如#20），则当作十进制数处理。
- 若 data 是一个十六进制数，则操作数末尾应以“H”作为结束。需要注意的是，如果十六进制数的最高位是 A～F 中的某一位，还需要在其前面加一个数字“0”，以便于程序编译，如#0F8H。

提 示

data 也可以是赋值伪指令 EQU 定义过的符号。

2）直接寻址方式

在直接寻址方式中，direct 可以有以下几种表示方法。

- 如果 direct 是二进制数、十进制数或者十六进制数，那么其表示方法和立即寻址方式相同，只是数值前没有“#”符号。
- direct 可以是 SFR 的名称。例如，MOV A, DPH。
- direct 可以是程序中某处已经定义过的标号地址。例如，MOV A, LOOP1。
- 对于采用直接寻址方式的偏移量 rel，可以使用符号“$”。“$”表示当前程序计数器的值。例如，“JMP $”表示程序一直在此循环。
- direct 可以是带有加减符号的表达式。例如，若 LOOP1 是已经定义过的标号，则 LOOP1+1、LOOP1-1 可以作为直接地址来使用。但是，并不是所有版本的汇编程序都支持这种表达式。

4．注释

注释是对程序的解释和说明，用来提高程序本身的可读性。注释前必须加分号“;”，如果注释内容一行写不完，换行时也必须用分号开头。

对于注释，计算机在汇编时不予处理，因此，注释部分可以用中文书写。但是，除注释外的所有字符，都要用西文书写。在编写程序的时候，要养成写注释的良好习惯，有助于大家交流学习。

（二）汇编语言构成

汇编语言语句是构成汇编语言的基本要素，也是汇编语言程序设计的基础。汇编语言语句通常可分为指令性语句和指示性语句两类。

1. 指令性语句

指令性语句是指由指令助记符构成的汇编语言语句。对 MCS-51 系列单片机而言，指令性语句是指 111 条指令的助记符语句，是汇编语言语句的主体，也是汇编语言程序设计的基本语句。每条指令性语句都有对应的机器码，由汇编器在汇编时翻译成目标代码。

2. 指示性语句

指示性语句又称伪指令语句，是在汇编时供汇编程序识别，并对汇编过程进行某种指示的汇编语言语句。它不是真正可执行的语句，因此不会产生可执行的目标代码。

（三）汇编语言程序设计步骤

无论是开发一个大的项目还是编写一个简单的程序，在编写汇编语言程序时都要遵循以下步骤。

1. 分析任务，确定思路和算法

首先，要收集与设计任务相关的各种资料，根据调研结果确定总体设计方案，明确系统要实现的功能以及系统的技术指标。然后，将一个具体任务抽象成数学模型，进而把实际问题转化为计算机能够处理的抽象问题。

解决一个问题的算法往往不止一种，因此要对可行的算法进行分析比较，选出其中最简练、最实用的算法。

2. 画出程序设计流程图

流程图是用来描述事物进行过程的一种图形。在程序设计过程中，画出程序设计流程图能够将问题变得清晰、明确。程序设计流程图可以集中体现程序中的各种逻辑关系，有助于我们在调试程序时及时发现问题。

3. 编写程序

按照程序设计流程图编写程序。在编写程序过程中，应注意程序的可读性和正确性，并在适当位置为程序加上注释。

4. 调试和测试程序

编写完程序后，可以采用软件和硬件两种方式对其进行调试。软件调试是指在不与单片机的具体硬件连接的情况下，利用程序进行调试。硬件调试是指将程序写到硬件中，利用仿真器来调试。

对于大项目的开发，程序调试成功后，还要进行详细的测试，以排除程序中的漏洞。测试时使用的数据要考虑产品应用时可能发生的各种情况。

二、常用的三种程序结构

汇编语言中常用的程序结构有顺序程序结构、分支程序结构和循环程序结构。

（一）顺序程序结构

顺序程序结构是一种比较简单的程序结构，程序中没有分支、转移和循环等，程序按照先后顺序执行。下面通过两道例题，介绍顺序程序结构的相关知识。

【例 8-1】 某 16 位数高 8 位存放在 40H 单元，低 8 位存放在 41H 单元。利用循环移位指令，实现此 16 位数（D0～D15）除 2 操作。

【分析任务，确定思路】 使用循环右移指令 RRC 可以实现 8 位数除 2 操作。要实现 16 位数移位操作，可以先将高 8 位向右移一位，将进位标志位 CY 作为桥梁，然后再将低 8 位向右移一位。

【画出程序设计流程图】 根据上面的思路，画出程序设计流程图，如图 8-3 所示。

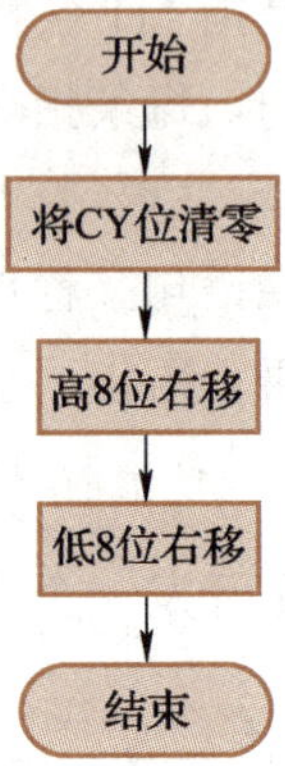

图 8-3　例 8-1 程序设计流程图

【参考代码】

```
ORG     2000H
START:
CLR     C           ;将 CY 位清零
MOV     A, 40H      ;高 8 位送累加器 A
RRC     A           ;高 8 位右移，D8 位送入 CY 位
MOV     40H, A      ;送回原地址单元
MOV     A, 41H      ;低 8 位送入累加器 A
RRC     A           ;低 8 位右移，CY 位送入 D7 位
MOV     41H, A      ;送回原地址单元
END     START       ;程序结束
```

【例 8-2】 将片内 RAM 40H 地址单元的 BCD 码转换成相应的 ASCII 码，并将转化后的 ASCII 码存到片外 RAM 4000H～4001H 地址单元。

【分析任务，确定思路】 BCD 码在一个字节中存放两位，因此，高 4 位和低 4 位需要分开处理。一个十进制数要转化为相应的 ASCII 码需要加上 30H。

【画出程序设计流程图】 根据上面的思路，画出程序设计流程图，如图 8-4 所示。

【参考代码】

```
BCD     EQU     40H
ASCII   EQU     4000H
```

```
ORG     2000H
START:
MOV     R0, BCD          ;BCD 码地址
MOV     DPTR, #ASCII     ;ASCII 码地址
MOV     A, @R0           ;取出 BCD 码
ANL     A, #0F0H         ;去掉其低 4 位
SWAP    A                ;高、低 4 位交换
ADD     A, #30H          ;转换为 ASCII 码
MOVX    @DPTR, A         ;存到指定单元
XCHD    A, @R0           ;取出 BCD 码低 4 位
ANL     A, #0FH          ;去掉其高 4 位
ADD     A, #30H          ;转换为 ASCII 码
INC     DPTR             ;指向 4001 地址单元
MOVX    @DPTR, A         ;存到指定单元
END     START            ;程序结束
```

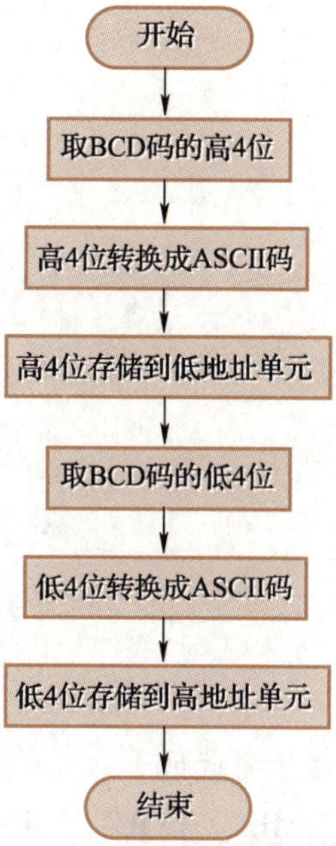

图 8-4　例 8-2 程序设计流程图

（二）分支程序结构

分支程序结构是根据不同的条件，确定程序走向的。它主要依靠条件转移指令、比较转移指令和位转移指令来实现。

程序转移的情况一般有以下 3 种。

- **无条件转移：**程序转移的方向是事先安排好的，使用时只需要直接给出正确的转移地址。
- **条件转移：**根据已执行指令对标志位、累加器 A 或片内 RAM 某位的影响结果来决定程序的走向。程序设计流程图一般是单分支结构，即一个入口，两个出口。
- **散转：**使用指令“JMP　@A+DPTR”，改变累加器 A 和 DPTR 的内容，可以实现多路分支。程序设计流程图是多分支结构，即一个入口，多个出口。

下面通过两道例题，介绍分支程序结构的相关知识。

【例 8-3】　编程实现生活中的一个例子：假设早上上班，如果时间来不及的话，我们会选择乘坐出租车；时间还早，天气也不错，我们会选择骑自行车；时间虽然还早，但是天气糟糕，我们会选择乘坐公共汽车。

【分析任务，确定思路】　通过阅读，需要设计两个比较的条件，一个是时间，一个是天气。假设当前的时间存放在 40H 地址单元，当前的天气情况存放在 41H 单元。若时间大于 8 表示时间来不及了，小于等于 8 表示时间还早；天气只有 0 或 1，0 表示天气晴朗，1 表示天气糟糕。

【画出程序设计流程图】　根据上面的思路，画出程序设计流程图，如图 8-5 所示。

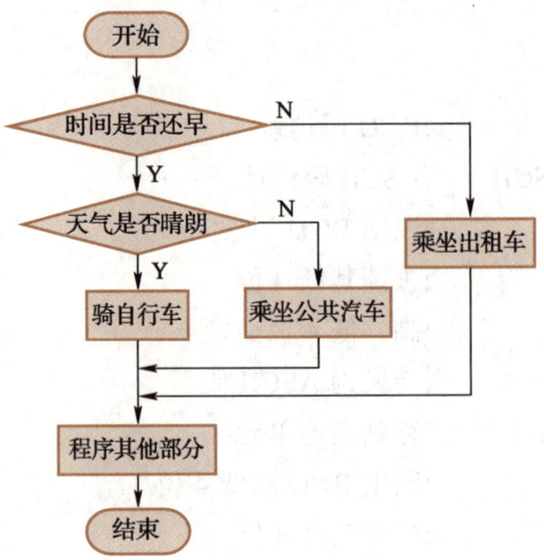

图 8-5 例 8-3 程序设计流程图

【参考代码】

```
TIME      EQU      40H
WEA       EQU      41H
ORG       2000H
START:
MOV       A, TIME          ;当前时间送入累加器 A
CLR       C                ;CY 位清零
SUBB      A, #8            ;判断时间
JNC       TAXI             ;时间已晚选择乘坐出租车
WEATHER:
MOV       A, WEA           ;当前天气送入累加器 A
JNZ       BUS              ;若时间还早但天气糟糕，选择乘坐公共汽车
RIDE:                      ;骑自行车
          …
JMP       OTHER
BUS:                       ;乘坐公共汽车
          …
JMP       OTHER
TAXI:                      ;乘坐出租车
          …
OTHER:
          …
END       START   ;程序结束
```

【例 8-4】　编程实现功能：根据 R0 中的内容转向不同的程序段，两者对应关系如下：

（R0）=0，　　　　转向 PRO_0

（R0）=1，　　　　转向 PRO_1

…

（R0）=n，　　　　转向 PRO_n

【分析任务，确定思路】　对于上述情况我们可以将 PRO_0～PRO_n 组成一个程序转移表，将转移表首地址送入 DPTR，通过指令“JMP　@A+DPTR”来实现相应的跳转。

【画出程序设计流程图】　根据上面的思路，画出程序设计流程图，如图 8-6 所示。

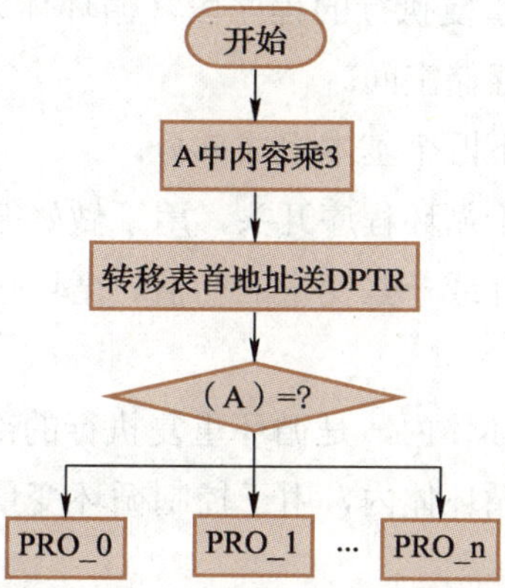

图 8-6　例 8-4 程序设计流程图

【参考代码】

```
START:
MOV     A, R0               ;R0 内容送入累加器 A
RLC     A                   ;累加器 A 中内容循环左移一位，相当于 A←A*2
ADD     A, R0               ;R0 的内容乘 3（每条转移指令占 3 字节）
MOV     DPTR, #TAB_PRO      ;转移表首地址送入 DPTR
JNC     JUM_PRO             ;若 CY 无进位，则转移
INC     DPH                 ;若 CY 有进位，则 DPH 加 1，表示转移表长度超
                            ;过 256 字节
JUM_PRO:
JMP     @A+DPTR             ;根据累加器 A 中内容散转
TAB_PRO:                    ;程序转移表
LJMP    PRO_0
LJMP    PRO_1
        …
```

```
LJMP    PRO_n
PRO_0:
        …
PRO_1:
        …
PRO_n:
        …
```

（三）循环程序结构

循环程序结构中含有可以重复执行的程序段（循环体），采用循环程序结构可以有效地缩短程序，减少程序占用的存储空间。

在循环程序结构中，有以下四个基本组成部分。

- **循环初始化部分：**位于循环程序开头，用于做好循环前的准备工作。例如，设置循环计数器、地址指针或一些变量的初值。循环初始化部分放置在循环体外，只执行一次。
- **循环体部分：**位于循环体内，是循环重复执行的部分。
- **循环控制部分：**位于循环体内，用于控制循环变量是否满足终值条件，控制循环体的执行或结束。
- **循环结束部分：**用于处理执行循环程序所得的结果，以及恢复各工作单元的初值。

循环体部分放置于循环控制部分之前的循环结构称为“直到型”循环；循环控制部分放置于循环体部分之前的循环结构称为“当型”循环。“直到型”循环的特点是“先执行，后判断”；“当型”循环的特点是“先判断，后循环”。

在程序中，若只有一个循环体，则称之为单循环。若程序中某循环语句中又包含另外完整的循环结构，则称之为多重循环或循环嵌套。多重循环只允许嵌套，不能出现交叉。多重循环的执行顺序是由内而外，逐层循环。

下面通过两道例题，介绍循环程序结构的相关知识。

【例 8-5】 编程实现：使用多重循环，实现延迟 0.2 s（这里以模块实训中的延迟子程序为例）。

【分析任务，确定思路】 一条指令的执行时间很短，属于微秒级，要实现延迟 0.2 s，显然进行单层循环是不能达到目标的（8 位单片机能表示的最大值是 255），这里通过计算设计了三重循环。

【画出程序设计流程图】 根据上面的思路，画出程序设计流程图，如图 8-7 所示。

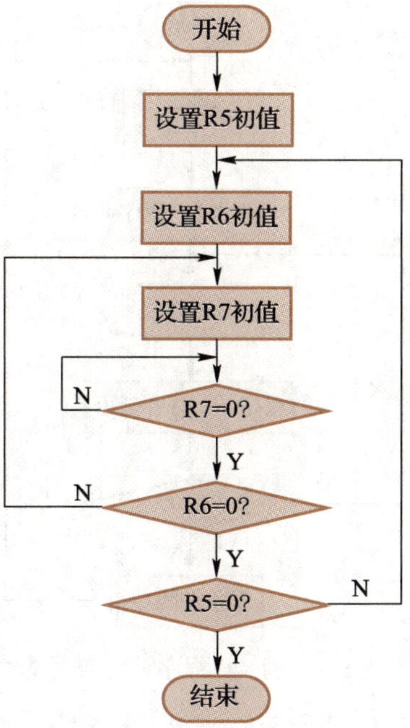

图 8-7　例 8-5 程序设计流程图

【参考代码】

```
DELAY:
MOV     R5, #20        ;将 20 送入 R5 寄存器
LOOP1:
MOV     R6, #20        ;将 20 送入 R6 寄存器
LOOP2:
MOV     R7, #230       ;将 230 送入 R7 寄存器
DJNZ    R7, $          ;循环执行本指令，每次 R7 减 1
DJNZ    R6, LOOP2      ;R6-1，若 R6≠0，则转至 LOOP2
DJNZ    R5, LOOP1      ;R5-1，若 R5≠0，则转至 LOOP1
RET
```

【例 8-6】　使用循环程序结构实现模块三中 LED 流水灯的软件部分。

【分析任务，确定思路】　模块三中的 LED 流水灯程序是通过逐个控制 P2 端口的每个位来实现的，程序虽然容易读懂却略显复杂。这里可以在程序一开始给 P2 端口传送一个数值，点亮其中的一个 LED 灯，通过循环移位指令改变数值，从而使下一个 LED 灯点亮，这样即可呈现出流水灯的效果。

【画出程序设计流程图】　根据上面的思路，画出程序设计流程图，如图 8-8 所示。

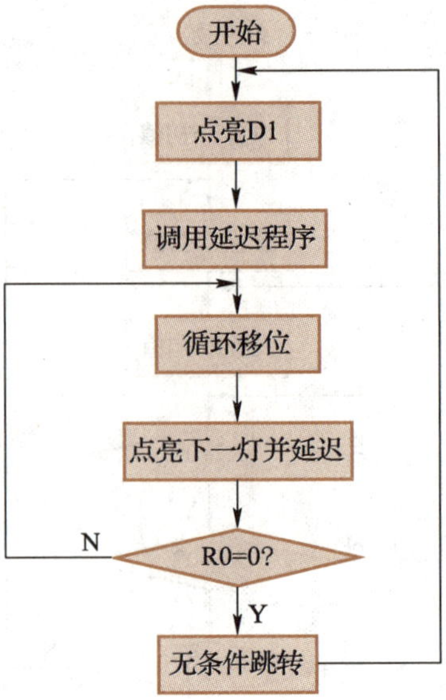

图 8-8　例 8-6 程序设计流程图

【参考代码】

```
START:
MOV     A, #0FEH        ;累加器 A 中先装入 D1 亮的数据（二进制的 11111110）
MOV     P2, A           ;将累加器 A 中的数据送 P2 端口
MOV     R0, #7          ;将数据再移动 7 次，完成一个 8 位流水过程
LOOP:
RL      A               ;将累加器 A 中的数据左移一位
MOV     P2, A           ;将移动过的数据送 P2 端口
ACALL   DELAY           ;调用延迟子程序
DJNZ    R0, LOOP        ;判断是否完成 7 次移动操作
AJMP    START           ;完成 7 次移动后，跳转到程序开始，达到循环流动效果
;< -----延迟子程序----->
DELAY:
        …
RET
END                     ;程序结束
```

学习成果检验

一、选择题

1. 在一条汇编语言语句中，不可缺少的是（　　）。

A. 标号　　B. 操作码

C. 操作数　　D. 注释

2. 在循环程序结构中，（　　）用于控制循环变量是否满足终值条件，控制循环体的执行或结束。

A. 循环初始化部分　　B. 循环体部分

C. 循环控制部分　　D. 循环结束部分

二、填空题

1. 标号中的第一个字符只能是字母，不能是数字。标号最后跟__________，两者之间不能有__________。

2. __________不是真正可执行的语句，因此汇编时不会产生可执行的目标代码。

3. 循环体部分放置于循环控制部分之前的循环结构称为“直到型”循环；循环控制部分放置于循环体部分之前的循环结构称为“当型”循环。“直到型”循环的特点是____________________；“当型”循环的特点是____________________。

三、简答题

1. 简述汇编语言程序设计步骤。

2. 简述常用的三种程序结构的特点。

四、编程题

已知片内 RAM 的 30H～34H 单元中存放了 5 个二进制无符号数，编写程序求它们的累加和，并将结果存放在 R4、R5 中。

学习成果评价

指导教师根据学生的实际学习成果对其进行评价，学生配合指导教师共同完成学习成果评价表，如表 8-2 所示。

表 8-2 学习成果评价表

<table>
<tr><td>班级</td><td></td><td>组号</td><td></td><td>日期</td><td></td></tr>
<tr><td>姓名</td><td></td><td>学号</td><td></td><td>指导教师</td><td></td></tr>
<tr><td>评价项目</td><td colspan="3">评价内容</td><td>满分/分</td><td>评分/分</td></tr>
<tr><td rowspan="6">知识</td><td colspan="3">汇编语言格式</td><td>10</td><td></td></tr>
<tr><td colspan="3">汇编语言构成</td><td>5</td><td></td></tr>
<tr><td colspan="3">程序设计步骤</td><td>10</td><td></td></tr>
<tr><td colspan="3">顺序程序结构</td><td>10</td><td></td></tr>
<tr><td colspan="3">分支程序结构</td><td>10</td><td></td></tr>
<tr><td colspan="3">循环程序结构</td><td>10</td><td></td></tr>
<tr><td>技能</td><td colspan="3">能够熟练应用汇编语言的三种程序结构进行程序设计</td><td>20</td><td></td></tr>
<tr><td rowspan="5">素养</td><td colspan="3">积极参加教学活动，主动学习、思考、讨论</td><td>5</td><td></td></tr>
<tr><td colspan="3">认真负责，按时完成学习、实训任务</td><td>5</td><td></td></tr>
<tr><td colspan="3">团结协作，与组员之间密切配合</td><td>5</td><td></td></tr>
<tr><td colspan="3">服从指挥，遵守课堂和实训室纪律</td><td>5</td><td></td></tr>
<tr><td colspan="3">有竞争意识、勇于克服困难</td><td>5</td><td></td></tr>
<tr><td colspan="4">合计</td><td>100</td><td></td></tr>
<tr><td>自我评价</td><td colspan="5"></td></tr>
<tr><td>教师评价</td><td colspan="5"></td></tr>
</table>

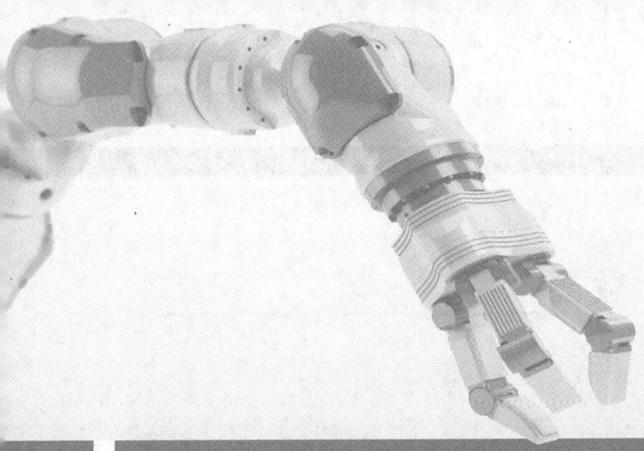

模块九
认识中断系统

模块导读

前期的单片机系统中并没有引入中断机制，随着工业技术的发展，在一些实时控制系统中，要求单片机能够快速、自动地处理一些突发事件，中断技术随之产生。此后，单片机的应用更加广泛。本模块将带领大家认识中断系统。

学习目标

知识目标

- 了解中断的概念和作用。
- 掌握中断系统的结构。
- 掌握中断处理过程。

能力目标

- 能够应用中断系统编写中断服务程序。

素质目标

- 加强实践练习，掌握一定的专业技能和职业素养。
- 具备勇于创新、虚心好学的品质。
- 养成自主学习、协作学习、探究学习的意识。

模块实训——设计游客流量计数器

一、实训描述

每逢节假日，景区都会迎来客流高峰。为了更好地保障游客的人身安全，提高景区的服务质量和管理水平，景区应在严格执行最大游客承载量安全标准的基础上，对游客流量进行有效控制。请设计一个游客流量计数器，通过进门和出门感应装置识别进门和出门的人，通过数码管显示景区游客的人数，每进去 1 人显示人数加 1，每出来 1 人显示人数减 1。

二、实训步骤

（一）整体设计思想

用 AT89C51 单片机构建最小系统；它的两个外部中断源分别作加 1 与减 1 计数请求端口。进门感应装置与出门感应装置在有人通过时输出低电平信号，无人通过时输出高电平信号，低电平信号的下降沿可作外部中断触发信号。每进出 1 人中断一次，人数计算值进行一次加 1 或减 1，景区内人数为进门人数与出门人数之差，用数码管显示。游客流量计数器总体结构框图如图 9-1 所示。

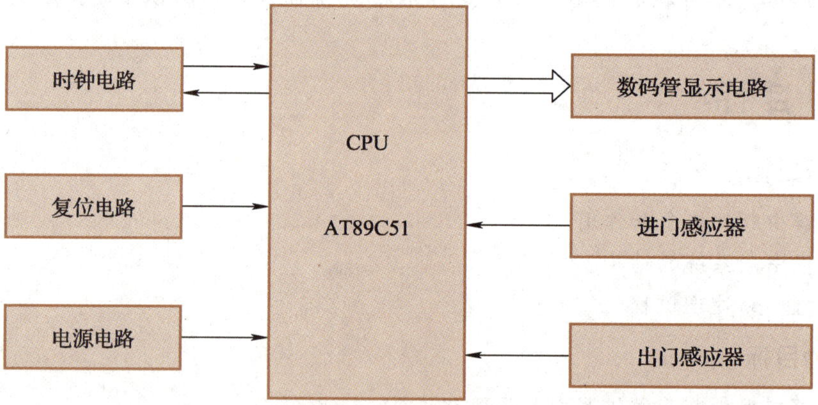

图 9-1 游客流量计数器总体结构框图

（二）硬件设计

AT89C51 单片机采用上电复位形式，时钟电路采用 12 MHz 的时钟频率、22 pF 的微调电容，P1 端口作为段码输出端口，P2 端口作为位码输出端口，进门感应装置和出门感应装置分别与外部中断 0（$\overline{\text{INT0}}$）、外部中断 1（$\overline{\text{INT1}}$）相接。根据游客流量计数器的整体设计思想，游客流量计数器硬件系统原理图如图 9-2 所示。

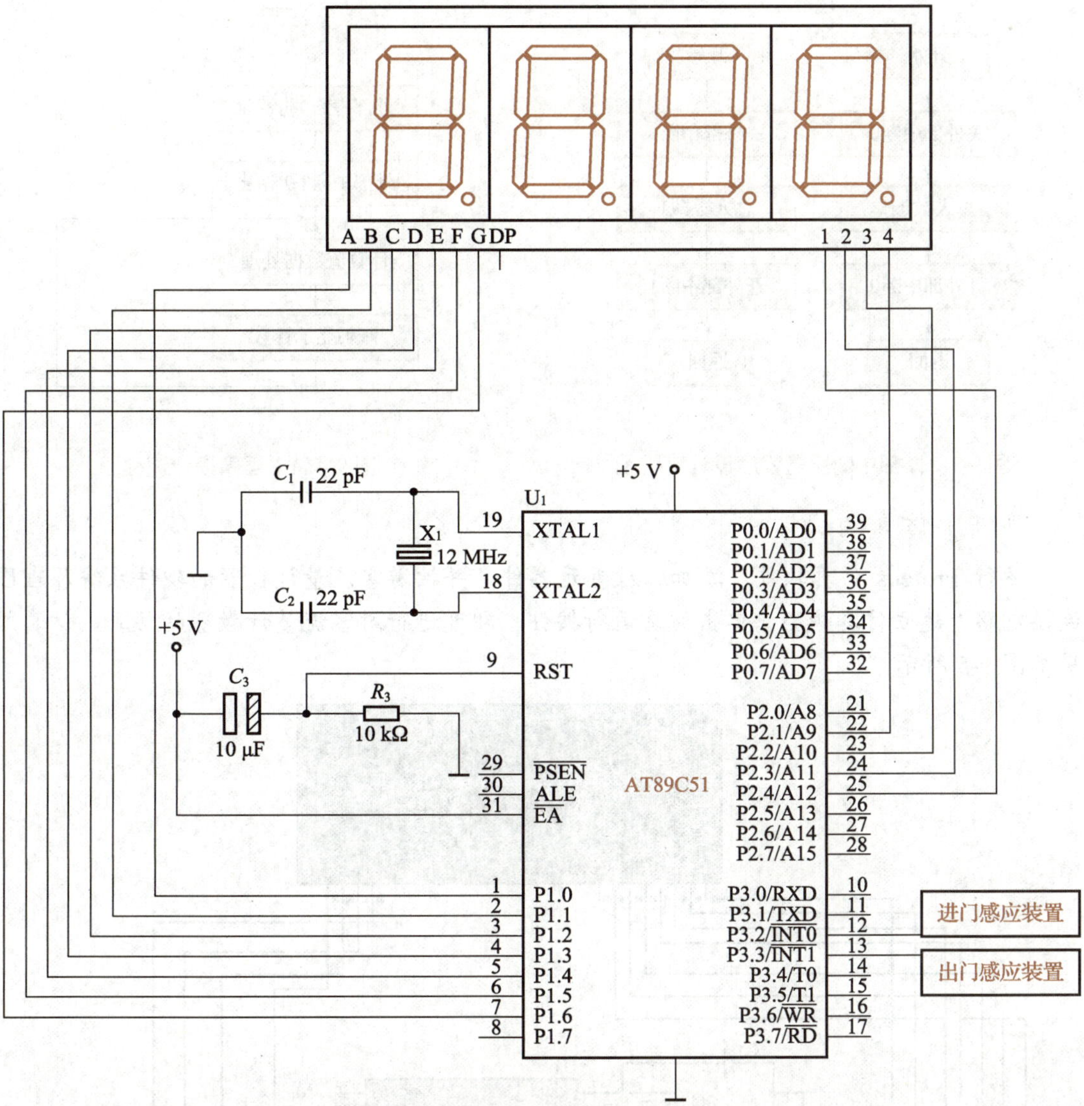

图 9-2 游客流量计数器硬件系统原理图

（三）软件设计

外部中断 0 作为进门人数计数请求中断源，外部中断 1 作为出门人数计数请求中断源，均采用边沿触发方式，每进出 1 人则中断一次。在外部中断 0 中断服务程序里完成人数加 1 计算，在外部中断 1 中断服务程序里完成人数减 1 计算，数码管采用动态显示方式。

扫一扫

参考代码

外部中断 0 中断服务程序设计流程图如图 9-3（a）所示，外部中断 1 中断服务程序设计流程图如图 9-3（b）所示，主程序设计流程图如图 9-4 所示。

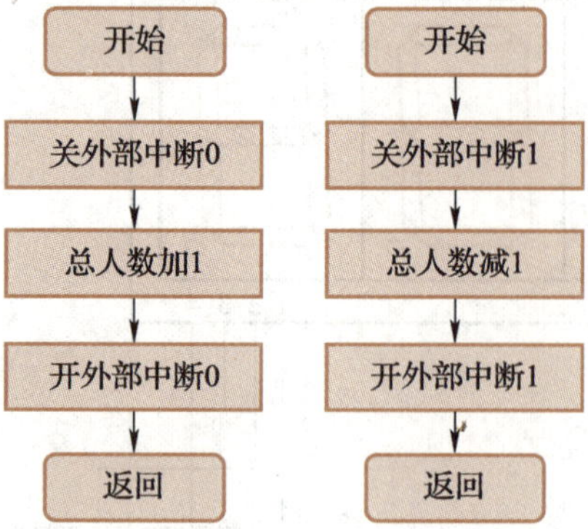

（a）　　　　（b）

图 9-3　外部中断服务程序设计流程图

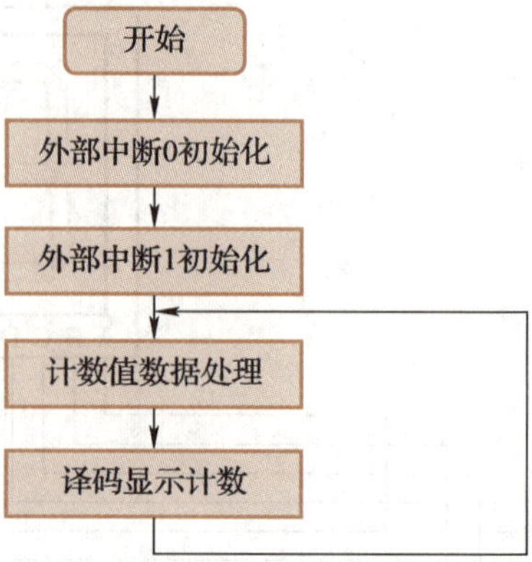

图 9-4　主程序设计流程图

（四）仿真调试

运行 Proteus 仿真软件，添加、放置元器件，并按游客流量计数器的硬件系统原理图连接电路，建立仿真模型。单击仿真运行按钮，即可进行游客流量计数器的仿真，仿真效果如图 9-5 所示。

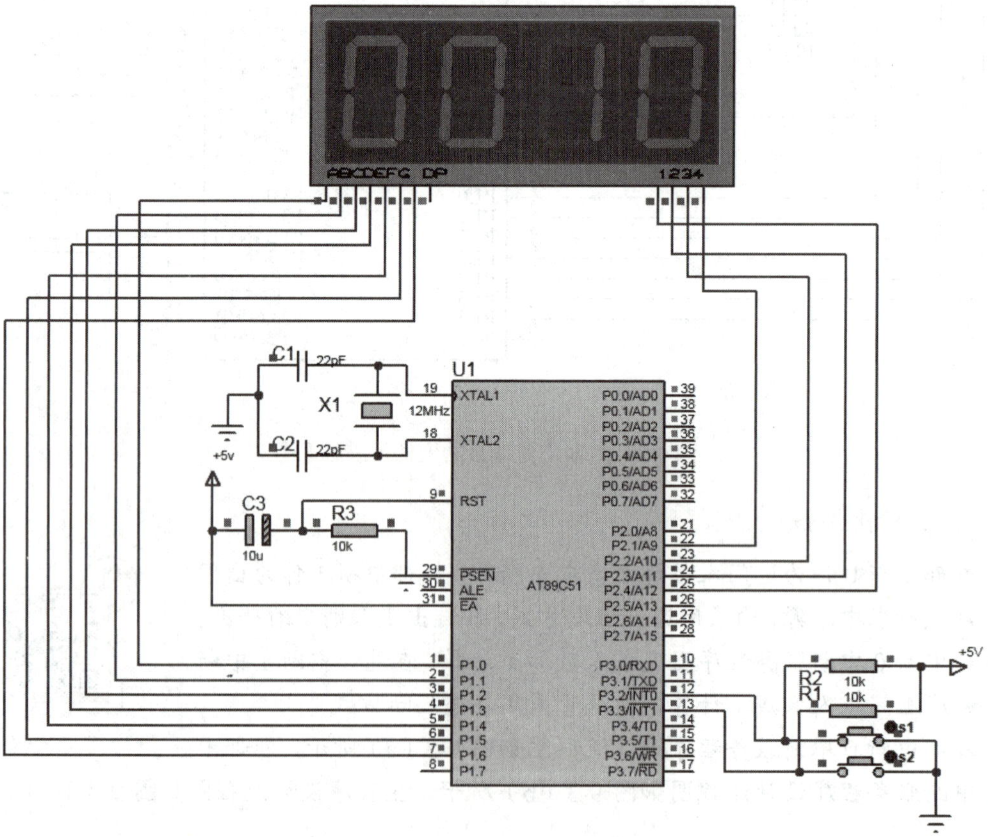

图 9-5　游客流量计数器仿真效果

仿真调试成功后，按硬件系统原理图在实验板上安装元器件并进行测试：烧录 hex 文件，运行程序，以按键代替进出感应装置，进行模拟游客人数计数，观察程序是否正常运行。根据运行情况，调整电路或元器件参数，优化程序，以达到较好的运行效果。

实训解说

活学活练

利用单片机的外部中断 1 响应按键开关的按键信号，当按键按下时，单片机响应中断，并使内部某变量减 1，其电路如图 9-6 所示。

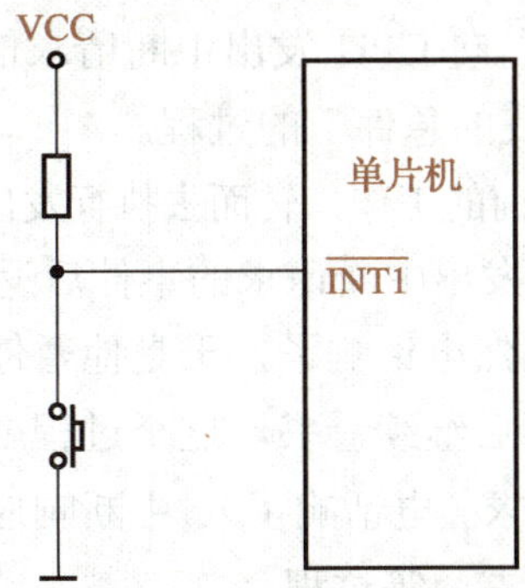

图 9-6　单片机外部中断 1 响应按键电路

三、实训思考

在模块实训过程中，根据实际情况，你认为自己哪些地方做得很好，还有哪些地方需要改进。

笔记

相关知识

一、中断的概念

中断是指在正常执行某一程序过程中，系统出现一个必须由 CPU 立即处理的紧急事件时，CPU 暂时中止当前程序的执行，转而去处理这个紧急事件，当事件处理结束后返回主程序断点处继续执行的过程。

要掌握中断发生的过程，需要了解以下几个常用术语。

- **中断请求：**“紧急事件”向 CPU 发出中断请求信号，要求 CPU 暂时停下“手头的工作”，先去处理“我的急件”的过程。
- **中断响应：**CPU 暂停当前的工作，转而去执行发出中断请求的事件的过程。
- **中断返回：**CPU 处理完发出中断请求的事件后返回原来被暂停的事件的过程。

例如，一个人正在看书，突然电话响了，于是他暂停看书，转而去接电话，接完电话后继续看书。这个过程就是一个中断过程，它包括中断请求（电话响了）、中断响应（接电话）和中断返回（继续看书）等过程。

对于单片机来说，收到中断请求后，单片机需要暂停正在执行的主程序，转而去响应中断请求并执行对应的中断服务程序，待完成特定的中断服务程序任务后，再返回执行刚才暂停的主程序。中断的发生及执行过程如图 9-7 所示。

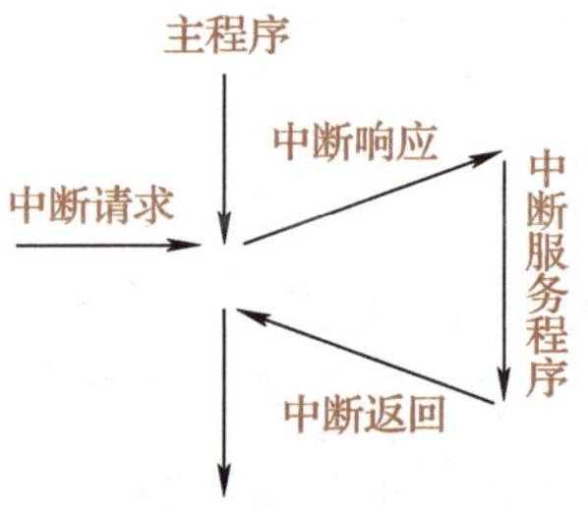

图 9-7　中断的发生及执行过程

二、中断的作用

中断的作用主要有提高 CPU 的工作效率、实时处理、故障处理等。

（一）提高 CPU 的工作效率

只有当服务对象向 CPU 发出中断请求时，CPU 才去为它服务，无中断请求时 CPU 正常工作，这样单片机可以为多个对象服务，从而大大地提高了 CPU 的工作效率。

（二）实时处理

利用中断技术，各个服务对象可以根据需要随时向 CPU 发出中断请求，CPU 可及时发现和处理中断请求并为之服务，以满足实时控制的要求。

（三）故障处理

当发生难以预料的情况或故障，如突然断电、存储出错、运算溢出等时，系统及时发出中断请求，CPU 可快速进行相应处理而不停机，以提高系统的可靠性。

三、中断系统的结构

51 系列单片机中断系统的结构如图 9-8 所示。它由中断源、中断标志、中断允许控制寄存器（IE）、中断优先级控制寄存器（IP）等组成。

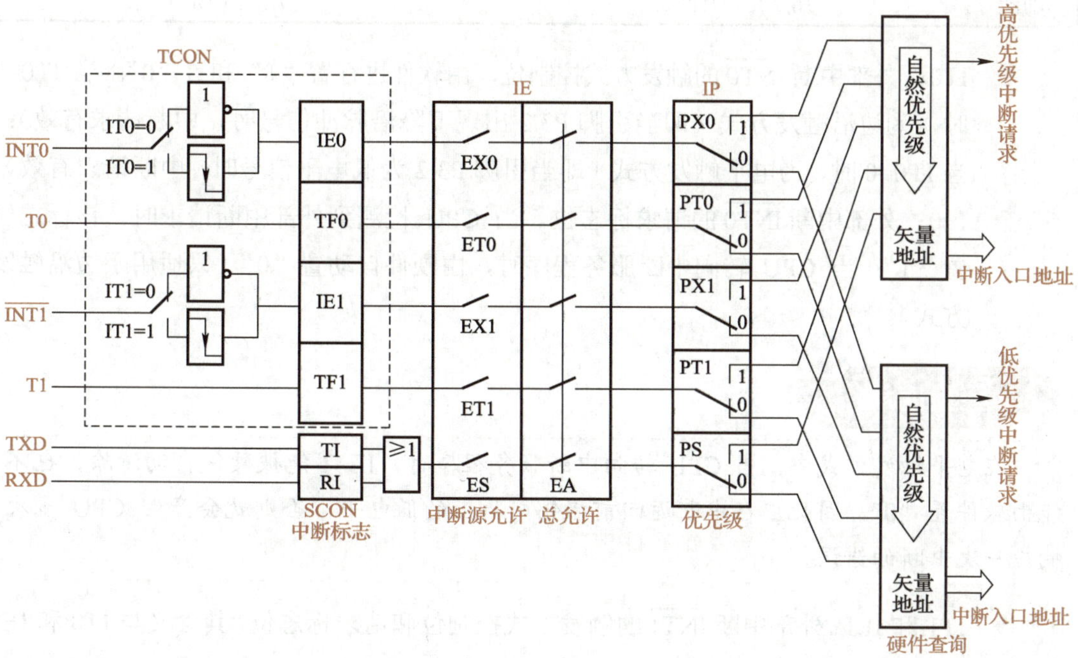

图 9-8　51 系列单片机中断系统的结构

（一）中断源

向 CPU 发出中断请求的信号称为中断源。51 系列单片机中有 5 个中断源，其中 2 个外部中断源，3 个内部中断源，具体如下。

- $\overline{INT0}$：外部中断，由引脚 P3.2 引入中断请求。
- $\overline{INT1}$：外部中断，由引脚 P3.3 引入中断请求。
- **定时/计数器 0（T0）**：内部中断，定时/计数器 0 溢出时发出中断请求。
- **定时/计数器 1（T1）**：内部中断，定时/计数器 1 溢出时发出中断请求。
- **串行接口中断**：内部中断，包括串行接收中断（RI）和串行发送中断（TI）。

（二）中断标志

单片机中，对应不同的中断源，有不同的中断标志，它们分别分布在定时/计数器控制寄存器（TCON）和串行控制寄存器（SCON）中。

1. TCON 中的中断标志

TCON 的字节地址为 88H，可进行位寻址，其具体的位名称、位地址及功能如表 9-1 所示。其中，D4～D7 位主要用于定时/计数器，将在模块十中进行介绍。

表 9-1　TCON 具体的位名称、位地址及功能

TCON	D7	D6	D5	D4	D3	D2	D1	D0
位名称	TF1	TR1	TF0	TR0	IE1	IT1	IE0	IT0
位地址	8FH	8EH	8DH	8CH	8BH	8AH	89H	88H
功能	用于定时/计数器				用于中断			

- IT0：外部中断 $\overline{INT0}$ 的触发方式控制位，由软件进行置“1”和置“0”。当 IT0=1 时，为边沿触发方式（即当引脚 P3.2 出现下降沿脉冲信号时，中断请求有效）；当 IT0=0 时，为电平触发方式（即当引脚 P3.2 为低电平信号时，中断请求有效）。
- IE0：外部中断 $\overline{INT0}$ 的请求标志位。当 CPU 检测到外部中断请求时，该标志位置“1”；当 CPU 转向中断服务程序时，由硬件自动置“0”（只适用于边沿触发方式）。

经验传承

在电平触发方式中，当 CPU 转向中断服务程序时，IE 不能被硬件自动清除，也不能由软件置“0”。因此应在中断返回前撤销引脚上的低电平，否则就会产生 CPU 多次响应一次中断的错误。

- IT1 和 IE1：外部中断 $\overline{INT1}$ 的触发方式控制位和请求标志位，其含义与 IT0 和 IE0 相同。

知类通达

单片机的每一位都有着特定的含义，使用时要严格遵守其规定。使用时差之毫厘，实际应用中就会谬以千里，从而造成重大损失。今后，大家在自己的工作岗位上一定要脚踏实地、严谨认真，严守本岗位的操作规程和安全制度，养成良好的职业素养。

2. SCON 中的中断标志

SCON 的字节地址为 98H，可进行位寻址，其具体的位名称、位地址及功能如表 9-2 所示。

表 9-2　SCON 具体的位名称、位地址及功能

SCON	D7	D6	D5	D4	D3	D2	D1	D0
位名称	SM0	SM1	SM2	REN	TB8	RB8	TI	RI
位地址	9FH	9EH	9DH	9CH	9BH	9AH	99H	98H
功能	用于串行通信						控制串行接口中断	

- RI：串行接口接收中断标志位，当串行接口接收到一帧数据时，RI 置“1”，CPU 响应中断后，硬件不能自动清除 RI，需要由软件置“0”。
- TI：串行接口发送中断标志位，当串行接口发送一帧数据时，TI 置“1”，CPU 响应中断后，硬件不能自动清除 TI，需要由软件置“0”。

扫一扫

SCON 中其他标志位的含义

提 示

RI 和 TI 通过一个或门向 CPU 发出中断请求，CPU 响应中断请求后，首先需要判断是 RI 还是 TI 发出的请求，才能去执行相应的中断服务程序。

（三）中断允许控制寄存器

中断允许控制寄存器（IE）控制所有中断源的开放和屏蔽，字节地址为 A8H，可进行位寻址，其具体的位名称、位地址及控制的中断源如表 9-3 所示。

表 9-3 IE 具体的位名称、位地址及控制的中断源

IE	D7	D6	D5	D4	D3	D2	D1	D0
位名称	EA	—	—	ES	ET1	EX1	ET0	EX0
位地址	AFH	AEH	ADH	ACH	ABH	AAH	A9H	A8H
中断源	CPU	—	—	串行口	T1	$\overline{\text{INT1}}$	T0	$\overline{\text{INT0}}$

- EX0：外部中断 $\overline{\text{INT0}}$ 的中断允许控制位。当 EX0=1 时，允许 $\overline{\text{INT0}}$ 中断；当 EX0=0 时，禁止 $\overline{\text{INT0}}$ 中断。
- ET0：定时/计数器 0 的中断允许控制位。当 ET0=1 时，允许 T0 中断；当 ET0=0 时，禁止 T0 中断。
- EX1：外部中断 $\overline{\text{INT1}}$ 的中断允许控制位。当 EX1=1 时，允许 $\overline{\text{INT1}}$ 中断；当 EX1=0 时，禁止 $\overline{\text{INT1}}$ 中断。
- ET1：定时/计数器 1 的中断允许控制位。当 ET1=1 时，允许 T1 中断；当 ET1=0 时，禁止 T1 中断。
- ES：串行接口的中断允许控制位。当 ES=1 时，允许串行接口中断；当 ES=0 时，禁止串行接口中断。
- EA：总中断允许控制位。当 EA=1 时，允许中断系统中的所有中断；当 EA=0 时，禁止中断系统中的所有中断。

提　示

CPU 复位时，IE 各位置“0”，禁止所有中断。

（四）中断优先级控制寄存器

51 系列单片机中有两个中断优先级：高优先级和低优先级。

中断优先级控制寄存器（IP）用来定义每个中断源的中断优先级。IP 的状态由用户来设定，若某位为“1”，则相应的中断源处于高优先级；若某位为“0”，则相应的中断源处于低优先级。

IP 的位名称、位地址及控制的中断源如表 9-4 所示。

表 9-4　IP 的位名称、位地址及控制的中断源

IP	D7	D6	D5	D4	D3	D2	D1	D0
位名称	—	—	—	PS	PT1	PX1	PT0	PX0
位地址	BFH	BEH	BDH	BCH	BBH	BAH	B9H	B8H
中断源	—	—	—	串行接口	T1	$\overline{\mathrm{INT1}}$	T0	$\overline{\mathrm{INT0}}$

- PX0：外部中断 $\overline{\mathrm{INT0}}$ 的中断优先级控制位。当 PX0=1 时，$\overline{\mathrm{INT0}}$ 为高优先级；当 PX0=0 时，$\overline{\mathrm{INT0}}$ 为低优先级。
- PT0：定时/计数器 0 的中断优先级控制位。当 PT0=1 时，T0 为高优先级；当 PT0=0 时，T0 为低优先级。
- PX1：外部中断 $\overline{\mathrm{INT1}}$ 的中断优先级控制位。当 PX1=1 时，$\overline{\mathrm{INT1}}$ 为高优先级；当 PX1=0 时，$\overline{\mathrm{INT1}}$ 为低优先级。
- PT1：定时/计数器 1 的中断优先级控制位。当 PT1=1 时，T1 为高优先级；当 PT1=0 时，T1 为低优先级。
- PS：串行接口的中断优先级控制位。当 PS=1 时，串行接口为高优先级；当 PS=0 时，串行接口为低优先级。
- “—”：保留位。

知识链接

若所有中断都未在 IP 中设定优先级，则默认的中断优先级从高到低的顺序为 $\overline{\mathrm{INT0}}$ > T0 > $\overline{\mathrm{INT1}}$ > T1 > RI/TI。

【例 9-1】 假设 8051 单片机的外部中断源为高优先级，内部中断源为低优先级，试设置 IP 的值。

【问题分析】 根据 IP 各位的定义，高优先级的中断源相应位设置为“1”；低优先级的中断源相应位设置为“0”；没有定义的 3 位也设置为“0”。

依题意可知，IP 各位的状态如表 9-5 所示。

表 9-5 IP 各位的状态

IP	D7	D6	D5	D4	D3	D2	D1	D0
状态	0	0	0	0	0	1	0	1

【设置方法】

```
PX0=1;        /*外部中断 INT0 设置为高优先级*/
PX1=1;        /*外部中断 INT1 设置为高优先级*/
```

四、中断处理过程

中断处理过程可分为中断响应、中断处理和中断返回三个阶段。中断处理过程如图 9-9 所示。单片机工作时，在每个机器周期中都去查询各个中断标志位，如果某位是“1”，就说明有中断请求；接下来需要判断中断请求是否满足中断响应条件，如果满足中断响应条件，CPU 将进行相应的中断处理；中断处理完毕，进行中断返回，继续执行指令。

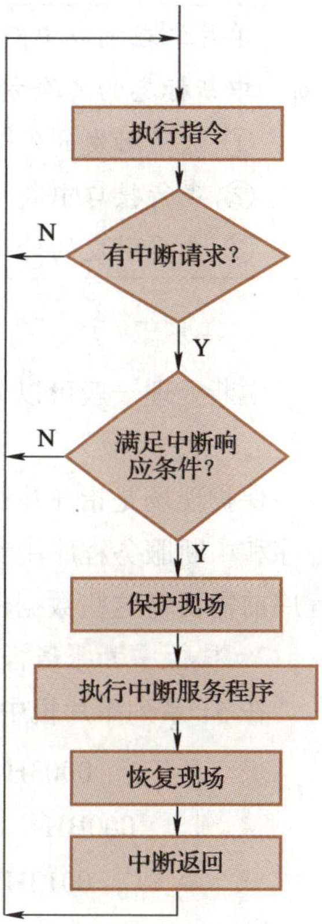

图 9-9 中断处理过程

提 示

如果本次查询中没有中断请求或中断请求不能满足中断响应条件，CPU 将继续原来的指令执行操作。

（一）中断响应

CPU 检测到中断请求后，需要判断此中断请求是否满足中断响应条件。中断响应条件如下。

（1）有中断源发出中断请求。

（2）总中断允许控制位 EA=1，即 CPU 开中断。

（3）请求中断的中断源对应的中断允许控制位为 1。

（4）没有响应同级别或更高级别的中断。

（5）执行完当前指令。

知识链接

中断响应的原则如下。

① 同一中断优先级中，当有多个中断请求时，按自然优先级进行响应（即查询顺序）。

② 当前进行的中断只能被高优先级的中断所打断（同级或低级的中断请求不予响应）。

满足中断响应条件的情况下，CPU 响应中断过程如下。

（1）将 IP 中相应的优先级控制位置“1”，以阻断后来的同级和低级的中断请求。

（2）撤销该中断源的中断请求标志，否则，中断返回后将重复响应该中断。

（3）保护断点地址，程序转向执行中断服务程序。

知识链接

单片机在响应中断请求后，该中断的中断标志在中断返回前应当清除，以免重复中断。中断标志的清除方式如下。

① 边沿触发的外部中断标志、定时/计数器中断标志，均由硬件自动清除。

② 串行接口中断标志，需要由软件清除。

③ 电平触发的外部中断标志，需要由外接触发器控制清除。

（二）中断处理

中断处理一般可以分为保护现场、执行中断服务程序和恢复现场三个阶段。

1. 保护现场

保护现场是指在执行中断服务程序之前，CPU 只保护了一个地址（PC 的值），如果主程序和中断服务程序中都用到一些公共存储空间（如 A、PSW 等），那么在执行中断服务程序前需要将这些数据保存起来，以免返回主程序时出现错误。

2. 执行中断服务程序

在 51 系列单片机中，5 个中断源都有它们各自的中断入口地址。

- $\overline{\text{INT0}}$：0003H。
- T0：000BH。
- $\overline{\text{INT1}}$：0013H。
- T1：001BH。
- 串行接口中断：0023H。

可以看出，中断服务程序的存储空间很小，如果我们需要的程序超出了空间的限制，这时可以在中断处安排一条跳转指令把中断服务程序跳转到其他地址。

3．恢复现场

恢复现场和保护现场相对，返回主程序前需要将保护现场过程中压入堆栈的相关数据弹出，以保证返回断点主程序时能正确执行。

（三）中断返回

中断返回由中断返回指令 RETI 来实现。这条指令的功能是把断点地址从堆栈中弹出，送回到程序计数器 PC；通知中断系统已完成中断处理，并清除中断优先级状态。

中断应用编程案例（汇编语言）

五、中断函数的定义

中断函数的完整语法如下：

```
函数的返回值  函数名([参数]) interrupt n [using m]
{
    函数体;
}
```

对于中断服务函数的使用进行以下说明。

（1）对中断服务程序而言，函数的返回值和参数一般为 void。

（2）interrupt n 中 n 的取值为 0～31 的常数，不允许用表达式，表示中断向量的编号。在 8051 单片机中，一般 0 代表外部中断 0，1 代表定时器 0，2 代表外部中断 1，3 代表定时器 1，4 代表串行中断。

（3）using m 中 m 的取值为 0～3 的常数，不允许用表达式，表示片内 RAM 中的第 m 组工作寄存器。在调用中断函数时，要求中断过程调用的函数所使用的寄存器组必须与其相同。

【例 9-2】　利用单片机的外部中断 0 响应按键开关的按键信号，当有按键按下时，单片机响应中断，并使内部某变量加 1，硬件电路如图 9-10 所示。

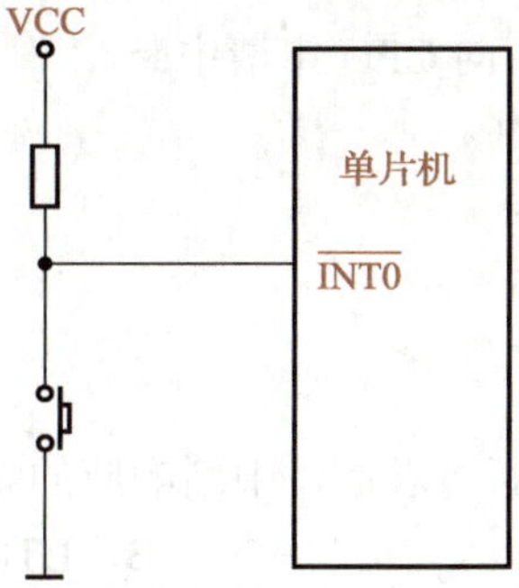

图 9-10　单片机外部中断 0 响应按键电路

【中断服务程序】

```
#include<reg51.h>
#define uchar unsigned char
uchar count;
void int0_ISR (void) interrupt 0          /*外部中断 0 中断处理程序*/
{
    count++;                              /*中断次数加 1*/
}
void main (void)
{
    EA=1;                                 /*CPU 开中断*/
    EX0=1;                                /*开外部中断 0*/
    IT0=1;                                /*设置为下降沿触发*/
    count=0;                              /*中断次数清零*/
    while (1);                            /*等待*/
}
```

提 示

将按键电路改为其他传感器电路，如光电传感器检测电路、霍尔传感器检测电路、热释电传感器检测电路等，即可实现不同的检测控制功能。

学习成果检验

一、选择题

1. 51 系列单片机串行接口接收/发送中断源的过程是：当串行接口接收或发送完一帧数据时，将 SCON 中的（　　），向 CPU 申请中断。

A．RI 置“1”、TI 置“1”

B．RI 置“0”、TI 置“0”

C．RI 置“1”、TI 置“0”

D．RI 置“0”、TI 置“1”

2. 当外部中断 $\overline{\text{INT0}}$ 发出中断请求后，中断响应的条件是（　　）。

A．ET0=0　　B．ET0=1

C．EX0=0　　D．EX0=1

二、填空题

1．51 系列单片机中有 5 个中断源，外部中断源有＿＿＿＿＿＿、＿＿＿＿＿＿，内部中断源有＿＿＿＿＿＿、＿＿＿＿＿＿、＿＿＿＿＿＿。

2．中断处理过程可分为＿＿＿＿＿＿＿＿＿＿＿＿、＿＿＿＿＿＿＿＿＿＿＿＿和＿＿＿＿＿＿＿＿＿＿＿＿三个阶段。

3．在电平触发方式中，当 CPU 转向中断服务程序时，IE 不能被硬件自动清除，也不能由软件置“0”。因此应在中断返回前撤销引脚上的＿＿＿＿＿＿，否则就会产生 CPU 多次响应一次中断的错误。

三、简答题

1．单片机中引入中断机制，能够带来哪些好处？

2．中断响应的条件是什么？

四、编程题

利用单片机外部中断即时实现不同方式的流水灯控制：L2 开关实现 2 只灯循环亮，L1 开关实现 1 只灯循环亮，两个控制开关具有不同的优先级别，L2 比 L1 具有更高的优先级。

学习成果评价

指导教师根据学生的实际学习成果对其进行评价，学生配合指导教师共同完成学习成果评价表，如表 9-6 所示。

表 9-6　学习成果评价表

班级		组号		日期	
姓名		学号		指导教师	
评价项目	评价内容			满分/分	评分/分
知识	中断的概念			7	
	中断的作用			7	
	中断系统的结构			7	
	中断处理过程			7	
	中断函数的定义			7	
技能	能够应用中断系统编写中断服务程序			40	
素养	积极参加教学活动，主动学习、思考、讨论			5	
	认真负责，按时完成学习、实训任务			5	
	团结协作，与组员之间密切配合			5	
	服从指挥，遵守课堂和实训室纪律			5	
	有竞争意识、勇于克服困难			5	
合计				100	
自我评价					
教师评价					

模块十

认识定时/计数器

模块导读

在单片机的应用系统中，常会遇到定时控制的需求，如定时检测、定时扫描等，有时也需要对外部事件进行计数操作。MCS-51 系列单片机中设有两个 16 位定时/计数器来满足应用系统中的定时控制及计数需求。本模块将带领大家认识定时/计数器。

学习目标

知识目标

- 掌握定时/计数器的结构及工作原理。
- 掌握定时/计数器寄存器的设置方法。
- 了解定时/计数器的工作方式。

能力目标

- 能够应用定时/计数器编写定时、计数程序。

素质目标

- 具备脚踏实地、刻苦钻研、爱岗敬业的劳模精神。
- 树立技能成才、技能报国的人生理想。
- 加强实践练习，注重学思结合，增强勇于探索的创新精神。

模块实训——设计数字频率计

一、实训描述

最近，小明学习了单片机定时/计数器的相关知识，为了将课堂上学习的理论知识灵活地运用到实践中，他决定设计一个数字频率计。数字频率计是采用数字电路制作成的能实现对周期性变化信号进行频率测量的仪器。

小明设计的数字频率计，信号测试范围为 1 Hz～65 kHz，主要用于测量正弦波、矩形波、三角波和尖脉冲等周期信号的频率值。频率值用数码管动态显示出来。

二、实训步骤

（一）整体设计思想

用 AT89C51 单片机内的一个定时/计数器作为定时器，另一个定时/计数器作为计数器，定时 1 s 读出的数值即是频率。频率值经过处理后用数码管显示出来。数字频率计总体结构框图如图 10-1 所示。

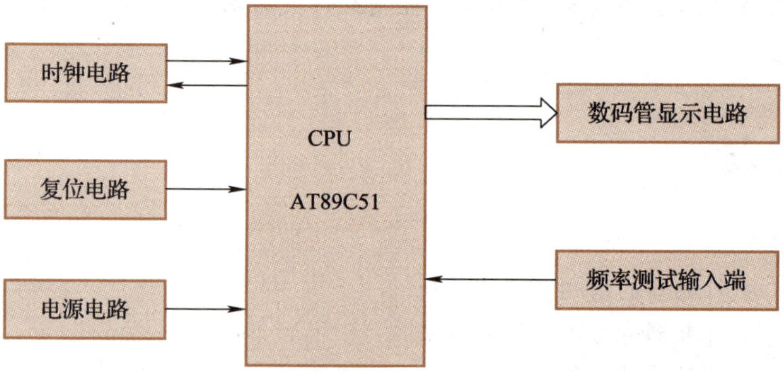

图 10-1　数字频率计总体结构框图

（二）硬件设计

AT89C51 单片机采用上电复位形式，时钟电路采用 12 MHz 的时钟频率，显示电路采用 3 位一体的共阴极 LED 数码管显示器。AT89C51 的 P1 端口作为显示数据输出端口，P2 端口作为数码管位选控制端口，P3.4 端口作为频率测试输入端。根据数字频率计的整体设计思想，数字频率计硬件系统原理图如图 10-2 所示。

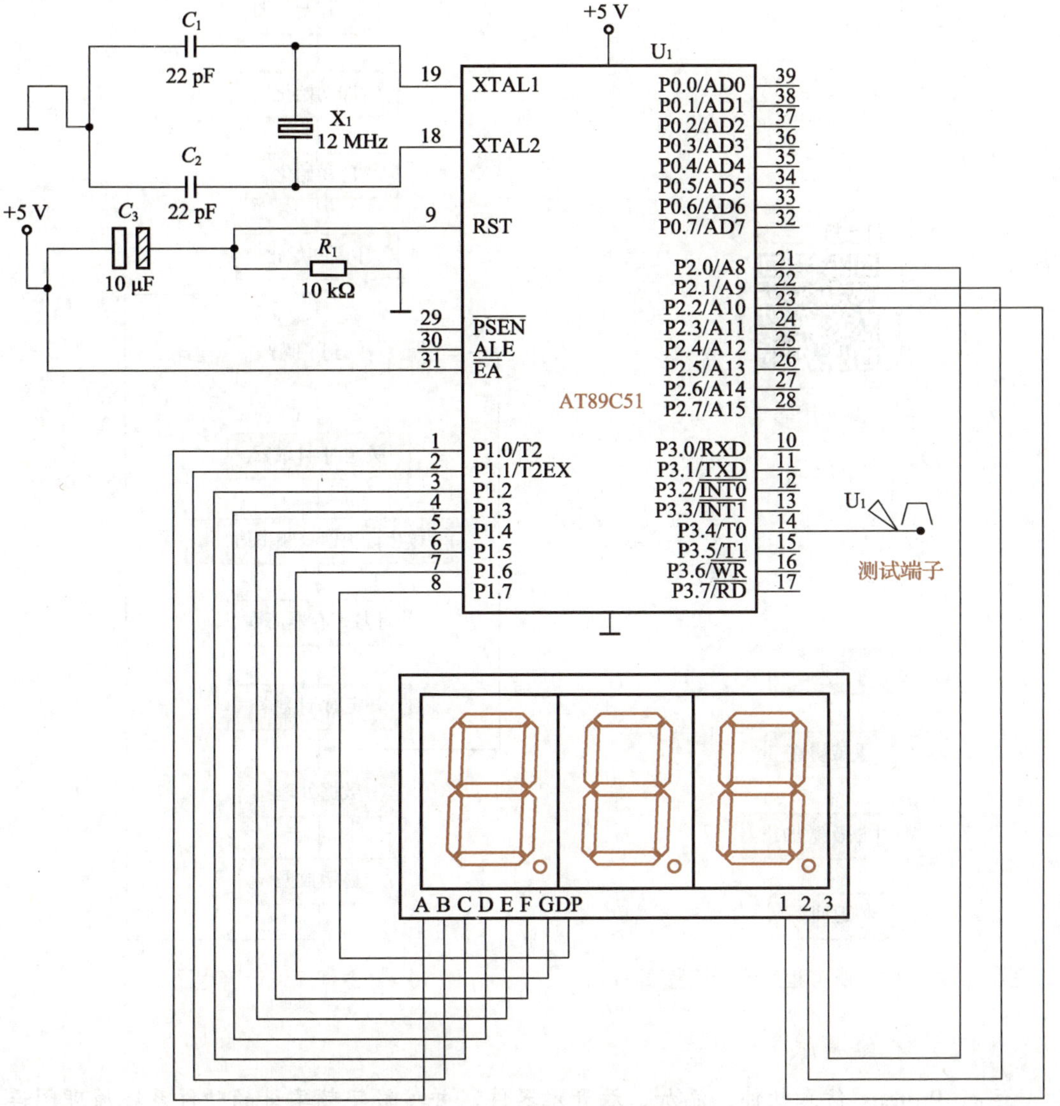

图 10-2　数字频率计硬件系统原理图

（三）软件设计

定时/计数器 0 工作在计数状态，对输入的频率信号进行计数；定时/计数器 1 工作在定时状态。T1 计满 50 000 个机器周期（耗时 0.05 s）溢出中断，中断 20 次总耗时为 1 s。1 s 时刻到时 T0 停止计数，从 T0 的 TH0 读出频率的高 8 位、TL0 读出频率的低 8 位。频率值经过处理后送至数码管动态显示出来。

T1 中断服务程序设计流程图如图 10-3 所示，主程序设计流程图如图 10-4 所示。

扫一扫

参考代码

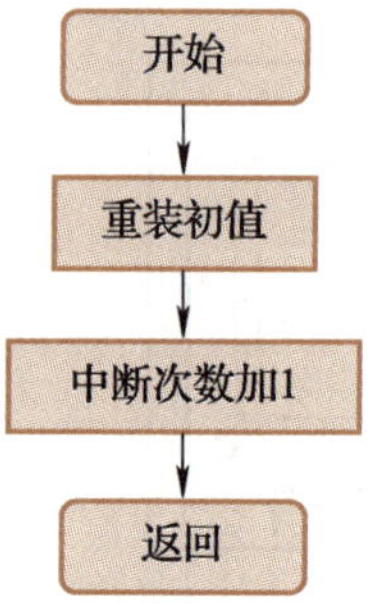

图 10-3　T1 中断服务程序设计流程图

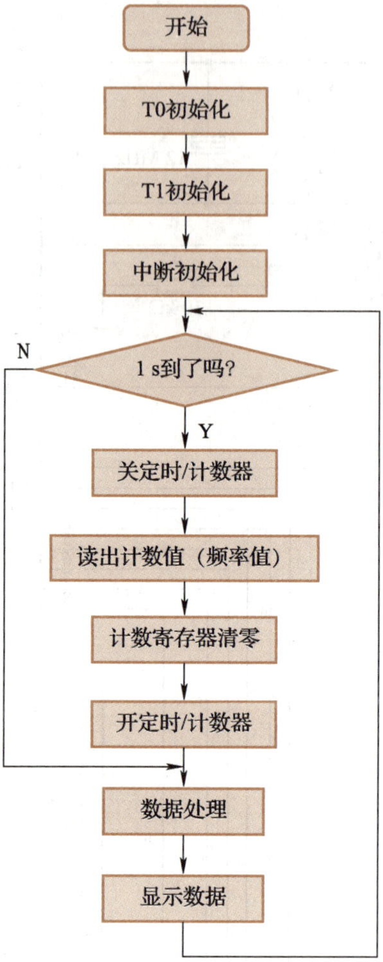

图 10-4　主程序设计流程图

（四）仿真调试

运行 Proteus 仿真软件，添加、放置元器件，并按数字频率计的硬件系统原理图连接电路，建立仿真模型。单击仿真运行按钮，即可进行数字频率计的仿真，仿真效果如图 10-5 所示。

仿真调试成功后，按硬件系统原理图在实验板上安装元件并进行测试：烧录 hex 文件，运行程序，以仿真信号源提供测试信号进行仿真调试，将读出的频率值与信号源的信号频率进行对比，分析是否达到性能指标。若没有达到性能指标，则调整电路或元器件参数，优化程序，以达到性能指标。

实训解说

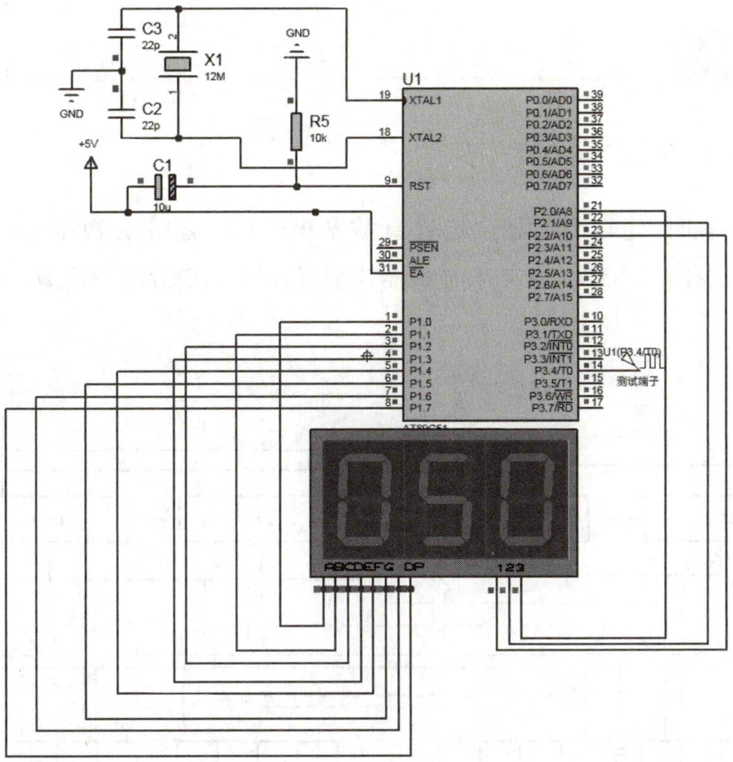

图 10-5　数字频率计仿真效果

活学活练

编写定时器 T0 产生 1 s 定时的程序，通过 P1.0 端口输出高、低电平周期均为 1 s 的方波（假设单片机采用 12 MHz 的时钟频率）。

三、实训思考

在模块实训过程中，根据实际情况，你认为自己哪些地方做得很好，还有哪些地方需要改进。

笔记

相关知识

一、定时/计数器的结构

51 系列单片机的定时/计数器由定时/计数器 0（T0）、定时/计数器 1（T1）、定时/计数器方式控制寄存器（TMOD）和定时/计数器控制寄存器（TCON）等组成，其结构如图 10-6 所示。

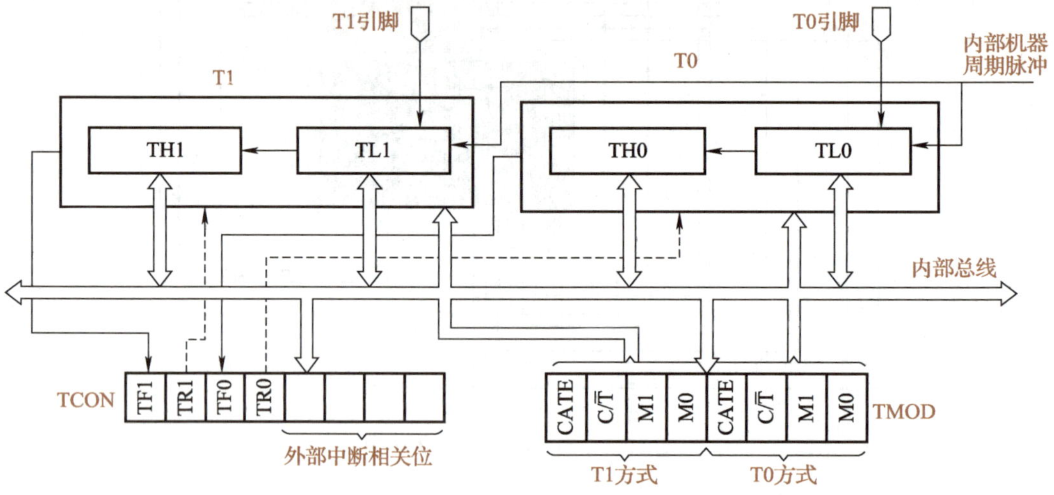

图 10-6　定时/计数器的结构

定时/计数器 0（T0）、定时/计数器 1（T1）均是 16 位的加法计数器，分别由两个 8 位专用寄存器组成，即 T0 由 TH0 和 TL0 组成，T1 由 TH1 和 TL1 组成。

TMOD 主要用于确定定时/计数器的工作方式和功能，TCON 主要用于控制 T0、T1 的启动、停止以及溢出标志位的设置。

二、定时/计数器的工作原理

从图 10-6 中可以看到，定时/计数器有两个输入脉冲，一个是内部机器周期脉冲，一个是 T0 或 T1 引脚输入的外部脉冲。

定时/计数器工作在定时模式时，对内部机器周期脉冲进行计数，定时时间为机器周期脉冲的时间乘以机器周期数；定时/计数器工作在计数模式时，对 T0 或 T1 上输入的外部脉冲进行计数，当检测到输入的信号由高电平跳变到低电平时，计数器加 1。

知识链接

工作在计数模式时，CPU 在每个机器周期对 T0（或 T1）采样一次，若在第一个机器周期内检测到信号为高电平，而在第二个机器周期内检测到信号为低电平，则确认收到一个有效信号，计数器加 1。

由此可以看出，检测一次高低电平的跳变需要两个机器周期，因此，外部时钟脉冲的最高频率不能超过时钟频率的 1/24，即脉冲高/低电平的持续时间不能小于一个机器周期。

定时/计数器无论是工作在定时模式还是工作在计数模式，其本质都是一个加 1 计数器，每输入一个脉冲，计数器加 1。16 位计数器全部为 1 后，若还有脉冲输入，计数器将产生溢出（计数器中的值为 0），同时向 CPU 发出中断请求（内部中断）。

三、定时/计数器的寄存器

定时/计数器的工作方式以及定时、计数等功能主要由 TMOD 和 TCON 来控制。下面主要介绍它们的设置方法。

（一）TMOD

TMOD 的位名称及功能如表 10-1 所示。高四位控制 T1，低四位控制 T0。需要注意的是，TMOD 不能进行位寻址。

表 10-1　TMOD 的位名称及功能

TMOD	D7	D6	D5	D4	D3	D2	D1	D0
位名称	GATE	$C/\overline{T}$	M1	M0	GATE	$C/\overline{T}$	M1	M0
功能	门控位	定时/计数模式选择位	工作方式选择位		门控位	定时/计数模式选择位	工作方式选择位	

由于高四位和低四位的功能相同，下面以高四位为例来进行介绍。

- GATE：门控位。当将 GATE 位置“0”时，只要将 TCON 中的 TR1 置“1”，就可以启动定时/计数器，这属于软件启动方式；当将 GATE 位置“1”时，须将 TCON 中的 TR1 置“1”，且使外部引脚 $\overline{INT0}$ 或 $\overline{INT1}$ 为“1”，才可以启动定时/计数器，这种方式可以实现外部信号对定时/计数器的启动控制，属于硬件启动方式。
- $C/\overline{T}$：定时/计数模式选择位。该位置“0”时启动定时模式，该位置“1”时启动计数模式。
- M1、M0：工作方式选择位。M1、M0 共同设置定时/计数器的四种工作方式，如表 10-2 所示。

表 10-2　定时/计数器的四种工作方式

M1	M0	工作方式	说明
0	0	0	13 位定时/计数器
0	1	1	16 位定时/计数器
1	0	2	初值自动重装的 8 位定时/计数器
1	1	3	T0 分成两个独立的 8 位定时/计数器，T1 停止计数

（二）TCON

TCON 的位名称、位地址及功能如表 10-3 所示。TCON 的低四位在前面已经进行了介绍，这里只对高四位进行介绍。

表 10-3　TCON 的位名称、位地址及功能

TCON	D7	D6	D5	D4	D3	D2	D1	D0
位名称	TF1	TR1	TF0	TR0	IE1	IT1	IE0	IT0
位地址	8FH	8EH	8DH	8CH	8BH	8AH	89H	88H
功能	T1 中断标志	T1 启停控制	T0 中断标志	T0 启停控制	用于中断			

- TR0：定时/计数器 0 的启动停止控制位。当 TR0 置“1”时，开始计数；当 TR0 置“0”时，停止计数。
- TF0：定时/计数器 0 的中断溢出标志位。定时/计数器作加 1 计数，当最高位产生进位时，计数溢出，此时，由硬件将 TF0 置“1”，CPU 响应中断后，由硬件将 TF0 置“0”。
- TR1 和 TF1：定时/计数器 1 的启动停止控制位和中断溢出标志位，其含义与 TR0 和 TF0 相同。

四、定时/计数器的工作方式

由前面的内容可知，通过设置 TMOD 的 M1、M0 两位，可以选择定时/计数器的四种工作方式。T0 和 T1 在使用前三种工作方式时，除使用的寄存器和控制位不同外，其他操作相似。另外，T1 没有工作方式 3。下面以 T0 为例来介绍这 4 种工作方式。

（一）工作方式 0

工作方式 0 的逻辑电路结构如图 10-7 所示。此时，T0 是一个由 TL0 的低 5 位（TL0 的高 3 位未用）和 TH0 的 8 位构成的 13 位定时/计数器。当 TL0 的低 5 位计数满时，直接向 TH0 进位（而不是向 TL0 的第 6 位进位）；当 13 位计数溢出时，TF0 置“1”。

13 位定时/计数器的最大计数值为 2^{13}=8 192，若振荡器的频率为 12 MHz，则机器周期

为 1 μs，工作方式 0 最大的定时时间为 8 192 μs。

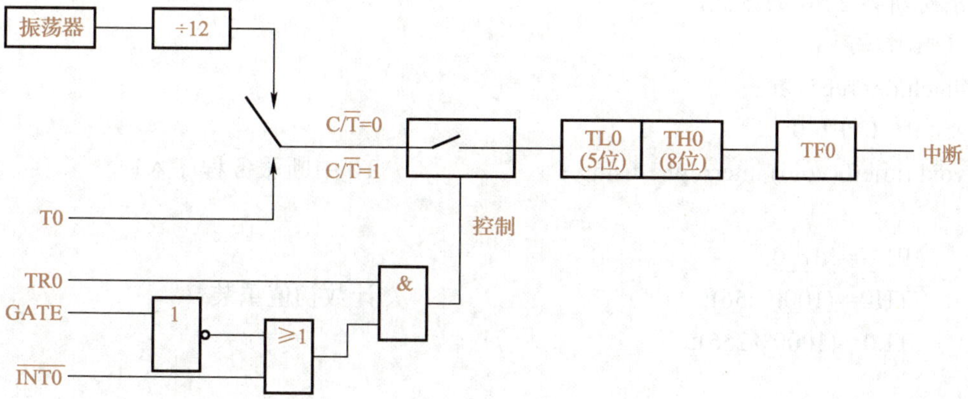

图 10-7　工作方式 0 的逻辑电路结构

经验传承

定时/计数原理：定时/计数器只有在计数值达到最大（发生溢出）时，才会产生中断。那么如何实现任意值的定时/计数呢？例如，采用工作方式 0 时，如果需要计数 500，那么，计数开始前，在定时/计数器中写入预置数 7 692（8 192 – 500），就可以实现了。

（二）工作方式 1

工作方式 1 的逻辑电路结构如图 10-8 所示。此时，T0 是一个由 TL0 和 TH0 构成的 16 位定时/计数器，最大计数值为 2^{16}=65 536，其他特性和工作方式 0 相似。

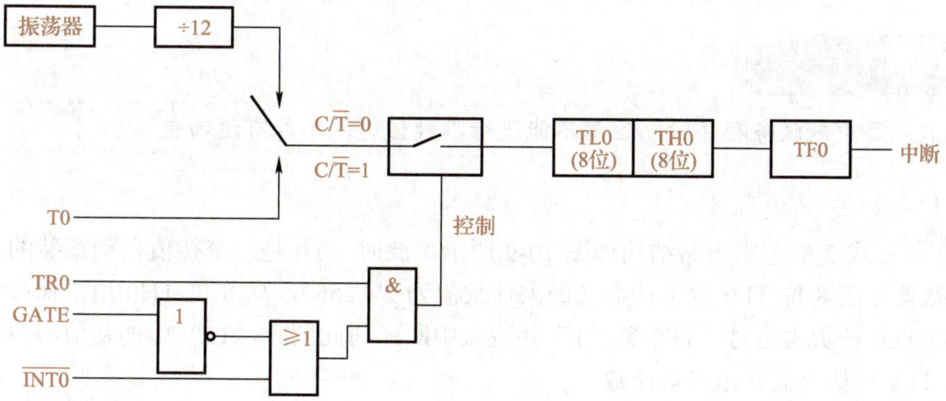

图 10-8　工作方式 1 的逻辑电路结构

提　示

工作方式 1 完全可以取代工作方式 0，实际应用中，更常用的是工作方式 1。

【例 10-1】 设单片机的时钟频率为 12 MHz，要求用 T0 的工作方式 1 编程，在 P1.0 脚输出周期为 2 ms 的方波。

【参考程序】

```
#include<reg51.h>
sbit P1_0=P1^0;
void timer0(void) interrupt 1 using 1                /*T0 中断服务程序入口*/
{
      P1_0=!P1_0;
      TH0=-(1000/256);                               /*计数初值重装*/
      TL0=-(1000%256);
}
void main(void)
{
      TMOD=0x01;                                     /*T0 工作在工作方式 1*/
      P1_0=0;
      TH0= -(1000/256);                              /*预置计数初值*/
      TL0= -(1000%256);
      EA=1;                                          /*CPU 开中断*/
      ET0=1;                                         /*T0 开中断*/
      TR0=1;                                         /*启动 T0*/
      do{ }
      while(1);
}
```

提 示

在编写中断服务程序时，注意不能进行参数传递，不能有返回值。

（三）工作方式 2

工作方式 2 的逻辑电路结构如图 10-9 所示。此时，T0 是一个初值自动重装的 8 位定时/计数器，低 8 位 TL0 用于计数（最大计数值为 2^8=256），高 8 位 TH0 用于保存计数初值。当 TL0 计数溢出时，TF0 置“1”并进入中断，与此同时，TH0 中的初值将自动装入 TL0，TL0 将从该值开始重新计数。

提 示

工作方式 2 的计数范围虽然比较小，但是初值可自动恢复，因此适用于计数范围较小、需要重复计数的场合，如脉冲信号发生器等。

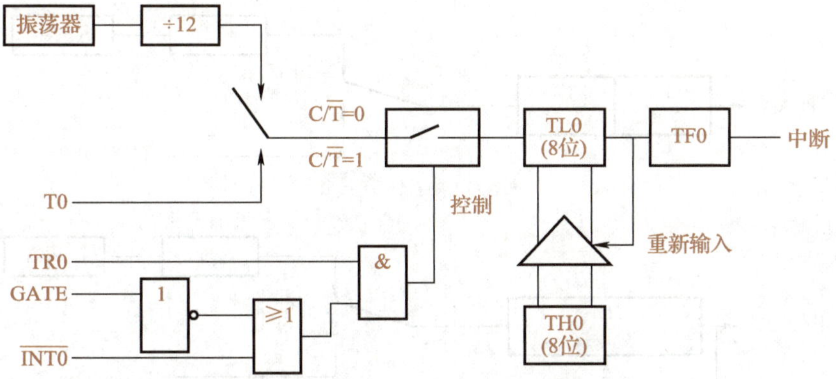

图 10-9　工作方式 2 的逻辑电路结构

（四）工作方式 3

工作方式 3 的逻辑电路结构如图 10-10 所示。此时，T0 被拆成两个独立的定时/计数器。其中，TL0 使用 T0 原有的控制资源，可以作为 8 位定时/计数器使用；TH0 使用 T1 的 TR1 和 TF1，只能对内部脉冲计数，可以作为定时器使用。

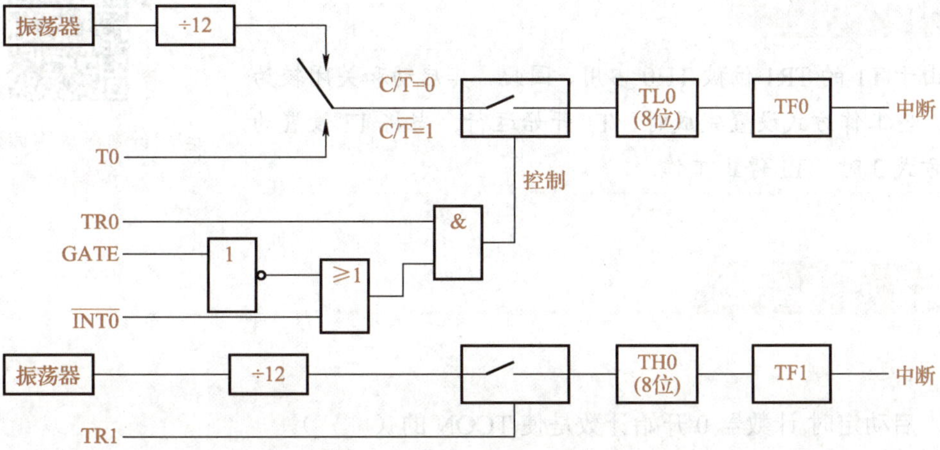

图 10-10　工作方式 3 的逻辑电路结构

当 T0 处于工作方式 3 时，T1 仍可设置为工作方式 0、工作方式 1 或工作方式 2，如图 10-11 所示。此时，T1 由定时/计数模式选择位 C/$\overline{T}$ 切换其定时或计数功能，当计数溢出时，将输出送往串行接口。在这种情况下，T1 一般用作串行接口波特率发生器。

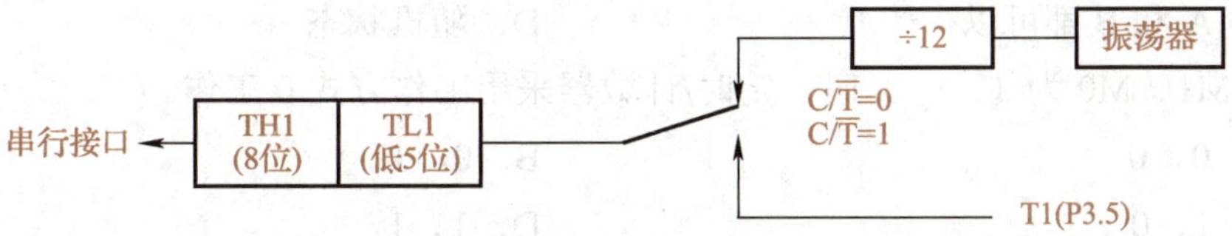

（a）T1 工作方式 0

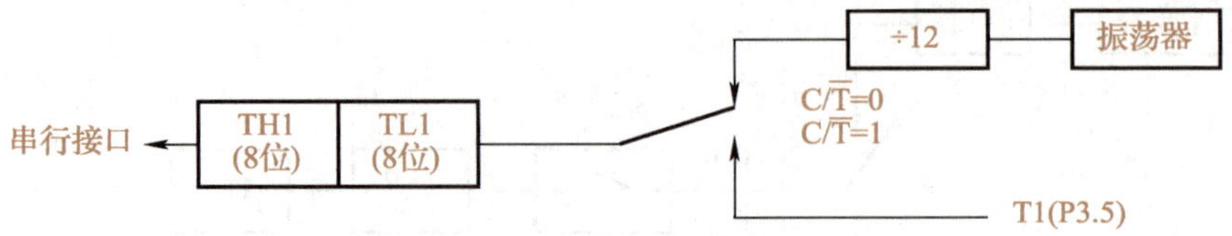

（b）T1 工作方式 1

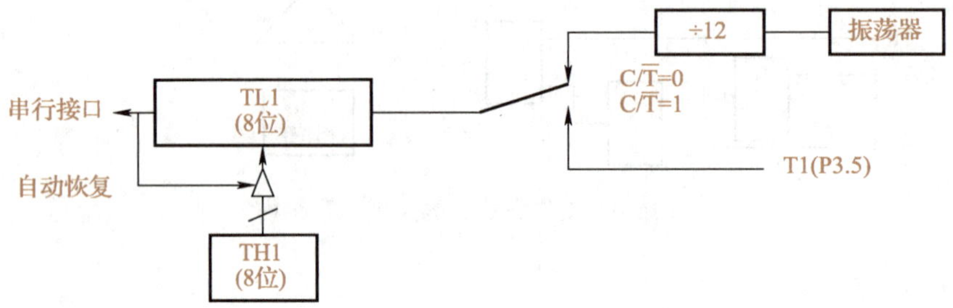

（c）T1 工作方式 2

图 10-11　T1 的三种工作方式

提　示

由于 T1 的 TR1 位被 TH0 占用，因此，其启动和关闭较为特殊。当工作方式设置完成时，T1 开始运行；当将 T1 设置为工作方式 3 时，T1 停止工作。

扫一扫

定时/计数器应用编程案例（汇编语言）

学习成果检验

一、选择题

1．启动定时/计数器 0 开始计数是使 TCON 的（　　）。

A．TF0 位置“1”　　B．TF0 位置“0”

C．TR0 位置“1”　　D．TR0 位置“0”

2．51 系列单片机定时/计数器 0 的中断溢出标志位 TF0，若计满数在 CPU 响应中断后，则（　　）。

A．由软件置“0”　　B．由硬件置“0”

C．A 和 B 都可以　　D．随机状态

3．当 M1、M0 为（　　）时，定时/计数器采用工作方式 0 工作。

A．0、0　　B．0、1

C．1、0　　D．1、1

二、填空题

1．51 系列单片机的定时/计数器由________________、________________、________________和________________组成。

2．51 系列单片机内部的定时/计数器对__________脉冲的计数，实现的是定时功能；对__________脉冲的计数，实现的是计数功能。

3．TMOD 主要用于确定定时/计数器的______________，TCON 主要用于控制 T0、T1 的__________、__________以及__________________的设置。

三、简答题

1．简述定时/计数器的工作原理。

2．定时/计数器的 4 种工作方式各有何特点？

四、编程题

脉冲宽度的检测：要求对外部输入的高电平脉冲的持续时间进行检测，即检测高电平脉冲宽度，将检测的脉冲宽度以微秒为单位显示在数码管上（假设单片机的晶振频率为 12 MHz）。

学习成果评价

指导教师根据学生的实际学习成果对其进行评价，学生配合指导教师共同完成学习成果评价表，如表 10-4 所示。

表 10-4　学习成果评价表

班级		组号		日期	
姓名		学号		指导教师	
评价项目	评价内容			满分/分	评分/分
知识	定时/计数器的结构			5	
	定时/计数器的工作原理			10	
	定时/计数器的寄存器			10	
	定时/计数器的工作方式			10	
技能	能够应用定时/计数器编写定时、计数程序			40	
素养	积极参加教学活动，主动学习、思考、讨论			5	
	认真负责，按时完成学习、实训任务			5	
	团结协作，与组员之间密切配合			5	
	服从指挥，遵守课堂和实训室纪律			5	
	有竞争意识、勇于克服困难			5	
合计				100	
自我评价					
教师评价					

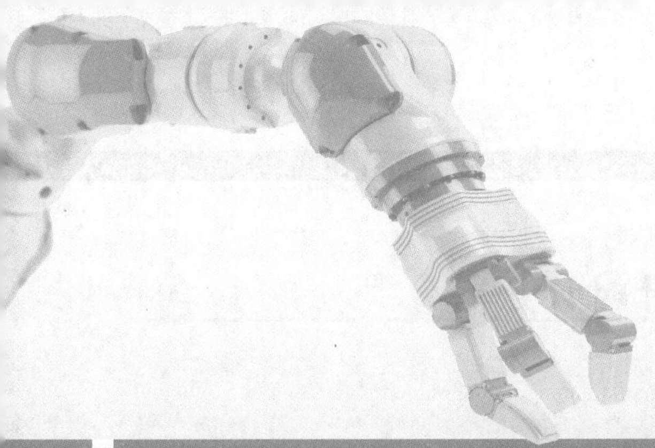

模块十一
认识 LED 数码管显示器

模块导读

显示器是单片机应用系统中常用的输出设备之一，目前常用的有 LED 显示器和 LCD 显示器两种。两者的成像原理、应用领域各不相同。本模块将带领大家认识 LED 数码管显示器。

学习目标

知识目标

- 掌握 LED 数码管显示器的结构及工作原理。
- 了解 LED 数码管显示器的字形码。
- 掌握 LED 数码管显示器的显示方式。

能力目标

- 能够应用 LED 数码管显示器控制显示字符或图形。

素质目标

- 具备脚踏实地、刻苦钻研、爱岗敬业的劳模精神。
- 树立技能成才、技能报国的人生理想。
- 加强实践练习，注重学思结合，增强勇于探索的创新精神。

模块实训——设计篮球比赛计时计分器

一、实训描述

篮球比赛是根据比赛队伍在规定时间里的得分多少来决定胜负的。一些学校的篮球场没有配置计时计分器，因此在比赛时需要采用人工计时计分，即裁判自带手表计时、人工翻页计分。一旦协同失误，就会造成记录错误，影响比赛的正常进行。因此，设计一款性能稳定、操作方便的篮球比赛计时计分器，具有重要的意义。

二、实训步骤

（一）整体设计思想

用 AT89C51 单片机内的一个定时/计数器作为定时器，50 ms 中断一次，中断 20 次记 1 s，以实现计时功能。通过由 5 只按键构成的独立式键盘实现两队的计分、倒计时启动控制等功能。倒计时时间和两队的分数用 LED 数码管显示器显示出来。篮球比赛计时计分器总体结构框图如图 11-1 所示。

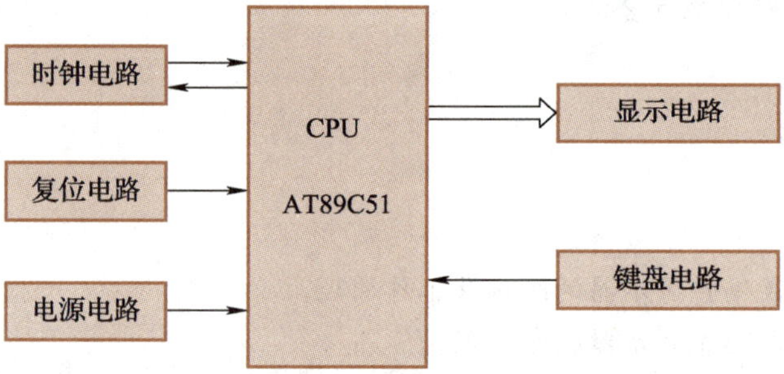

图 11-1　篮球比赛计时计分器总体结构框图

（二）硬件设计

AT89C51 单片机采用上电复位形式，时钟电路采用 12 MHz 的时钟频率，显示电路采用 8 位一体的共阴极 LED 数码管显示器。AT89C51 单片机的 P0 端口作为段码输出端口，P2 端口作为数码管位选控制端口，T0 作为定时器，P1 端口外接“甲加”“甲减”按键作为甲队分数的加、减按键，“乙加”“乙减”按键作为乙队分数的加、减按键，“启动倒计时”按键作为 24 s 倒计时启动按键。根据篮球比赛计时计分器的整体设计思想，篮球比赛计时计分器硬件系统原理图如图 11-2 所示。

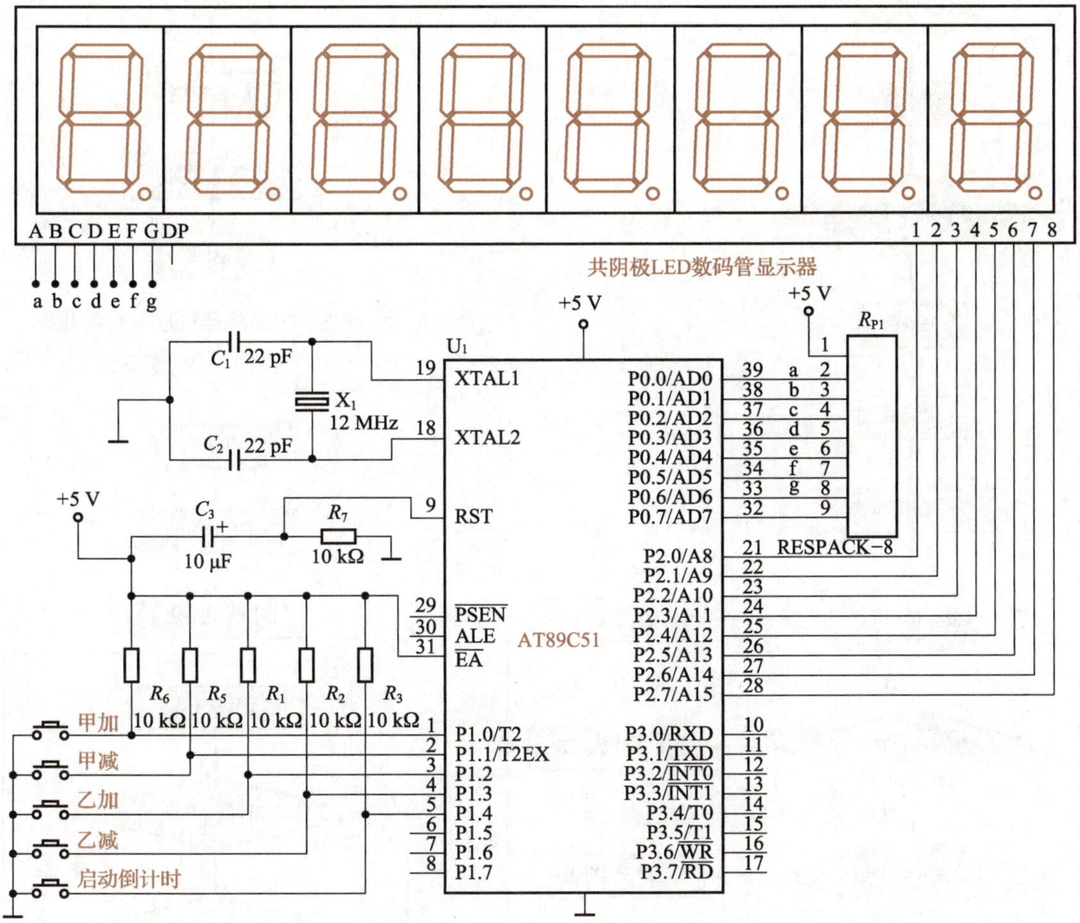

图 11-2　篮球比赛计时计分器硬件系统原理图

（三）软件设计

定时/计数器 0 工作在定时状态，T0 每 50 ms 中断一次，中断 20 次记 1 s，秒数初值为 24，1 s 时间到，秒数减 1，以实现 24 s 倒计时功能。

5 个按键按下时，返回键值分别为 0x01、0x02、0x04、0x08、0x10。根据键值分别执行甲队分数的加、减，乙队分数的加、减，24 s 倒计时启动等操作。倒计时秒数和两队分数经处理后送至 LED 数码管显示器动态显示出来。

扫一扫

参考代码

中断服务程序设计流程图如图 11-3 所示，键盘程序设计流程图如图 11-4 所示，主程序设计流程图如图 11-5 所示。

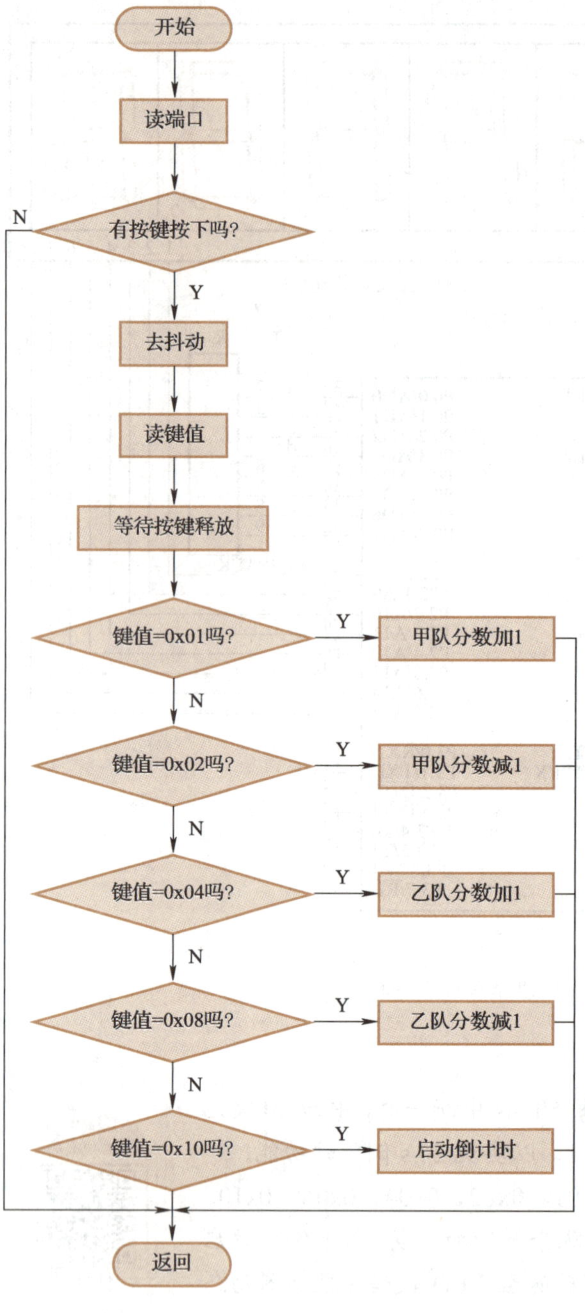

图 11-4　键盘程序设计流程图

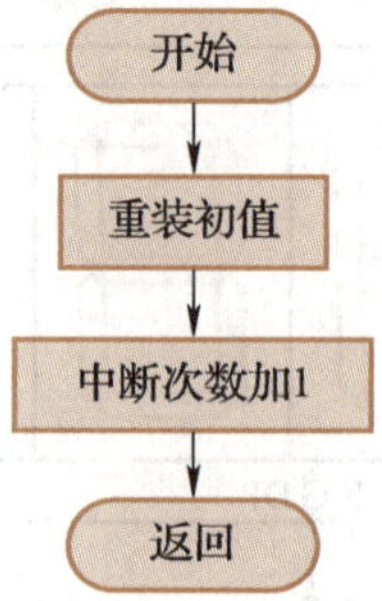

图 11-3　中断服务程序设计流程图

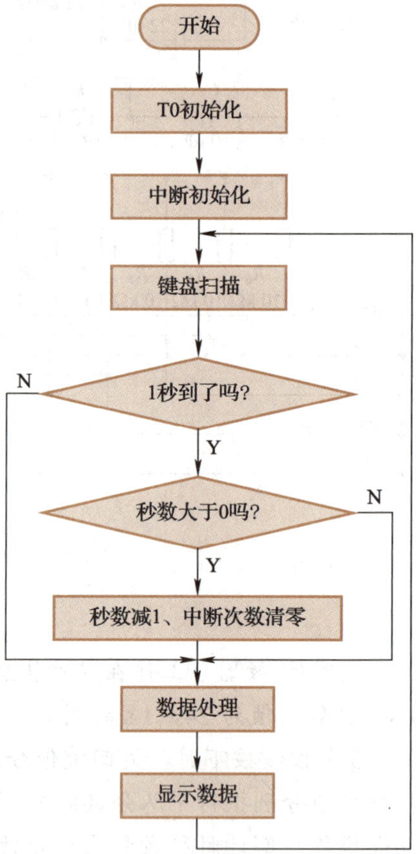

图 11-5　主程序设计流程图

（四）仿真调试

运行 Proteus 仿真软件，添加、放置元器件，并按篮球比赛计时计分器的硬件系统原理图连接电路，建立仿真模型。单击仿真运行按钮，即可进行篮球比赛计时计分器的仿真，仿真效果如图 11-6 所示。

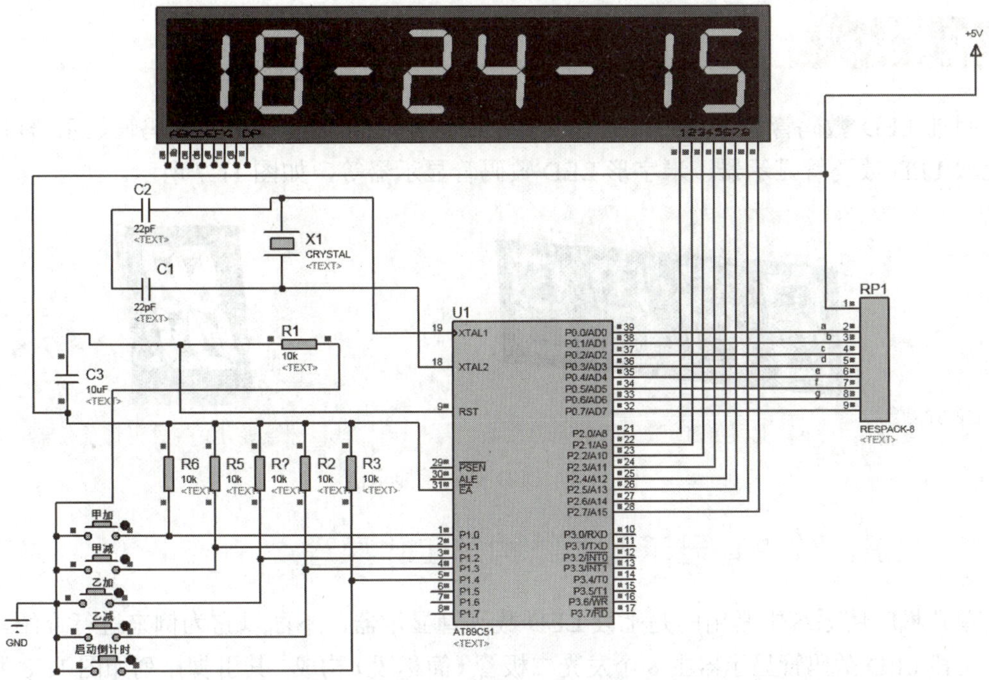

图 11-6　篮球比赛计时计分器仿真效果

仿真调试成功后，按硬件系统原理图在实验板上安装元器件并进行测试：烧录 hex 文件，运行程序，以按键代替甲乙两队加、减分，进行模拟篮球比赛计分，观察程序是否正常运行。根据运行情况，调整电路或元器件参数，优化程序，以达到较好的运行效果。

扫一扫

实训解说

三、实训思考

在模块实训过程中，根据实际情况，你认为自己哪些地方做得很好，还有哪些地方需要改进。

笔记

相关知识

目前 LED 数码管显示器的种类有很多，根据外观的不同，LED 数码管显示器可以分为七段 LED 数码管显示器、米字形 LED 数码管显示器等，如图 11-7 所示。

（a）七段 LED 数码管显示器

（b）米字形 LED 数码管显示器

图 11-7 LED 数码管显示器

一、LED 数码管显示器的结构及工作原理

单片机应用系统中常用的是七段 LED 数码管显示器，下面以它为例来进行介绍。

七段 LED 数码管显示器由 8 个发光二极管（简称段）构成，其引脚排列如图 11-8 所示。通过不同的组合可以显示数字 0～9，字符 A～F、H、L、P、U，符号“－”及小数点“.”。

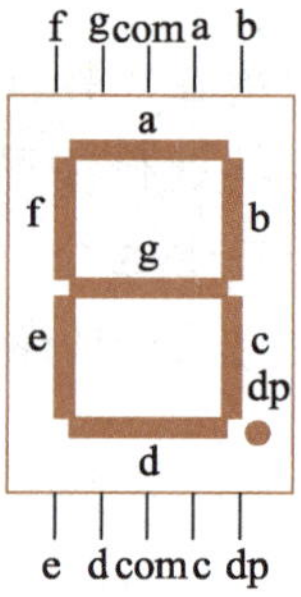

图 11-8 七段 LED 数码管显示器的引脚排列

提 示

在七段 LED 数码管显示器中，由于小数点段不常用，因此这类数码管显示器一般被称为“七段”。

七段 LED 数码管显示器根据发光二极管物理连接的不同，可分为共阴极 LED 数码管显示器和共阳极 LED 数码管显示器两种类型。

（一）共阴极 LED 数码管显示器

共阴极 LED 数码管显示器的结构原理图如图 11-9（a）所示，由于所有段的阴极均连接低电平，因此在使用时，需要在相应段上加高电平，才能使其发光。

（二）共阳极 LED 数码管显示器

共阳极 LED 数码管显示器的结构原理图如图 11-9（b）所示，由于所有段的阳极均连接高电平，因此在使用时，需要在相应段上加低电平，才能使其发光。

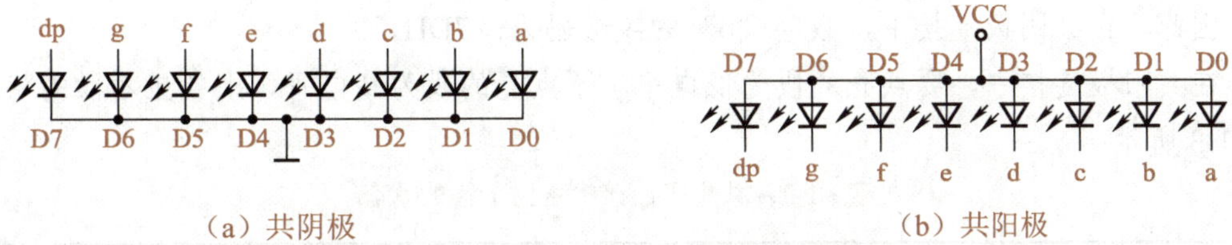

图 11-9　LED 数码管显示器的结构原理图

知类通达

如果说我们国家是块闪闪发光的显示器，那么我们每个人都是属于这块显示器的一个“数码管”，是这块显示器不可缺少的部分。所谓“天生我材必有用”，随着国家的蓬勃发展，各行各业都亟须专业人才。我们作为新时代的青年，应当正视自己，发挥自己的优势，学成一技之长，为祖国的发展贡献自己的力量。

二、LED 数码管显示器的字形码

要使 LED 数码管显示器显示出数字或字符，必须使相应的段点亮，这就要为 LED 数码管显示器的各段提供一个字节的二进制代码，即字形码（也称段码）。7 段 LED，再加上 1 个小数点位，共计 8 位代码，由一个数据字节提供，习惯上以“a”段对应字形码字节的最低位。LED 数码管显示器数据位与显示段的对应关系如表 11-1 所示。

表 11-1　LED 数码管显示器数据位与显示段的对应关系

数据位	D7	D6	D5	D4	D3	D2	D1	D0
显示段	dp	g	f	e	d	c	b	a

【例 11-1】 LED 数码管显示器要显示数字“6”，如图 11-10 所示，试确定其字形码。

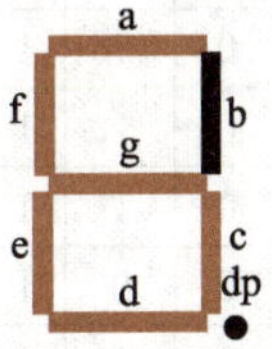

图 11-10　数字“6”的显示图

【问题分析】 LED 数码管显示器有共阴极和共阳极两种不同的连接，连接不同，其对应的字形码也不同。

【确定方法】

在共阴极连接中，要点亮的段为高电平，不点亮的段为低电平，则各显示段的状态如表 11-2 所示。

表 11-2　共阴极连接中各显示段的状态

显示段	dp	g	f	e	d	c	b	a
各段状态	0	1	1	1	1	1	0	1

因此，在共阴极连接中，数字“6”的字形码为：7DH。

在共阳极连接中，要点亮的段为低电平，不点亮的段为高电平，则各显示段的状态如表 11-3 所示。

表 11-3　共阳极连接中各显示段的状态

显示段	dp	g	f	e	d	c	b	a
各段状态	1	0	0	0	0	0	1	0

因此，在共阳极连接中，数字“6”的字形码为：82H。

依此类推，可得到 LED 数码管显示器的字形码，如表 11-4 所示。

表 11-4　LED 数码管显示器的字形码

显示字符	共阴极 LED 数码管显示器									共阳极 LED 数码管显示器								
	dp	g	f	e	d	c	b	a	字形码	dp	g	f	e	d	c	b	a	字形码
0	0	0	1	1	1	1	1	1	3FH	1	1	0	0	0	0	0	0	C0H
1	0	0	0	0	0	1	1	0	06H	1	1	1	1	1	0	0	1	F9H
2	0	1	0	1	1	0	1	1	5BH	1	0	1	0	0	1	0	0	A4H
3	0	1	0	0	1	1	1	1	4FH	1	0	1	1	0	0	0	0	B0H
4	0	1	1	0	0	1	1	0	66H	1	0	0	1	1	0	0	1	99H
5	0	1	1	0	1	1	0	1	6DH	1	0	0	1	0	0	1	0	92H
6	0	1	1	1	1	1	0	1	7DH	1	0	0	0	0	0	1	0	82H
7	0	0	0	0	0	1	1	1	07H	1	1	1	1	1	0	0	0	F8H
8	0	1	1	1	1	1	1	1	7FH	1	0	0	0	0	0	0	0	80H
9	0	1	1	0	1	1	1	1	6FH	1	0	0	1	0	0	0	0	90H
A	0	1	1	1	0	1	1	1	77H	1	0	0	0	1	0	0	0	88H
B	0	1	1	1	1	1	0	0	7CH	1	0	0	0	0	0	1	1	83H
C	0	0	1	1	1	0	0	1	39H	1	1	0	0	0	1	1	0	C6H
D	0	1	0	1	1	1	1	0	5EH	1	0	1	0	0	0	0	1	A1H
E	0	1	1	1	1	0	0	1	79H	1	0	0	0	0	1	1	0	86H
F	0	1	1	1	0	0	0	1	71H	1	0	0	0	1	1	1	0	8EH
H	0	1	1	1	0	1	1	0	76H	1	0	0	0	1	0	0	1	89H
L	0	0	1	1	1	0	0	0	38H	1	1	0	0	0	1	1	1	C7H
P	0	1	1	1	0	0	1	1	73H	1	0	0	0	1	1	0	0	8CH
U	0	0	1	1	1	1	1	0	3EH	1	1	0	0	0	0	0	1	C1H
—	0	1	0	0	0	0	0	0	40H	1	0	1	1	1	1	1	1	BFH
.	1	0	0	0	0	0	0	0	80H	0	1	1	1	1	1	1	1	7FH

提　示

从表 11-4 中可知，对于同一个字符，共阴极和共阳极字形码的关系是互为反码。

三、LED 数码管显示器的显示方式

要使 LED 数码管显示器显示某一字符，不仅需要对每一位显示器的公共端（com）进行控制，即进行位控（控制 LED 数码管显示器的状态）；还需要对每一位显示器中的各段（a～g、dp）进行控制，即进行段控。

LED 数码管显示器的显示方式可分为静态显示方式和动态显示方式。

（一）静态显示方式

静态显示方式是指 LED 数码管显示器的位控始终被选中的方式。在这种显示方式下，每一个 LED 数码管显示器都需要一个 8 位输出端口进行控制，其接口电路如图 11-11 所示。

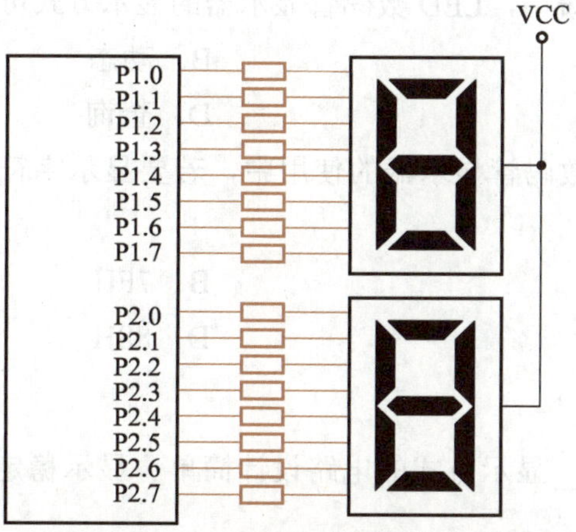

图 11-11　静态显示方式接口电路

静态显示方式的优点是电路设计简单、显示稳定、编程简单。静态显示方式的缺点是占用硬件资源较多，每个 LED 数码管显示器需要独占 8 条输出线，随着 LED 数码管显示器位数的增加，需要的 I/O 端口输出线也将增加。

（二）动态显示方式

动态显示方式是指多个 LED 数码管显示器共用一组段控，每个 LED 数码管显示器的位控被轮流选中的方式。动态显示方式一般称为“扫描”，段控数据仅对位控选中的 LED 数码管显示器有效。

在动态显示方式中，所有 LED 数码管显示器的段控线并在一起，接到一个 8 位的 I/O 端口上，而位控线则分别接到各自的 I/O 端口上，其接口电路如图 11-12 所示。

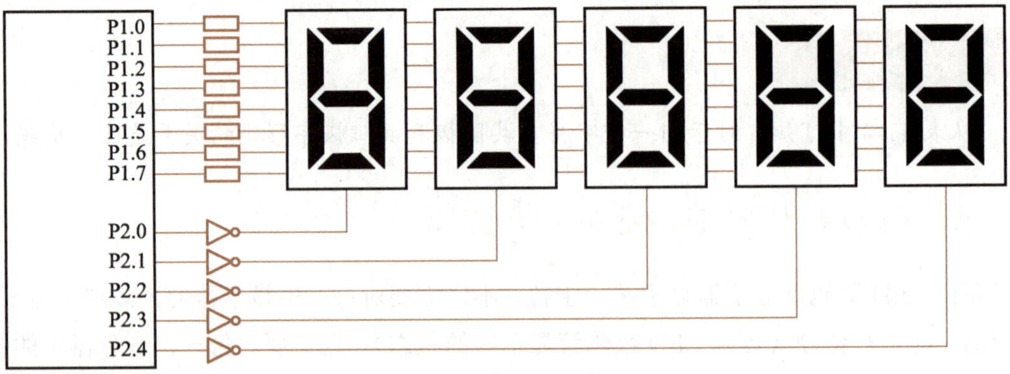

图 11-12　动态显示方式接口电路

学习成果检验

一、选择题

1．在单片机应用系统中，LED 数码管显示器的显示方式可分为（　　）显示方式。

A．静态　　　　B．动态

C．静态和动态　　　　D．查询

2．在共阴极 LED 数码管显示器的使用中，若要显示字符“8”，则其相应的字形码为（　　）。

A．40H　　　　B．7FH

C．80H　　　　D．88H

二、填空题

1．________________显示方式的电路设计简单、显示稳定、编程简单，但是占用硬件资源较多。

2．要使 LED 数码管显示器显示字符，就要在其段控端加上合适的电平信号，共阴极________________代表亮，而共阳极________________代表亮。

3．对于同一个字符，共阴极和共阳极字形码的关系是________________。

三、简答题

1．简述 LED 数码管显示器的工作原理。

2．试根据 LED 数码管显示器显示段码的编码规律，写出“S”的字形码。

四、编程题

编写静态显示程序，要求开始时在 LED 数码显示器的最右边一位显示一个“8”字，然后每隔 0.2 秒从右到左依次增加一个“8”字，直到出现 6 个“8”字为止。

学习成果评价

指导教师根据学生的实际学习成果对其进行评价，学生配合指导教师共同完成学习成果评价表，如表 11-5 所示。

表 11-5　学习成果评价表

班级		组号		日期	
姓名		学号		指导教师	
评价项目	评价内容			满分/分	评分/分
知识	共阴极 LED 数码管显示器			7	
	共阳极 LED 数码管显示器			7	
	LED 数码管显示器的字形码			7	
	LED 数码管显示器的静态显示方式			7	
	LED 数码管显示器的动态显示方式			7	
技能	能够应用 LED 数码管显示器控制显示字符或图形			40	
素养	积极参加教学活动，主动学习、思考、讨论			5	
	认真负责，按时完成学习、实训任务			5	
	团结协作，与组员之间密切配合			5	
	服从指挥，遵守课堂和实训室纪律			5	
	有竞争意识、勇于克服困难			5	
合计				100	
自我评价					
教师评价					

模块十二
认识 LCD 液晶显示器

模块导读

LCD 液晶显示器以其无辐射、体积小、重量轻、功耗小、显示内容丰富、品种多等优点，被广泛应用于袖珍式仪表和低功耗应用系统中。本模块将带领大家认识 LCD 液晶显示器。

学习目标

知识目标

◆ 了解 LCD 液晶显示器的功能与分类。
◆ 掌握 LCD1602 字符型液晶显示器的引脚功能和主要参数。
◆ 掌握 LCD1602 字符型液晶显示器的操作指令及时序。
◆ 掌握 LCD1602 字符型液晶显示器的初始化过程。

能力目标

◆ 能够应用 LCD 液晶显示器控制字符或图形的显示。

素质目标

◆ 加强实践练习，注重学思结合，增强勇于探索的创新精神。
◆ 树立技能成才、技能报国的人生理想。
◆ 具备勇于创新、虚心好学的品质。

模块实训——设计数字钟

一、实训描述

数字钟是一种用数字电路技术实现时、分、秒计时的钟表，如图 12-1 所示。数字钟与机械钟相比具有更高的准确性和直观性，且具有更长的使用寿命，目前已得到广泛应用。数字钟的设计方法有许多，例如，可利用中小规模集成电路设计数字钟，也可利用专用的时钟芯片配以显示电路及其所需要的外围电路设计数字钟，还可利用单片机来设计数字钟等。其中，利用单片机设计数字钟因具有编程灵活、便于功能扩展的特点而被广泛采用。

请利用单片机和时钟芯片 DS1302 设计一个数字钟，并用 LCD 液晶显示器显示出年、月、日等。

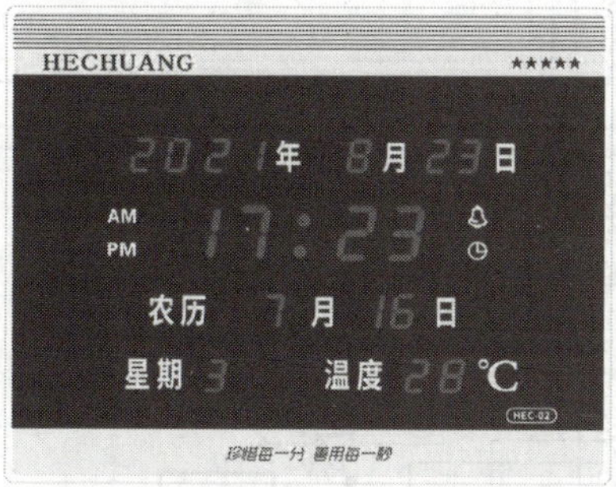

图 12-1 数字钟

扫一扫

DS1302 简介

二、实训步骤

（一）整体设计思想

用 AT89C51 单片机进行控制，通过时钟芯片 DS1302 获取时间，并用液晶显示器将时间显示出来，通过独立式键盘的按键调整各设定值。数字钟总体结构框图如图 12-2 所示。

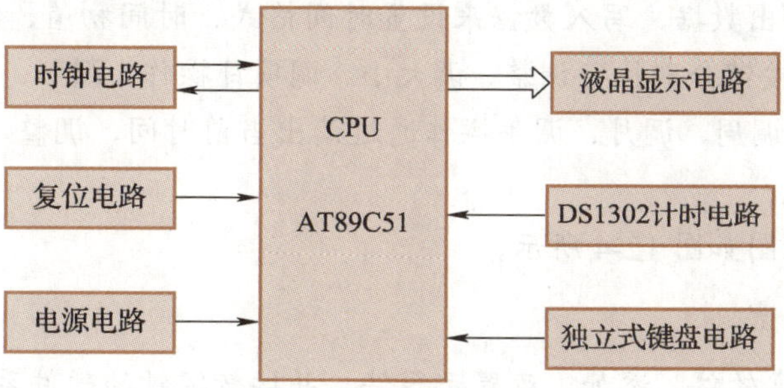

图 12-2 数字钟总体结构框图

（二）硬件设计

AT89C51 单片机采用上电复位形式，时钟电路采用 12 MHz 的时钟频率，显示电路采用 LCD1602 字符型液晶显示器，用独立式键盘电路调整按键。AT89C51 的 P0 端口作为 LCD1602 字符型液晶显示器显示数据输出端口，P3 端口的 P3.4～P3.6 分别作为 DS1302 的 $\overline{\text{RST}}$、SCLK、I/O 的数据传送和控制端口，P2 端口的 P2.0～P2.2 作为 LCD1602 字符型液晶显示器 RS、RW、E 的控制端口，P3 端口的 P3.0～P3.2 作为独立式键盘的 I/O 端口。根据数字钟的整体设计思想，数字钟硬件系统原理图如图 12-3 所示。

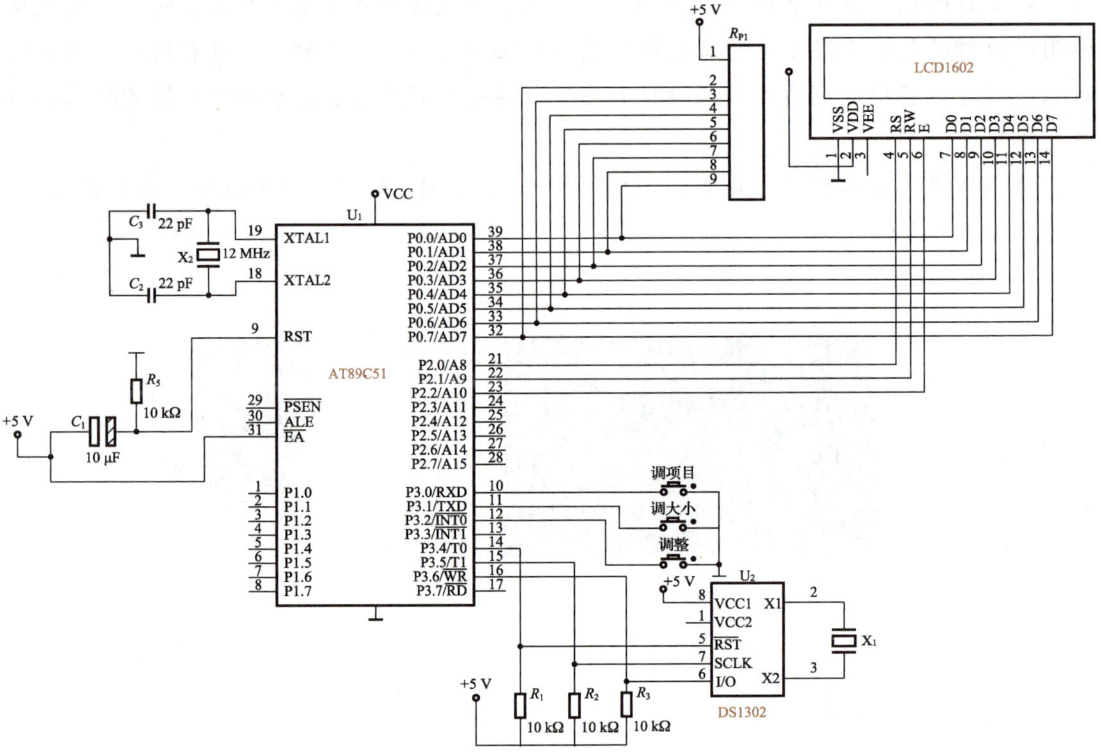

图 12-3　数字钟硬件系统原理图

（三）软件设计

根据时钟芯片 DS1302 内部寄存器的结构及时序，分别向相关的寄存器写入命令、读出数据、写入数据来设置时间格式、时间初值、读出当前时间。3 个按键分别执行调整、调大小、调项目操作，调秒、调分、调时、调日、调周、调月、调年操作通过读出当前时间，调整后再写入的方法实现。

扫一扫

参考代码

主程序设计流程图如图 12-4 所示。

（四）仿真调试

运行 Proteus 仿真软件，添加、放置元器件，并按数字钟的硬件系统原理图连接电路，建立仿真模型。单击仿真运行按钮，即可进行数字钟的仿真，仿真效果如图 12-5 所示。

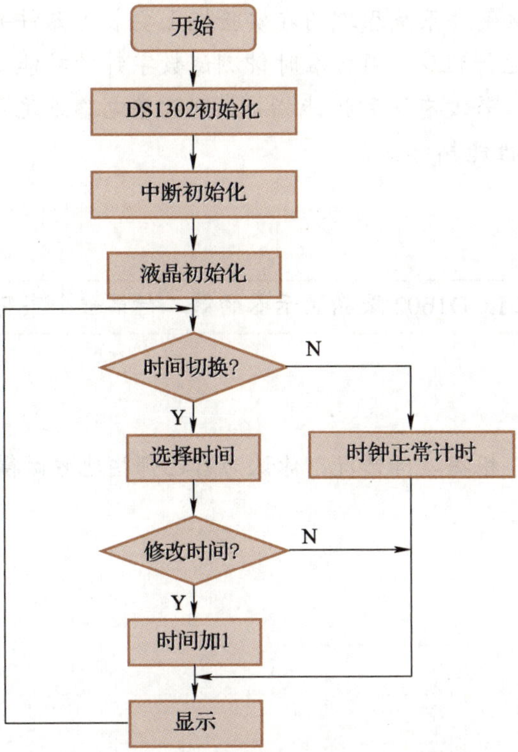

图 12-4　主程序设计流程图

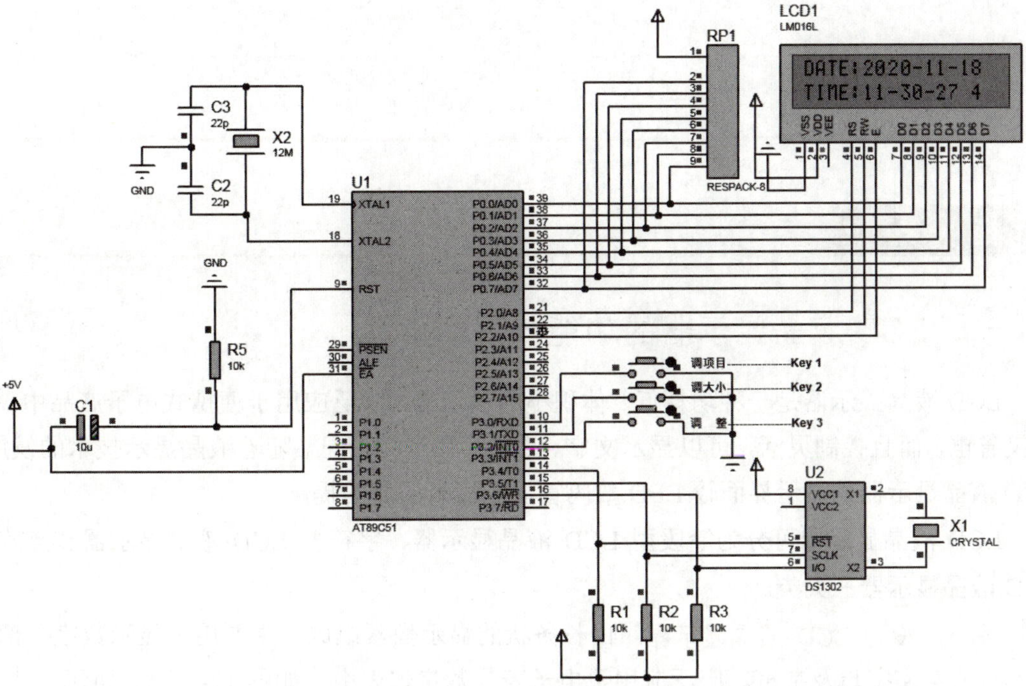

图 12-5　数字钟仿真效果

仿真调试成功后，按硬件系统原理图在实验板上安装元器件并进行测试：烧录 hex 文件，运行程序，用标准时钟测试数字钟的功能是否能够实现，计时是否准确。若没有达到性能指标，则调整电路或元器件参数，优化程序，以达到性能指标。

扫一扫

实训解说

活学活练

编写程序实现：在 LCD1602 液晶显示器的第二行第一个字符的位置显示字母“a”。

三、实训思考

在模块实训过程中，根据实际情况，你认为自己哪些地方做得很好，还有哪些地方需要改进。

笔记

相关知识

一、LCD 液晶显示器的功能与分类

LCD 液晶显示器是一种功耗低、体积小的显示器，广泛应用于便携式电子产品中。它不仅省电，而且控制灵活，可以显示文字、曲线、图形等信息。随着液晶显示技术的发展，LCD 液晶显示器的显示界面较 LED 数码管显示器有了质的提高。

LCD 液晶显示器可分为笔段型 LCD 液晶显示器、字符型 LCD 液晶显示器和点阵型 LCD 液晶显示器三大类。

- **笔段型 LCD 液晶显示器：**由长条状的显示像素组成，主要用于显示数字、部分英文字母及字符，广泛应用于电子表、数字仪表中，如图 12-6（a）所示。
- **字符型 LCD 液晶显示器：**主要用于显示数字、字母、符号和简单的图形，广泛

应用于遥控器、仪器表盘中，如图 12-6（b）所示。

◈ **点阵型 LCD 液晶显示器**：通常面积较大，由多行多列的显示像素组成矩阵形式，可以用于显示图形等复杂的信息，广泛应用于游戏机、笔记本电脑中，如图 12-6（c）所示。

（a）笔段型

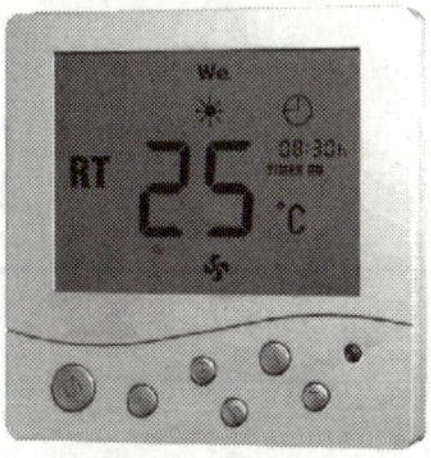

（b）字符型

（c）点阵型

图 12-6 LCD 液晶显示器

知识链接

LCD 液晶显示器是在两片平行的玻璃当中放置液晶材料，通过电场来控制液晶材料的方向将光线折射出来，从而产生画面的。

二、LCD 液晶显示器的结构及工作原理

LCD 液晶显示器一般是由液晶显示屏 LCD，主控制驱动芯片及其扩展驱动电路，以及少量电阻、电容等装配在电路板上制成的。下面以 LCD1602 字符型液晶显示器（以下简称 LCD1602）为例来进行介绍。

（一）LCD1602 的引脚功能和主要参数

LCD1602 可分为带背光和不带背光两种类型，带背光的 LCD1602 比不带背光的 LCD1602 厚，但两者在应用中并无差别。

LCD1602 采用标准的 14 引脚（无背光）或 16 引脚（带背光）接口。带背光的 LCD1602 的外形和外部引脚如图 12-7 所示，其引脚功能如表 12-1 所示。

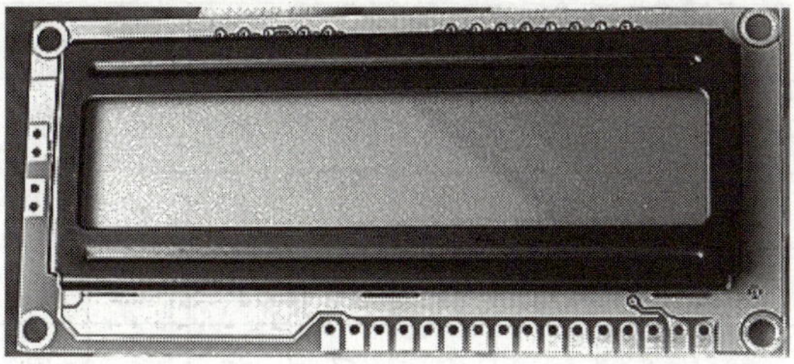

（a）正面

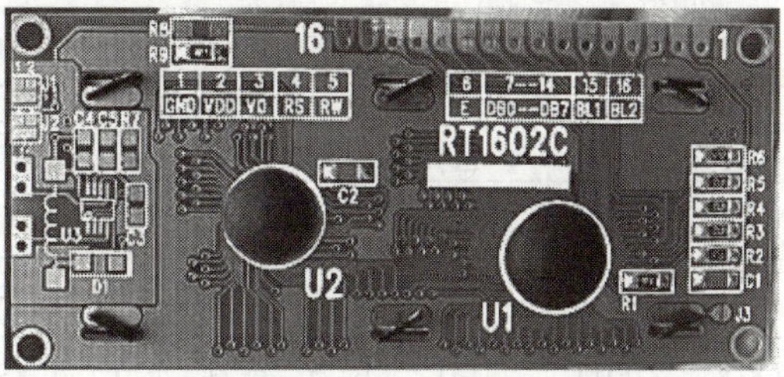

（b）背面

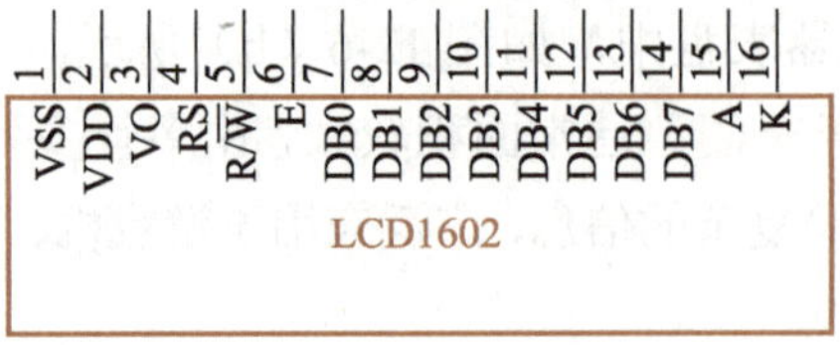

（c）外部引脚

图 12-7　带背光的 LCD1602 的外形和外部引脚

表 12-1　LCD1602 的引脚功能

引脚号	引脚名称	引脚功能
1	VSS	电源地线
2	VDD	电源引脚（+5 V）
3	VO	液晶显示驱动电源
4	RS	数据/命令选择，RS=0，命令；RS=1，数据
5	$R/\overline{W}$	读/写选择，$R/\overline{W}=0$，写；$R/\overline{W}=1$，读
6	E	使能信号
7～14	DB0～DB7	数据线
15	A	背光源正极
16	K	背光源负极

LCD1602 的主要技术参数包括：显示容量为 32 个字符（16 列 2 行）；芯片工作电压为 4.5～5.5 V；工作电流为 2.0 mA（工作电压为 5.0 V 的状态下）。

LCD1602 内部的主控制驱动芯片 HD44780 有以下几个重要组成部分。

- CGROM：字符发生器 ROM，它内部存储了 160 个不同的点阵字符图形用于字符的显示，每一个字符都有一个固定的地址，如表 12-2 所示。

表 12-2　CGROM 的字符图形

低位	高位											
	0000	0010	0011	0100	0101	0110	0111	1010	1011	1100	1101	1110	1111
××××0000	CGRAM (1)		0	ə	P	\	p		一	タ	三	α	P
××××0001	(2)	!	1	A	Q	a	q	ロ	ア	チ	ム	ä	q
××××0010	(3)	"	2	B	R	b	r	Γ	イ	川	メ	β	θ
××××0011	(4)	#	3	C	S	c	s	｣	ウ	ラ	モ	ε	∞
××××0100	(5)	$	4	D	T	d	t	\	エ	ト	ヤ	μ	Ω

表 12-2（续）

低位	高位												
	0000	0010	0011	0100	0101	0110	0111	1010	1011	1100	1101	1110	1111
××××0101	(6)	%	5	E	U	e	u	ロ	オ	ナ	ユ	B	ü
××××0110	(7)	&	6	F	V	f	v	テ	カ	ニ	ヨ	P	Σ
××××0111	(8)	>	7	G	W	g	w	ア	キ	ヌ	ラ	g	π
××××1000	(1)	(	8	H	X	h	x	イ	ク	ネ	リ	∫	$\overline{X}$
××××1001	(2)	)	9	I	Y	i	y	ウ	ケ	ノ	ル	-1	y
××××1010	(3)	*	:	J	Z	j	z	エ	コ	リ	レ	j	千
××××1011	(4)	+	;	K	[	k	{	オ	サ	ヒ	ロ	x	万
××××1100	(5)	フ	<	L	¥	l	|	セ	シ	フ	ワ	₵	₳
××××1101	(6)	–	=	M	]	m	}	ユ	ス	ヘ	ソ	も	÷
××××1110	(7)	.	>	N	^	n	→	ヨ	セ	ホ	ハ	$\bar{n}$	
××××1111	(8)	/	?	O	_	o	←	ツ	ソ	マ	ロ	Ö	

- **CGRAM：**字符发生器 RAM，它包含了 8 个可由用户自定义的 5×7 点阵。
- **DDRAM：**显示数据 RAM，它用于寄存待显示的字符，共有 80 个字节。LCD1602 在送待显示字符的指令之前，要先送 DDRAM 的地址（即确定显示字符的位置）。LCD1602 的 DDRAM 地址与显示位置的对应关系如表 12-3 所示。

表 12-3　LCD1602 的 DDRAM 地址与显示位置的对应关系

位置	DDRAM 地址															
第一行	00H	01H	02H	03H	04H	05H	06H	07H	08H	09H	0AH	0BH	0CH	0DH	0EH	0FH
第二行	40H	41H	42H	43H	44H	45H	46H	47H	48H	49H	4AH	4BH	4CH	4DH	4EH	4FH

经验传承

目前市面上使用的绝大多数字符型液晶显示器都是用 HD44780 芯片控制的，因此它们的外观和控制原理基本相同。只要学会使用一种字符型液晶显示器，就会通晓所有的字符型液晶显示器。

（二）LCD1602 的操作指令及时序

1．LCD1602 的操作指令

LCD1602 的读写操作、移位操作等都是通过向显示屏中写入指令实现的。LCD1602 共有 11 条操作指令，如表 12-4 所示。

表 12-4　LCD1602 的操作指令

序号	指令名称	RS	R/$\overline{W}$	DB7	DB6	DB5	DB4	DB3	DB2	DB1	DB0
1	清屏	0	0	0	0	0	0	0	0	0	1
2	光标复位	0	0	0	0	0	0	0	0	1	×
3	输入方式设置	0	0	0	0	0	0	0	1	I/D	S
4	显示状态设置	0	0	0	0	0	0	1	D	C	B
5	显示内容或光标移动方向设置	0	0	0	0	0	1	S/C	R/L	×	×
6	工作方式设置	0	0	0	0	1	DL	N	F	×	×
7	CGRAM 地址设置	0	0	0	1	CGRAM 地址					
8	DDRAM 地址设置	0	0	1	DDRAM 地址						
9	读取忙标志或计数器地址	0	1	BF	计数器地址						
10	写操作	1	0	写入的内容							
11	读操作	1	1	读出的内容							

各指令的具体功能如下。

- **清屏：** 清除液晶显示屏，光标撤回显示屏左上角，地址计数器 AC（其内容是 DDRAM 或 CGRAM 的单元地址）设置为“0”，光标移动方向为从左向右，且 DDRAM 的自增量为 1（I/D=1）。
- **光标复位：** 将光标移至显示屏左上角，地址计数器 AC 设置为“0”，DDRAM 内容保持不变。
- **输入方式设置：** 设定每次写入数据后光标与画面的移动方式。

  ① I/D 可指定光标的移动方向。I/D=1 时，光标右移；I/D=0 时，光标左移。

  ② S 可设定显示屏上的画面是否移位。S=0 时，画面不移位；S=1 时，画面移位。
- **显示状态设置：** 设置显示、光标和光标闪烁的状态。

  ① D 可控制显示功能的开与关。D=1 时，显示功能开；D=0 时，显示功能关。

  ② C 可控制光标的显示。C=1 时，显示光标；C=0 时，不显示光标。

  ③ B 可控制光标的闪烁。B=1 时，光标闪烁；B=0 时，光标不闪烁。
- **显示内容或光标移动方向设置：** 设置显示内容或光标的移动方向。

  ① S/C=0、R/L=0 时，光标左移，地址计数器 AC 减 1（即显示内容和光标一起左移）。

  ② S/C=0、R/L=1 时，光标右移，地址计数器 AC 加 1（即显示内容和光标一起右移）。

  ③ S/C=1、R/L=0 时，显示内容左移，光标不移动。

  ④ S/C=1、R/L=1 时，显示内容右移，光标不移动。
- **工作方式设置：** 设置数据总线位数、显示的行数及字形。

  ① DL=1 时，数据总线为 8 位；DL=0 时，数据总线为 4 位。

② N=0 时，显示 1 行；N=1 时，显示 2 行。

③ F=0 时，字形为 5×7 的点阵字符；F=1 时，字形为 5×10 的点阵字符。

◆ CGRAM 地址设置：设定下一个要存入数据的 CGRAM 地址。DB5～DB0 为 CGRAM 的地址。

◆ DDRAM 地址设置：设置显示字符的位置，DB6～DB0 为 DDRAM 的地址，与 2 行液晶显示器位置对应。由于最高位为 1，结合 DDRAM 的地址，命令字符显示位置与命令字符的关系如表 12-5 所示。

表 12-5　LCD1602 命令字符显示位置与命令字符的关系

位置	命令字															
第一行	80H	81H	82H	83H	84H	85H	86H	87H	88H	89H	8AH	8BH	8CH	8DH	8EH	8FH
第二行	C0H	C1H	C2H	C3H	C4H	C5H	C6H	C7H	C8H	C9H	CAH	CBH	CCH	CDH	CEH	CFH

◆ 读取忙标志位或计数器地址：BF 为忙标志位。BF=1 时，表示模块此时忙碌，不能进行写指令和写数据等操作；BF=0 时，表示模块此时空闲，可以进行操作。

◆ 写操作：向 DDRAM 或 CGRAM 写入数据或指令。

① 写数据时，RS=1，R/$\overline{W}$=0，E=1，此时 DB0～DB7 中写入的是数据。

② 写指令时，RS=0，R/$\overline{W}$=0，E=1，此时 DB0～DB7 中写入的是指令。

◆ 读操作：从 DDRAM 或 CGRAM 读出数据或状态。

① 读数据时，RS=1，R/$\overline{W}$=1，E=1，此时 DB0～DB7 中输出数据。

② 读状态时，RS=0，R/$\overline{W}$=1，E=1，此时 DB0～DB7 中输出状态。

2．LCD1602 的操作时序

对引脚的操作通常可以结合时序图来理解，查看时序图时一般遵循从上到下、从左到右的原则。LCD1602 的读写操作时序图如图 12-8 和图 12-9 所示。

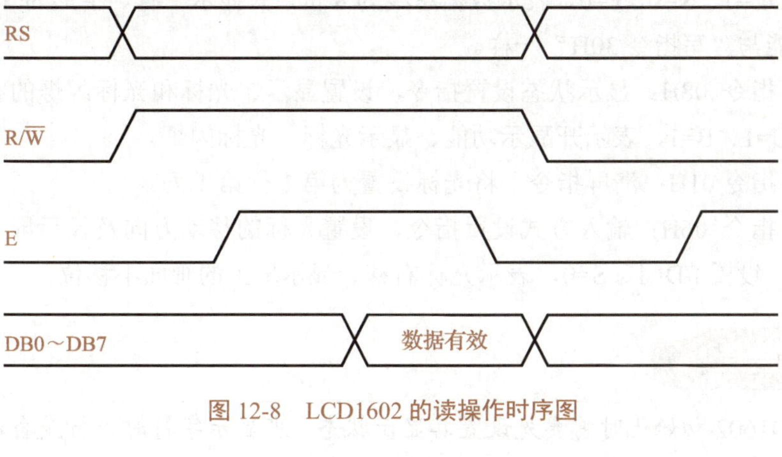

图 12-8　LCD1602 的读操作时序图

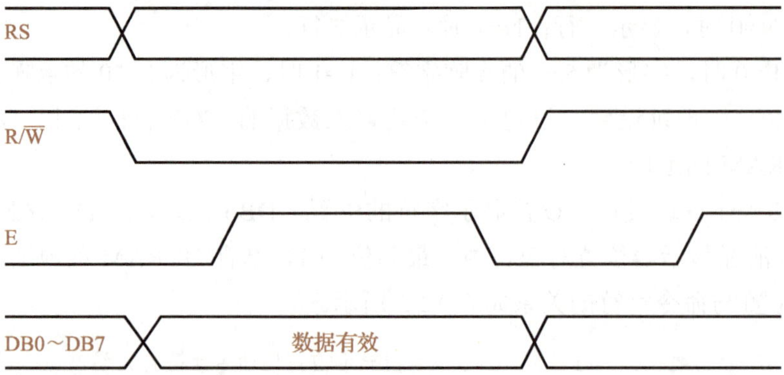

图 12-9　LCD1602 的写操作时序图

时序图分析如下。

（1）如图 12-8 及图 12-9 所示，先对 RS 引脚进行设置（高电平表示读或写数据，低电平表示读或写指令），R/$\overline{W}$ 引脚的值表示是读操作还是写操作。

（2）在数据总线上给出数据 DB0～DB7。

（3）将使能信号 E 设置为高电平，即可进行读、写操作。

（4）将使能信号 E 设置为低电平。

（5）复位 RS、R/$\overline{W}$ 的状态。

（三）LCD1602 的初始化过程

LCD1602 初始化时需要使用工作方式设置指令、显示状态设置指令、清屏指令及输入方式设置指令等。单片机在向 LCD1602 发送指令之前，一定要确认其忙标志位 BF 是否为低电平，如果为低电平，表示模块此时空闲，可以向它发送指令，否则发出的指令会失效。

LCD1602 的初始化过程如下。

（1）写指令 38H：工作方式设置指令，设置显示器的数据总线、显示的行数及字形。例如，设置 DL=1、N=0、F=0，表示数据总线为 8 位、只显示一行、字形为 5×8 点阵字符。本指令的功能与“写指令 30H”一样。

（2）写指令 08H：显示状态设置指令，设置显示、光标和光标闪烁的状态。例如，设置 D=1、C=1、B=1，表示开显示功能、显示光标、光标闪烁。

（3）写指令 01H：清屏指令，将光标设置为第 1 行第 1 列。

（4）写指令 06H：输入方式设置指令，设置光标的移动方向及显示屏上的画面是否移位。例如，设置 I/D=1、S=0，表示光标右移、显示屏上的画面不移位。

经验传承

对 LCD1602 初始化时需要先设置其显示状态，当显示字符时光标是自动向右移的，不需要人工干预。

【例 12-1】　设计将字符“A”通过 LCD1602 液晶显示器显示在屏幕的左上角。

【参考代码】

```
#include<reg51.h>
#define uchar unsigned char
# define uint unsigned int
sbit RS=P3^0;                    /*RS 接到 P3.0 引脚*/
sbit RW=P3^1;                    /*RW 接到 P3.1 引脚*/
sbit E=P3^5;                     /*E 接到 P3.5 引脚*/
uchar num;
/********延时 1 ms 函数********/
void delay (uint z)
{
    uint x,y;
    for(y=z;y>0;y--)
    for(x=123;x>0;x--);
}
/********写指令函数********/
void lcd_wcode (uchar inst)
{
    RS=0;
    RW=0;
    P1=inst;                     /*P1 端口初始化*/
    E=0;
    delay(1);
    E=1;
    delay(1);
    E=0;
    RS=1;
}
/********写数据函数********/
void lcd_wdata (uchar data)
{
    RS=1;
    RW=0;
    P1=data;
```

```
    E=0;
    delay(1);
    E=1;
    delay(1);
    E=0;
    RS=1;
}
/********主程序********/
void main( )
{
    num=0;
    lcd_wcode (0x38);          /*设置 8 位、2 行、5×7 点阵*/
    lcd_wcode (0x0f);          /*显示器开，光标允许闪烁*/
    lcd_wcode (0x06);          /*文字不动，光标自动右移*/
    lcd_wcode (0x01);          /*清屏并复位光标*/
    lcd_wcode (0x80+1);        /*写入第 1 行第 2 个位置*/
    lcd_wdata ('A');           /*显示“A”*/
    while(1);
}
```

学习成果检验

一、选择题

1. LCD1602 采用标准的（　　）接口。

A．18 引脚（无背光）　　　B．16 引脚（无背光）

C．18 引脚（带背光）　　　D．16 引脚（带背光）

2. 当 S/C=0、R/L=1 时，表示（　　）。

A．光标左移，地址计数器 AC 减 1

B．光标右移，地址计数器 AC 加 1

C．显示内容左移，光标不移动

D．显示内容右移，光标不移动

二、填空题

1. LCD 液晶显示器可分为______________LCD 液晶显示器、______________LCD 液晶显示器和______________LCD 液晶显示器三大类。

2．LCD 液晶显示器一般是由________________，主控制驱动芯片及其扩展驱动电路，以及少量______________、______________等装配在电路板上制成的。

3．单片机在向 LCD1602 发送指令之前，一定要确认其忙标志位 BF 是否为低电平，如果为低电平，表示模块此时______________，可以向它发送指令，否则发出的指令会失效。

三、简答题

1．简述 LCD 液晶显示器的工作原理。

2．简述 LCD1602 的初始化过程。

四、编程题

编写 LCD1602 液晶显示器作为电子钟显示的程序。

学习成果评价

指导教师根据学生的实际学习成果对其进行评价，学生配合指导教师共同完成学习成果评价表，如表 12-6 所示。

表 12-6　学习成果评价表

班级		组号		日期	
姓名		学号		指导教师	
评价项目	评价内容			满分/分	评分/分
知识	LCD 液晶显示器的功能与分类			5	
	LCD1602 字符型液晶显示器的引脚功能和主要参数			10	
	LCD1602 字符型液晶显示器的操作指令及时序			10	
	LCD1602 字符型液晶显示器的初始化过程			10	
技能	能够应用 LCD 液晶显示器控制显示字符或图形			40	
素养	积极参加教学活动，主动学习、思考、讨论			5	
	认真负责，按时完成学习、实训任务			5	
	团结协作，与组员之间密切配合			5	
	服从指挥，遵守课堂和实训室纪律			5	
	有竞争意识、勇于克服困难			5	
合计				100	
自我评价					
教师评价					

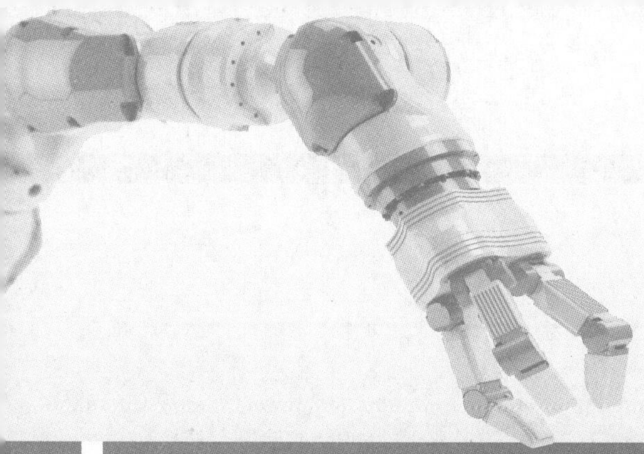

模块十三

认识键盘接口技术

模块导读

键盘是单片机系统中常用的输入设备，是实现人机对话的纽带。根据接口原理的不同，键盘可以分为编码键盘和非编码键盘。编码键盘虽然编程简单，但硬件电路比较复杂，在单片机控制系统中很少使用。非编码键盘由于键盘结构简单，因而成为目前最常采用的键盘类型。本模块将带领大家认识键盘接口技术。

学习目标

知识目标

◆ 掌握按键的结构及工作原理。
◆ 了解键盘的分类。
◆ 掌握独立式键盘的结构及工作原理。
◆ 掌握矩阵式键盘的结构及工作原理。

能力目标

◆ 能够应用键盘进行检测与控制。

素质目标

◆ 加强实践练习，掌握一定的专业技能和职业素养。
◆ 具备勇于创新、虚心好学的品质。
◆ 养成自主学习、协作学习、探究学习的意识。

模块实训——设计密码锁

一、实训描述

原始社会末期，随着生产力的不断增加、生产工具的发明和应用，人类社会出现了私有制，为了保护自己的私有财产安全，门锁也就诞生了。门锁最早的雏形是用草绳捆成的绳结，后来木匠祖师鲁班对其进行改进，装上机关，才形成了真正意义上的锁，再后来又发展成三簧锁、叶片锁、弹子锁、套筒转心锁等。随着微电子技术的发展，现在出现了密码锁。

密码锁是由电子电路控制锁体的锁具，它采用键盘（触摸）方式输入开锁密码，具有操作方便、安全实用及成本低等特点。密码锁符合住宅、办公室的用锁要求，在生活中随处可见，如智能门锁、小型保险柜锁等，如图 13-1 所示。请设计一个密码锁。

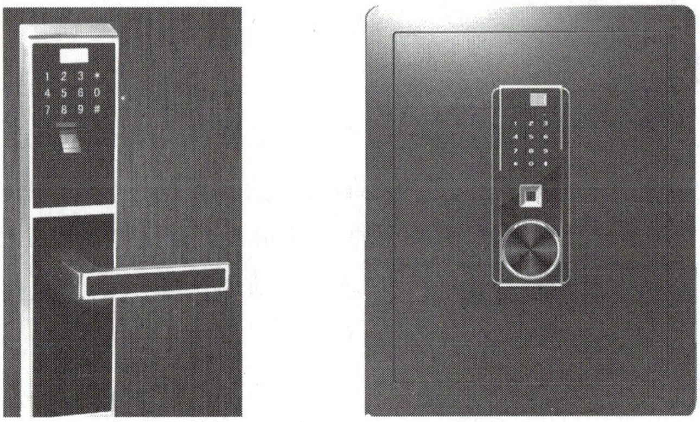

（a）智能门锁　　（b）小型保险柜锁

图 13-1　密码锁的应用

二、实训步骤

（一）整体设计思想

用 AT89C51 单片机构建最小系统，继电器作为开锁电路控制开关，AT24C02 存储器作为密码存储器，4×4 矩阵式键盘作为操作盘用来输入密码，数码管显示密码输入时及输入后的状态。密码核对采用按顺序一一比较的方式，如果输入密码顺序每位都正确，则密码正确。设置新密码通过 AT24C02 存储器来实现。密码锁总体结构框图如图 13-2 所示。

（二）硬件设计

AT89C51 单片机采用上电复位形式，时钟电路采用 12 MHz 的时钟频率，显示电路采用 6 位一体的共阴极 LED 数码管显示器（密码输入时，显示“0”；密码正确时，显示“------”；密码错误时，显示“888888”）。

AT89C51 单片机 P0 端口的 P0.0～P0.7 作为数码管显示数据输出端口；P1 端口的 P1.0～P1.7 与矩阵式键盘连接作为密码输入端口；P2 端口的 P2.0～P2.5 作为位码输出端口；P3 端口的 P3.1、P3.2 作为 AT24C02 的数据和时钟总线，P3.5 作为开锁控制信号输出端口；开锁电路采用继电器作为开关。根据密码锁的整体设计思想，密码锁硬件系统原理图如图 13-3 所示。

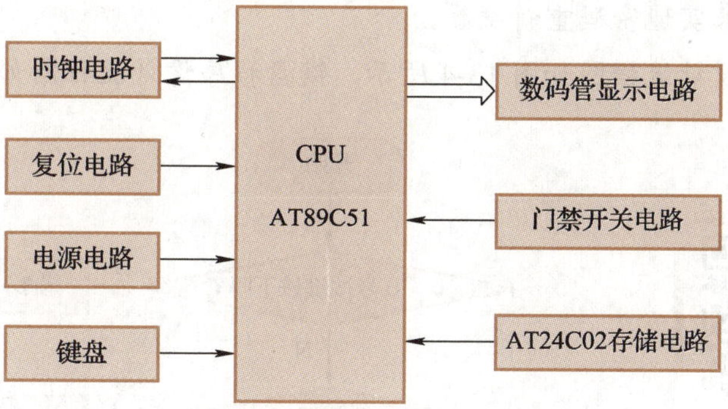

图 13-2　密码锁总体结构框图

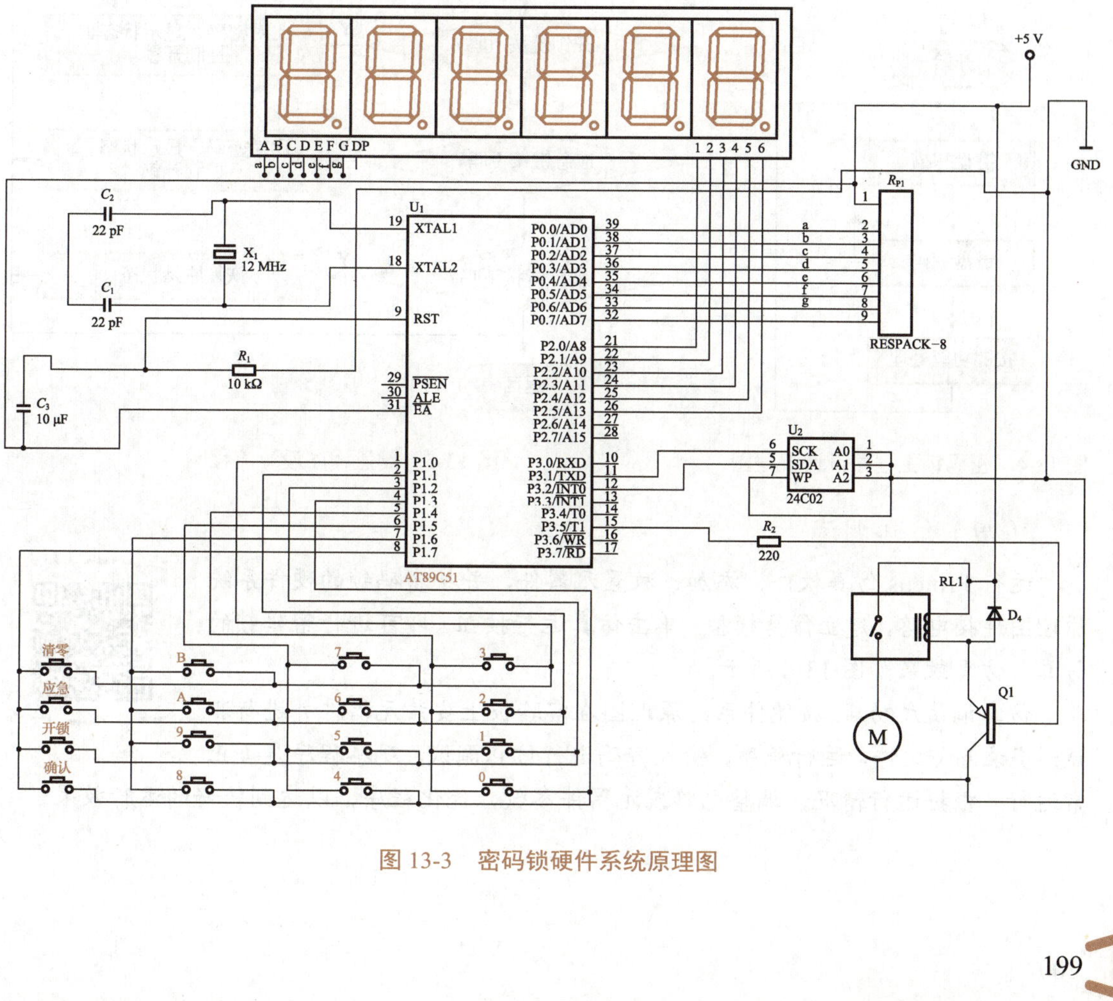

图 13-3　密码锁硬件系统原理图

（三）软件设计

采用查询的方式进行键盘扫描。根据键值，按序号编码，再根据编码处理按键功能，分别执行输入密码、设置密码、开锁及相应提示、清零等操作。

设置3个存储空间用于存储原始密码、新密码及用户输入密码。采用用户密码与原始密码或新密码一一对应的方式进行对比，以判断密码的正确性。通过向AT24C02存储器中写入数据的方式来实现密码重新设置。

密码锁主程序设计流程图如图13-4所示，键盘程序设计流程图如图13-5所示。

扫一扫

参考代码

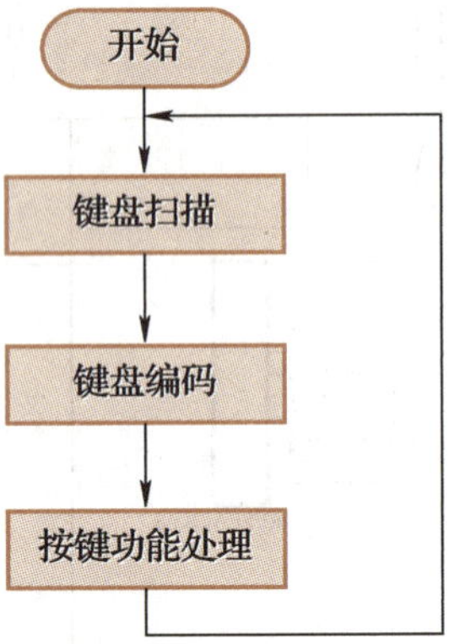

图13-4　密码锁主程序设计流程图

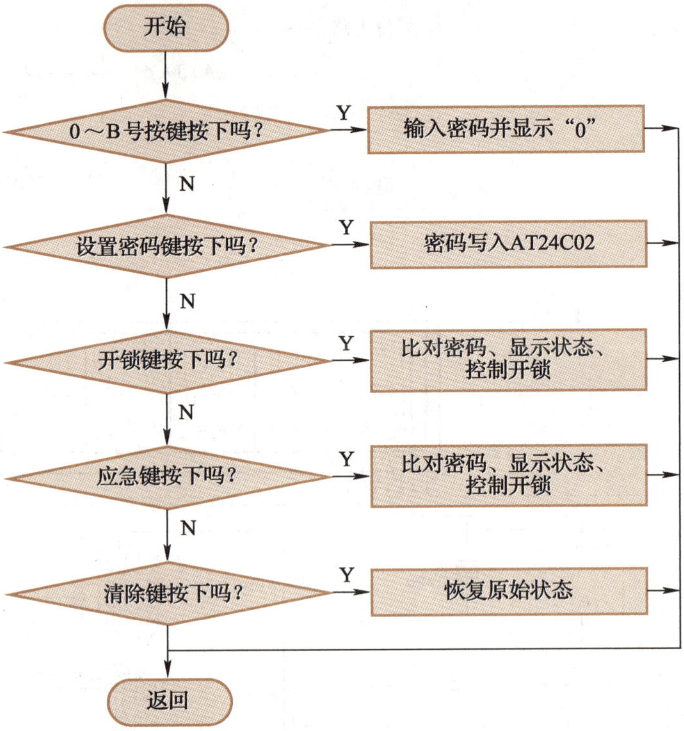

图13-5　键盘程序设计流程图

（四）仿真调试

运行Proteus仿真软件，添加、放置元器件，并按密码锁的硬件系统原理图连接电路，建立仿真模型。单击仿真运行按钮，即可进行密码锁的仿真，仿真效果如图13-6所示。

仿真调试成功后，按硬件系统原理图在实验板上安装元器件并进行测试：烧录hex文件，运行程序，输入密码进行仿真调试，观察程序是否正常运行。根据运行情况，调整电路或元器件参数，优化程序，以达到较好的运行效果。

实训解说

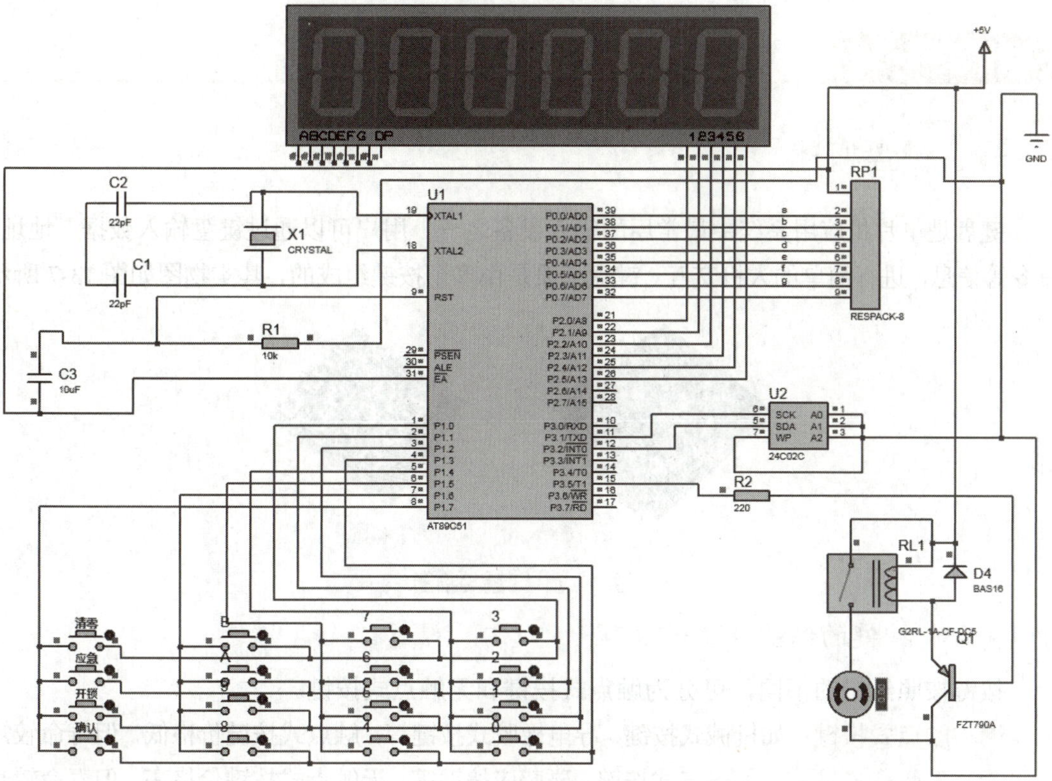

图 13-6　密码锁仿真效果

活学活练

利用单片机的 P1.0～P1.3 四个 I/O 端口检测四个按键的触发信息，以实现不同功能的控制。

三、实训思考

在模块实训过程中，根据实际情况，你认为自己哪些地方做得很好，还有哪些地方需要改进。

笔记

相关知识

一、键盘概述

键盘是单片机应用系统中最常用的输入设备之一。用户可以通过键盘输入数据、地址和命令等信息，进行简单的人机交互。键盘一般是由多个按键组成的，其实物图如图 13-7 所示。

（a）　　（b）

图 13-7　键盘实物图

（一）按键的结构及工作原理

按键按照结构的不同，可分为触点式按键和无触点式按键。

- **触点式按键：**如机械式按键、导电橡胶式按键等。触点式按键价格低，但寿命较短。
- **无触点式按键：**如电气式按键、磁感应按键等。无触点式按键价格高，但寿命较长。

单片机应用系统中常用的是触点式按键。

触点式按键是一种按钮开关，其实物如图 13-8（a）所示。触点式按键有四个引脚，如图 13-8（b）所示，引脚 1 与引脚 4 连通、引脚 2 与引脚 3 连通。按下按钮时，内部开关 a 接通；松开按钮时，a 自动弹起，开关断开。

（a）触点式按键实物　　（b）触点式按键引脚

图 13-8　触点式按键实物及其引脚

知识链接

按键抖动问题产生的原因及解决办法

按键的抖动是指按键的触点在闭合和断开瞬间由于接触不稳定而产生抖动的现象（由按键的机械特性造成，不可避免）。如图 13-9（a）所示为按键按下和松开时的理想状态；如图 13-9（b）所示为按键按下和松开时的实际状态，在按键的前沿和后沿都会有抖动。

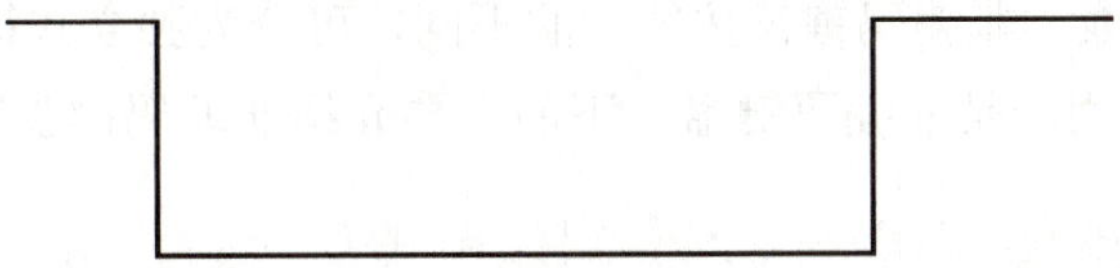

（a）理想状态

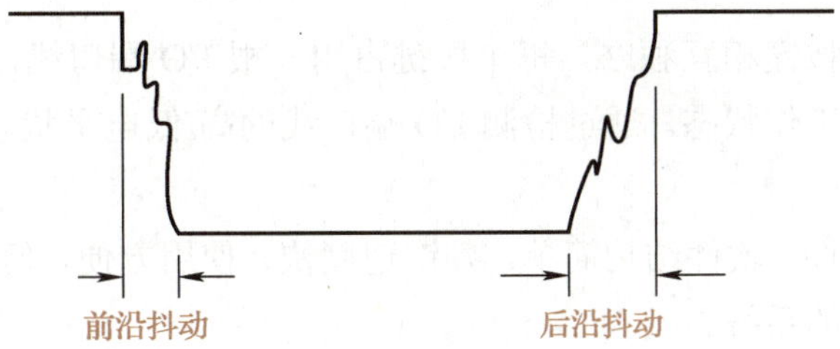

（b）实际状态

图 13-9　按键按下和松开时的状态

在实际应用中，按键按下和松开时都将产生抖动，同时也会产生干扰信号，这种干扰信号对数字电路的影响很大，往往会导致计数的错误。

对于时钟是微秒级的单片机而言，按键的抖动有可能造成单片机对一次按键的多次处理。为了提高系统的稳定性，必须采用有效的方式消除抖动。

消除抖动可以采用硬件方式和软件方式。硬件方式一般是在按键与单片机的输入通道上安装硬件去抖电路（如 RS 触发器、RC 滤波电路）。软件方式是当查询到电路中有按键按下时，先不进行处理，而是先执行 5～10 ms 的延时程序，延时程序结束后，再次查询按键状态，若此时按键仍为按下状态，则视为按键被按下。

知类通达

某电脑维修店接了一台故障电脑。经检查，故障是由键盘的某个按键损坏引起的，需要更换按键。按键虽然不起眼，但总在关键的地方发挥作用，没有它，电脑很难运行。这就像平凡生活、平凡岗位上每个平凡的人，都有自己的价值，都在自己的位置上发挥着不平凡的作用。

（二）键盘的分类

键盘按照接口原理的不同，可分为编码键盘和非编码键盘。

◈ **编码键盘：**由硬件实现对按键闭合状态的识别。编码键盘的优点是所需软件较简单，缺点是硬件电路复杂，价格较贵。

- **非编码键盘**：由软件实现对按键闭合状态的识别。非编码键盘的硬件电路比较简单，价格低廉。非编码键盘按结构的不同，可分为独立式键盘和矩阵式键盘。

51 系列单片机常用的是非编码键盘，下面主要介绍非编码键盘及其接口电路。

二、独立式键盘

（一）独立式键盘的结构及工作原理

独立式键盘的各按键相互独立，每个按键占用一根 I/O 端口线，每个按键的工作状态不会影响其他按键的工作状态。通过检测 I/O 端口线的高/低电平状态，即可判断哪个按键被按下。

独立式键盘的硬件、软件结构简单，判键速度快，使用方便，但占用 I/O 端口线较多，适用于按键数量较少的系统。

独立式键盘的结构示意图如图 13-10 所示。当没有按键被按下时，所有的数据输入线均为高电平；当任意一个按键被按下时，与之相连的数据输入线将变为低电平；通过相应指令，可以判断是否有按键被按下。

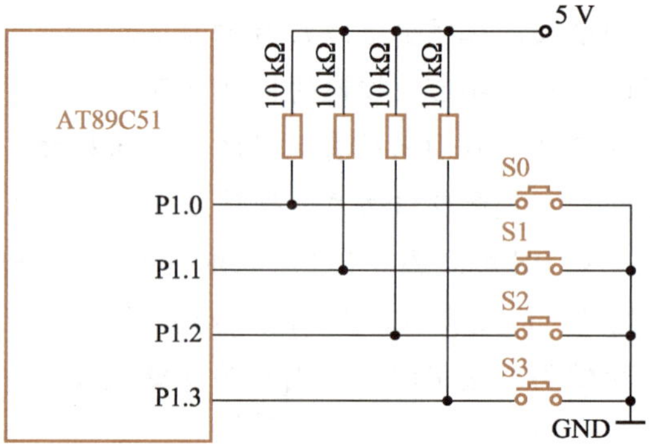

图 13-10　独立式键盘的结构示意图

（二）独立式键盘的程序设计

独立式键盘的程序一般设计为独立函数，方便调用。独立式键盘程序的功能一般包含以下几项。

（1）判断有无按键按下。

（2）消除按键的抖动。

（3）确定闭合键的位置。

（4）计算闭合键的键值。

（5）判断闭合键是否释放，若没释放则继续等待。

（6）保存闭合键的键值，同时转去执行该闭合键对应的功能。

独立式键盘的程序设计流程图如图 13-11 所示。

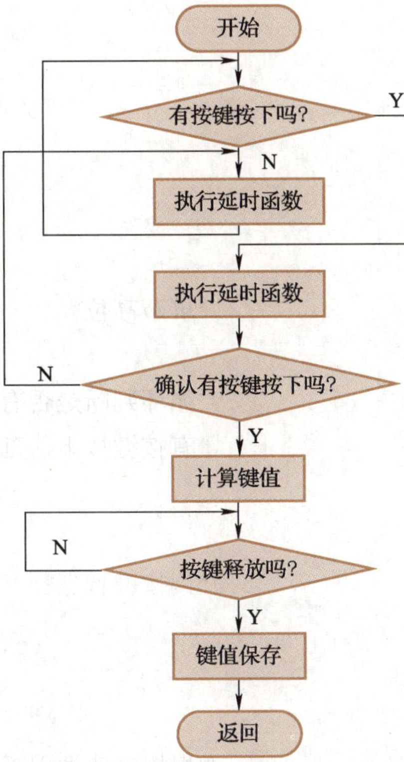

图 13-11　独立式键盘的程序设计流程图

独立式键盘程序如下。

```
#include<reg51.h>
void delay 10ms( )
{
      TH1=0xd8;                           /*设置 10 ms 定时初值*/
      TL1=0xf0;
      TR1=1;                              /*启动定时器 1*/
      while(!TF1);                        /*判断 10 ms 定时时间是否到了*/
      TF1=0;                              /*时间到，TF1 清零*/
}
void main( )
{
      unsigned char i;
      TMOD=0x10;                          /*设置定时器 1*/
```

```
    P1=0xff;                        /*P1 端口全置“1”*/
    i=0;
    while(1)
    {
        do
        {
            i=P1;
            i=~i;
            i=i&0x0f;               /*屏蔽高位*/
        }
    while(i==0);                    /*循环判断是否有按键按下*/
    delay 10ms( );                  /*有按键按下，延迟 10 ms 去抖动*/
    do
    {
        i=~P1;                      /*读按键状态*/
        i=i&0x0f;
    }
    while(i==0);
    switch(i)                       /*根据键值调用不同的处理函数*/
    {
        case 0x01:KEYA( );break;    /*调用按键 KEYA 功能函数*/
        case 0x02:KEYB( );break;    /*调用按键 KEYB 功能函数*/
        case 0x04:KEYC( );break;    /*调用按键 KEYC 功能函数*/
        case 0x08:KEYD( );break;    /*调用按键 KEYD 功能函数*/
        default:break;
        }
    }
}
```

三、矩阵式键盘

（一）矩阵式键盘的结构及工作原理

矩阵式键盘是由行线和列线组成的，按键位于行线与列线的交叉点上。相较于独立式键盘，矩阵式键盘要节省很多 I/O 端口，更适用于按键数量较多的系统。

如图 13-12 所示为 4×4 矩阵式键盘的结构示意图，行线连接的 4 根 I/O 端口线作为输入端；列线连接的 4 根 I/O 端口线作为输出端。当没有按键按下时，所有列线的输出均为高电平，行线的输入也是高电平；当有按键按下时，相应列线的输出为低电平，对应行线的输入也为低电平。通过检测输入线的电平可知是否有按键按下，根据行线和列线的电平信号可以判断按键所在的位置。

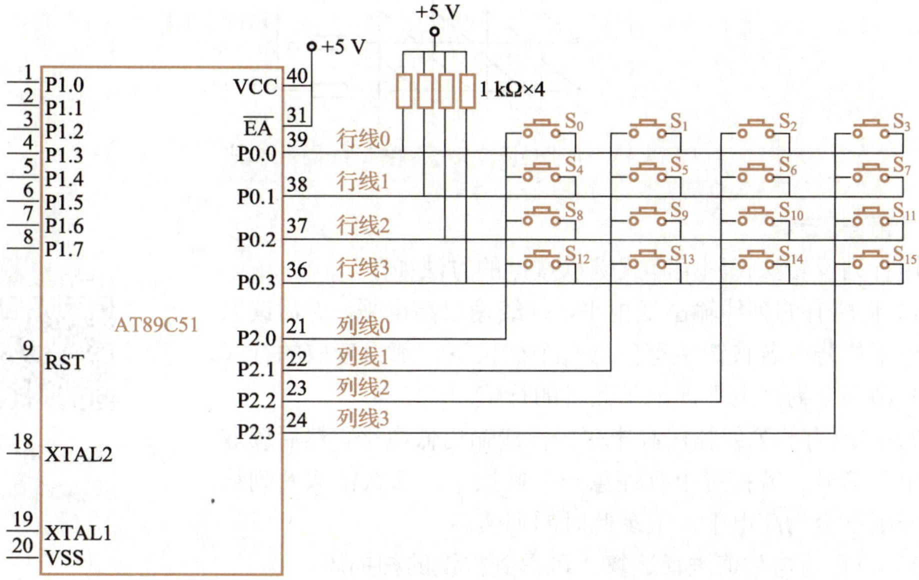

图 13-12　4×4 矩阵式键盘的结构示意图

（二）矩阵式键盘按键的识别

矩阵式键盘按键的识别方法有列扫描法和行列反转法两种。

1. 列扫描法

采用列扫描法识别矩阵式键盘按键的方法如下。

（1）首先判断是否有按键按下。先使所有的列线输出低电平，然后读取所有行线的电平信号。若读取的行线电平信号全为高电平，则无按键按下；否则，有按键按下。

（2）逐列扫描判断具体的按键。依次使列线输出低电平，然后读取该列线上所有行线的电平信号。若读取的行线电平信号为高电平，则该列线所连接的按键没有按下；否则，该列线所连接的按键已经按下。按下的按键位于行线、列线均为低电平的位置。

经验传承

键值的计算

按键的位置确定后，即可计算键值。如图 13-13 所示为 4×4 矩阵式键盘键值的编码示意图，键值与行号、列号之间的关系为

$$键值=行号\times 4+列号$$

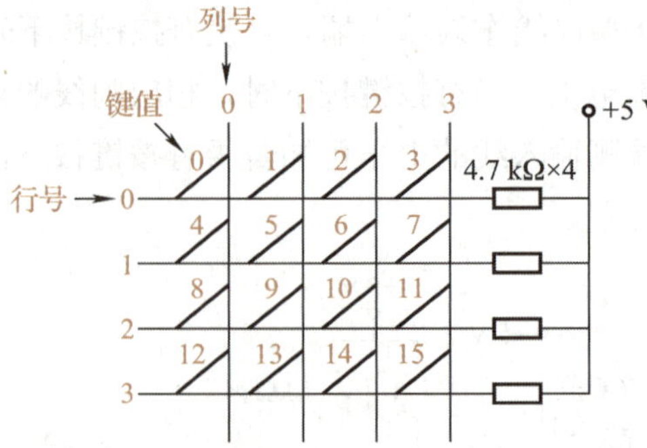

图 13-13　4×4 矩阵式键盘键值的编码示意图

2．行列反转法

采用行列反转法识别矩阵式键盘按键的方法如下。

矩阵式键盘应用编程案例（汇编语言）

（1）将所有的列线输出低电平，行线输出高电平，然后读取行线的电平信号。若按键中有任意一个被按下，那么读取的行线电平信号则不全为高电平，记录此时的行值。

（2）将所有的列线输出高电平，行线输出低电平，然后读取列线的电平信号。若按键中有任意一个被按下，那么读取的列线电平信号则不全为高电平，记录此时的列值。

（3）将行值与列值进行运算，可得到按键的扫描码。

例如，4×4 矩阵式键盘接口设计如图 13-14 所示。P2.0～P2.3 连接行线，P2.4～P2.7 连接列线。首先让 P2 端口输出 00001111，假设按下按键 S_{15}，按键此时读取的 P2 端口的值为 00000111；然后让 P2 端口输出 11110000，假设按下按键 S_{15}，此时读取的 P2 端口的值为 01110000；最后把两次读取的 P2 端口的值按位进行“或”运算，可得到 01110111，即 0x77，这个值就是按键 S_{15} 的扫描码。依此类推，可得出其他 15 个按键对应的扫描码，如图 13-15 所示。

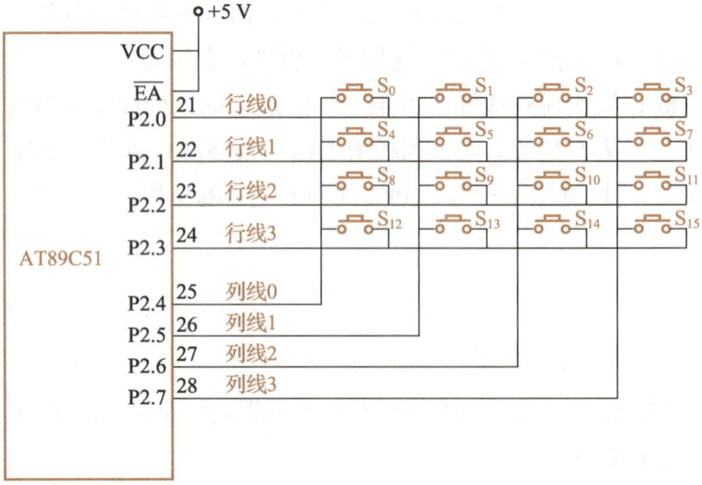

图 13-14　4×4 矩阵式键盘接口设计

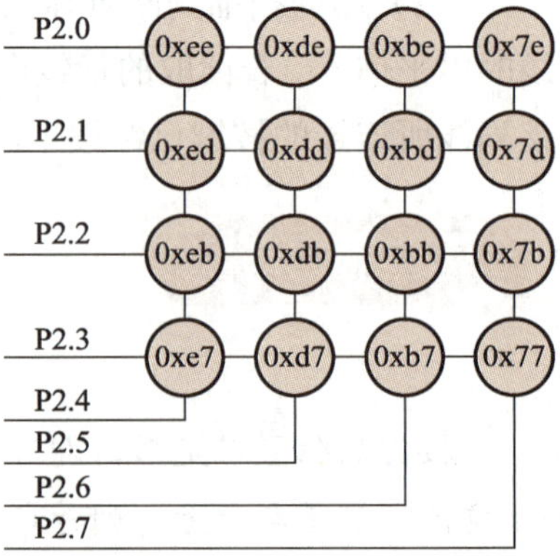

图 13-15　行列反转法中按键与扫描码的对应关系

（三）矩阵式键盘的程序设计

矩阵式键盘的程序一般采用列扫描法，程序功能一般包含以下几项。

（1）判断有无按键按下。

（2）消除按键的抖动。

（3）确定闭合键的位置（行、列号）。

（4）计算闭合键的键值。

（5）判断闭合键是否释放，若没释放则继续等待。

（6）保存闭合键的键值，同时转去执行该闭合键的功能。

矩阵式键盘列扫描法的程序设计流程图如图 13-16 所示。

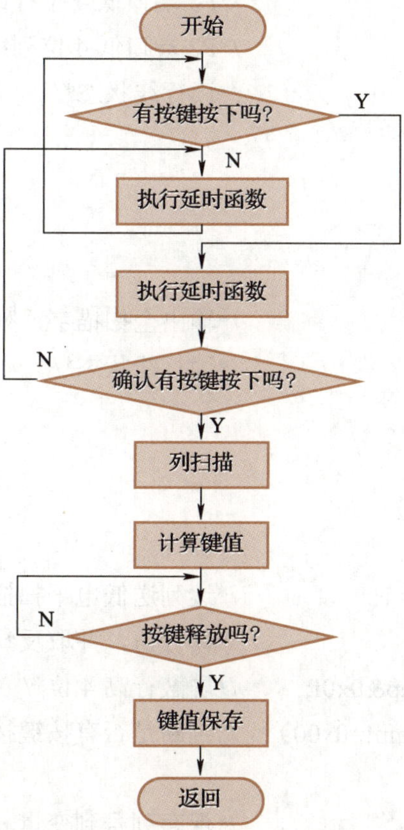

图 13-16　矩阵式键盘列扫描法的程序设计流程图

矩阵式键盘列扫描法程序如下。

```
#include<reg51.h>
void delay 10ms( )
{
    TH1=0xd8;                /*设置 10 ms 定时初值*/
```

```
    TL1=0xf0;
    TR1=1;                              /*启动定时器 1*/
    while(!TF1);                        /*判断 10 ms 定时时间是否到了*/
    TF1=0;                              /*时间到，TF1 清零*/
}
unsigned char key_scan (void)
{
    unsigned char i,temp,m,n;
    bit find=0;                         /*有按键按下标志位*/
    P0=0xff;                            /*P0 端口低 4 位行线输入，全置“1”*/
    P2=0x00;                            /*P2 端口低 4 位列线输出，全置“0”*/
    temp=~P0;                           /*读行线状态*/
    while(temp!=0)
    {
        delay 10ms( );
    }
    P2=0x00;                            /*输出全扫描字，列线全置“0”*/
    temp=~P0;                           /*读行线状态*/
    while(temp!=0)
    {
        for(i=0;i<4;i++)
        {
            P2=0xfe<<1;                 /*逐列送低电平扫描*/
            temp=~P0;                   /*读行值，并取反*/
            temp= temp&0x0f;            /*屏蔽行高 4 位*/
            while（temp!=0x00）         /*判断是否有按键按下，若为 0 则无按键按下*/
            {
                m=i;                    /*保存列号到变量 m 中*/
                find=1;                 /*设置找到按键标志*/
                switch(temp)                    /*判断哪一行有按键标志*/
                {
                    case 0x01:n=0;break;        /*第 0 行有按键按下*/
                    case 0x02:n=1;break;        /*第 1 行有按键按下*/
                    case 0x04:n=2;break;        /*第 2 行有按键按下*/
```

```
                    case 0x08:n=3;break;       /*第 3 行有按键按下*/
                    default:break;
                }
            }
        }
    }
    if(find==0) return -1;                     /*无按键按下则返回值为-1*/
    else return(n*4+m);                        /*否则返回键值，键值=行号×4+列号*/
}
```

【例 13-1】　将 4×4 矩阵式键盘每个按键的键值通过数码管显示器显示出来。

【问题分析】　4×4 矩阵式键盘按键显示电路如图 13-17 所示（电源和振荡电路未标出）。

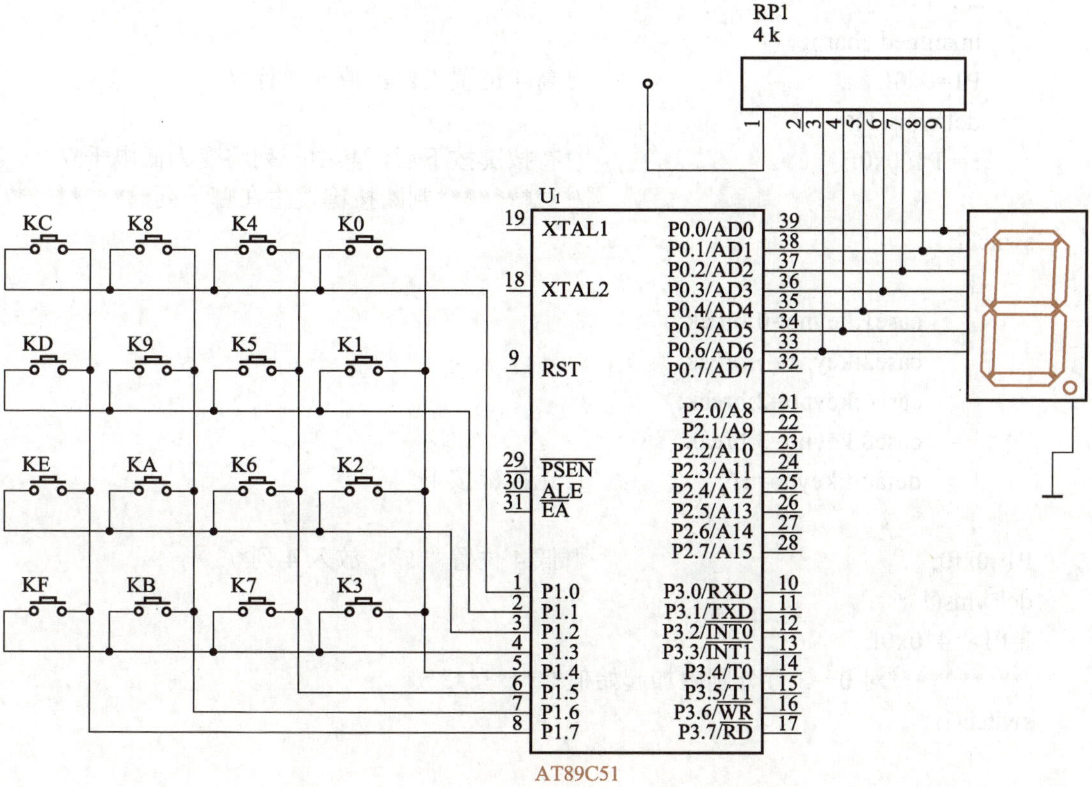

图 13-17　4×4 矩阵式键盘按键显示电路图

【参考代码】

```
#include <reg51.h>
unsigned char code disp_buff[ ] = {0xc0,0xf9,0xa4,0xb0,0x99,0x92,0x82,0xf8,
0x80,0x90,0x88,0x83,0xc6,0xa1,0x86,0x8e,0x00};              /*数码管段码表*/
```

```
unsigned char pre_keyno = 16,keyno = 16;         /*上次按键和当前按键序号，该矩阵中
                                                   序号范围为0～15，16表示无按键*/
void delayms(unsigned int x)
{
    unsigned char i;
    while(x--)
    {
        for(i=0;i<120;i++);
    }
}
```

/**********按键扫描函数，首先判断按键发生在哪一列，然后根据所发生的行，附加不同的值，从而得到键盘按键序号**********/

```
void key_scan(void)
{
    unsigned char i;
    P1=0x0f;                          /*高4位置“1”，放入4行*/
    delayms(1);
    i = P1^0x0f;                      /*有按键按下后，其中一列将变为低电平*/
                                      /**********判断按键发生在哪一列**********/
switch(i)
    {
        case1:keyno=0;break;
        case2:keyno=1;break;
        case4:keyno=2;break;
        case8:keyno=3;break;
        default:keyno=16;             /*无按键按下*/
    }
P1=0xf0;                              /*低4位置“1”，放入4列*/
delayms(1);
i=P1>>4^0x0f;
/**********对0～3行分别附加起始值**********/
switch(i)
    {
        case1:keyno+=0;break;
        case2:keyno+=4;break;
        case4:keyno+=8;break;
        case8:keyno+=12;break;
    }
}
```

```
void main(void)
{
    P0 = 0x00;
    while(1)
    {
        P1=0xf0;
        if(P1!=0xf0)                    /*扫描键盘获得按键序号*/
        {
            key_scan( );
        }
        if(pre_keyno != keyno)
        {
            P0=~disp_buff[keyno];       /*显示，共阳极段码取反作为共阴极段码*/
            pre_keyno=keyno;
        }
    delayms(100);
    }
}
```

学习成果检验

一、选择题

1．按键在按下和断开时，按键的触点在闭合和断开瞬间会由于接触不稳定而产生抖动，为消除抖动通常采用的方法有（　　）。

A．硬件去抖动　　　　B．软件去抖动

C．硬件和软件去抖动　　　　D．单稳态电路去抖动

2．某单片机应用系统需要扩展 16 个按键，采用（　　）方式比较合理。

A．独立式按键　　　　B．矩阵式按键

C．动态键盘　　　　D．静态键盘

二、填空题

1．键盘通常是由多个按键组成的，按键按照结构的不同可分为__________按键和__________按键。

2．非编码键盘按结构的不同，可分为__________键盘和__________键盘。

3．矩阵式键盘按键的识别方法有__________和__________两种。

三、简答题

1. 何谓按键的抖动？抖动对单片机系统有何影响？如何消除抖动？
2. 简述采用列扫描法识别矩阵式键盘按键的方法。

四、编程题

如图 13-18 所示，编写程序实现以下功能：若 P0.0 所连接的 LED 灯不亮，按一下 PB1，LED 灯亮；再按一下 PB1，LED 灯不亮，如此循环。

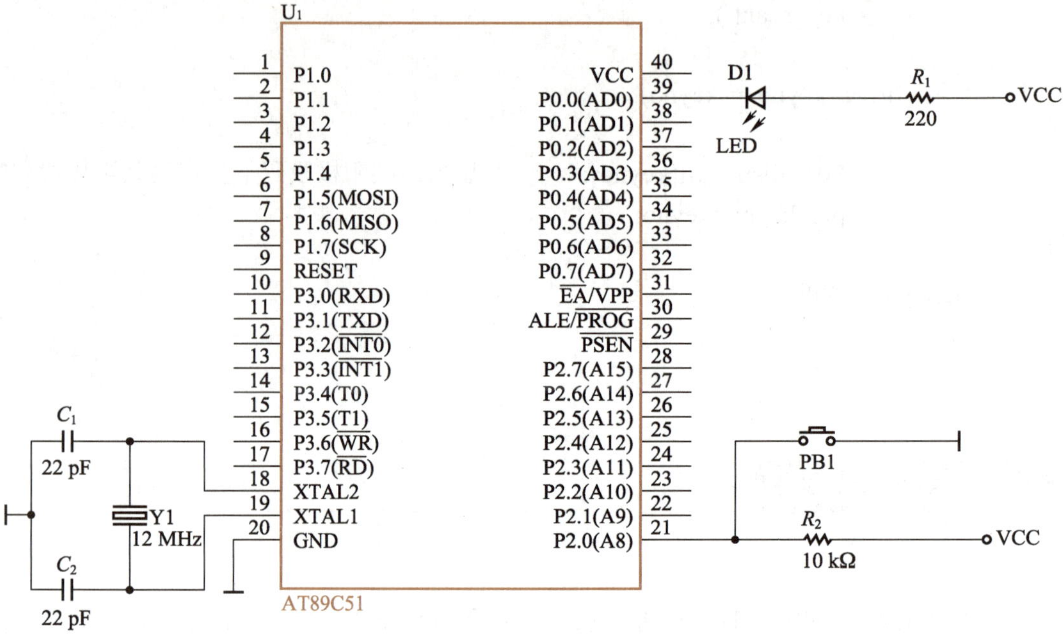

图 13-18　按钮切换式控制电路

学习成果评价

指导教师根据学生的实际学习成果对其进行评价，学生配合指导教师共同完成学习成果评价表，如表 13-1 所示。

表 13-1　学习成果评价表

班级		组号		日期	
姓名		学号		指导教师	
评价项目	评价内容			满分/分	评分/分
知识	按键的结构及工作原理			5	
	键盘的分类			5	
	独立式键盘的结构及工作原理			5	
	独立式键盘的程序设计			10	
	矩阵式键盘的结构及工作原理			5	
	矩阵式键盘按键的识别			5	
	矩阵式键盘的程序设计			10	
技能	能够应用键盘进行检测与控制			30	
素养	积极参加教学活动，主动学习、思考、讨论			5	
	认真负责，按时完成学习、实训任务			5	
	团结协作，与组员之间密切配合			5	
	服从指挥，遵守课堂和实训室纪律			5	
	有竞争意识、勇于克服困难			5	
合计				100	
自我评价					
教师评价					

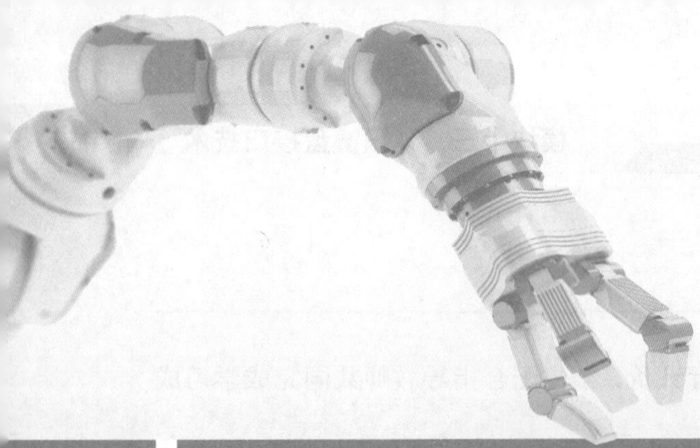

模块十四

认识单片机数模转换技术

模块导读

众所周知，单片机只能处理数字量，但在实际应用中，往往会有一些模拟量需要处理，如温度、压力等，此时，单片机就需要连接A/D转换器，将模拟量转换为数字量，然后送入单片机进行处理。单片机输出的处理结果也是数字量，但有些终端控制器件是模拟型器件，只接受模拟量，此时，单片机就需要连接D/A转换器，将输出的数字量转换为模拟量，然后传递给终端控制器件。本模块将带领大家认识单片机数模转换技术。

学习目标

知识目标

- 掌握A/D转换器的工作原理、主要性能指标。
- 掌握ADC0809的引脚功能、内部结构及与单片机的连接方式。
- 掌握D/A转换器的工作原理、主要性能指标。
- 掌握DAC0832的引脚功能、内部结构及与单片机的连接方式。

能力目标

- 能够根据需要，编写程序，完成ADC0809与单片机之间的连接。
- 能够根据需要，编写程序，完成DAC0832与单片机之间的连接。

素质目标

- 加强实践练习，掌握一定的专业技能和职业素养。
- 具备勇于创新、虚心好学的品质。
- 养成自主学习、协作学习、探究学习的意识。

模块实训——设计信号发生器

一、实训描述

信号发生器又称信号源或振荡器，在生产实践和科技领域中有着广泛的应用。例如，通过信号发生器可用不同的波形实现对产品质量的检测、距离检测报警等。请设计一个信号发生器，能实现方波、三角波和正弦波的输出，且输出信号幅度稳定、频率可调。

二、实训步骤

（一）整体设计思想

用 AT89C51 单片机进行控制，用 DAC0832 作 D/A 转换器，用 LCD1602 字符型液晶显示器进行显示。单片机输出产生信号的数据，经 D/A 转换、放大后，输出模拟信号。通过控制 DAC0832 输入数据的大小及组合关系得到不同的波形，通过控制输出时间的长短得到信号周期和频率。信号发生器总体结构框图如图 14-1 所示。

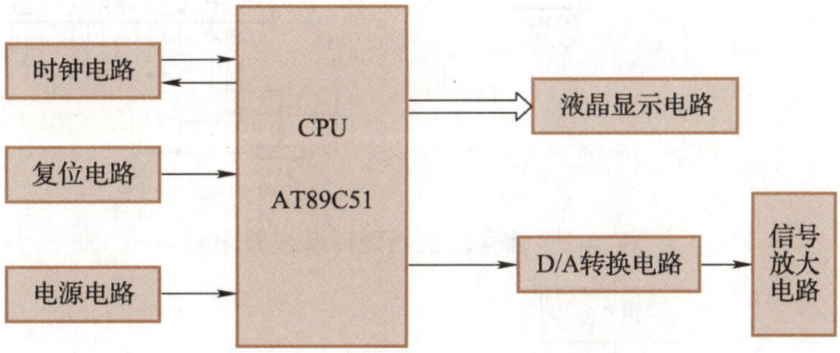

图 14-1　信号发生器总体结构框图

（二）硬件设计

AT89C51 单片机采用上电复位形式，时钟电路采用 12 MHz 的时钟频率，用三个按键完成对信号发生器波形的选择。AT89C51 的 P0 端口作为波形发生数据的输出端口，P1 端口的 P1.0～P1.2 作为独立按键接口，P2 端口作为显示数据输出端口，P3 端口的 P3.0～P3.2 作为 LCD1602 字符型液晶显示器的显示控制端口。DAC0832 采用直通方式，用 LM358 作为运算放大器。根据信号发生器的整体设计思想，信号发生器硬件系统原理图如图 14-2 所示。

（三）软件设计

方波通过输出数据求反方式实现，三角波通过输出数据递增、递减实现，正弦波通过查表方式实现。按键采用独立式键盘，其中，SW1 作为方波输出按键，SW2 作为三角波输出按键，SW3 作为正弦波输出按键。主程序设计流程图如图 14-3 所示。

扫一扫
参考代码

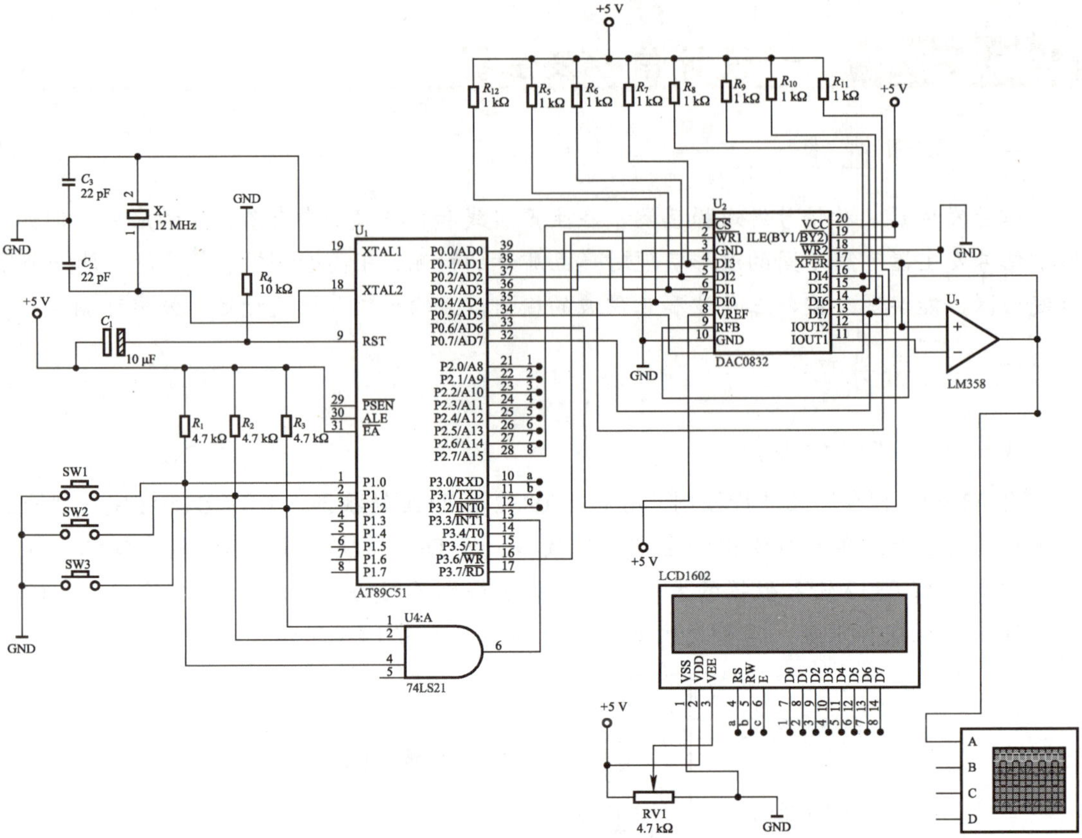

图 14-2　信号发生器硬件系统原理图

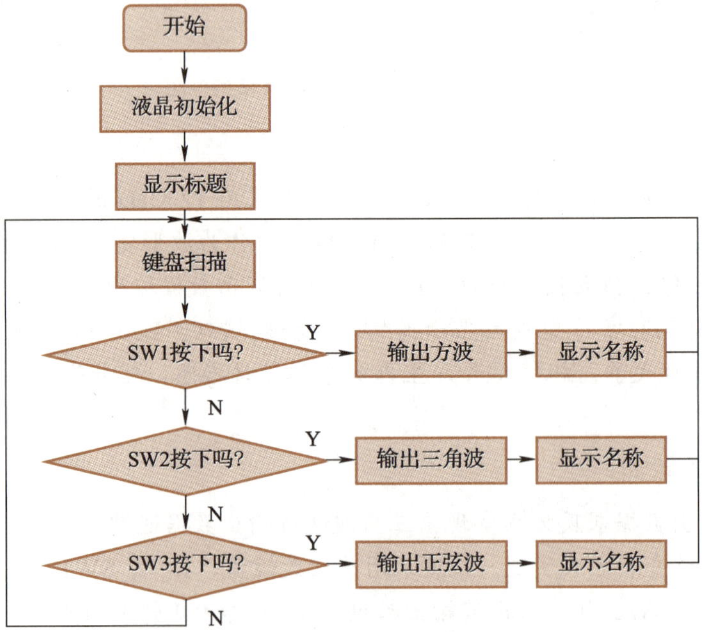

图 14-3　主程序设计流程图

（四）仿真调试

运行 Proteus 仿真软件，添加、放置元器件，并按信号发生器的硬件系统原理图连接电路，建立仿真模型。单击仿真运行按钮，即可进行信号发生器的仿真，仿真效果如图 14-4 所示。

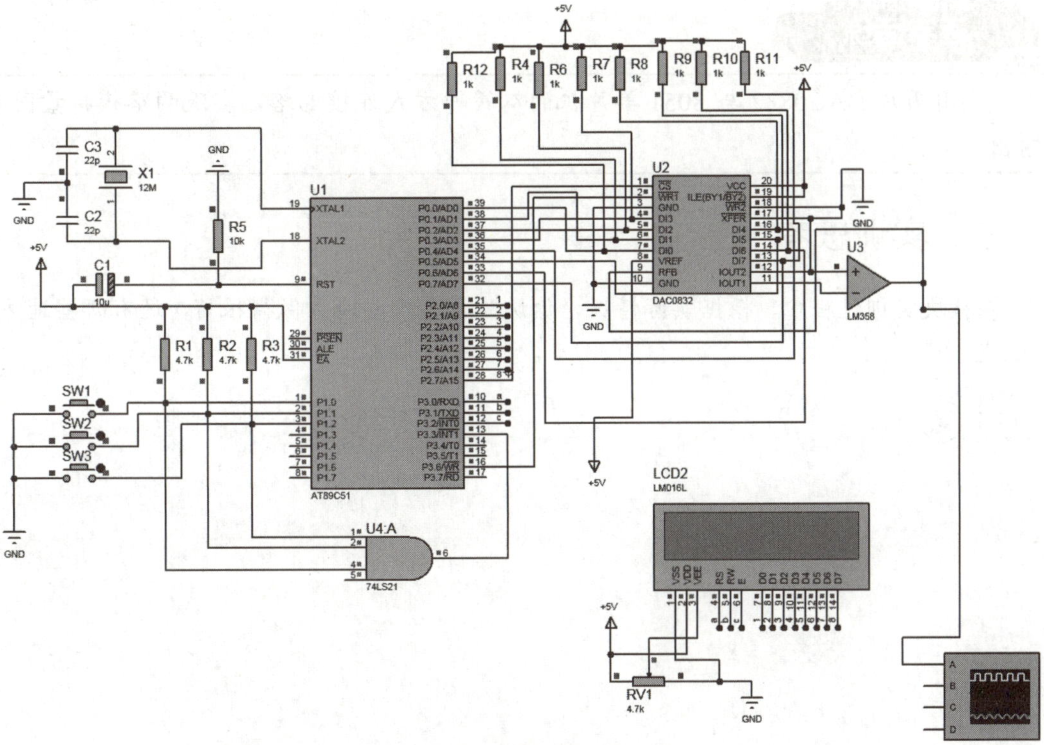

（a）原理图连接电路

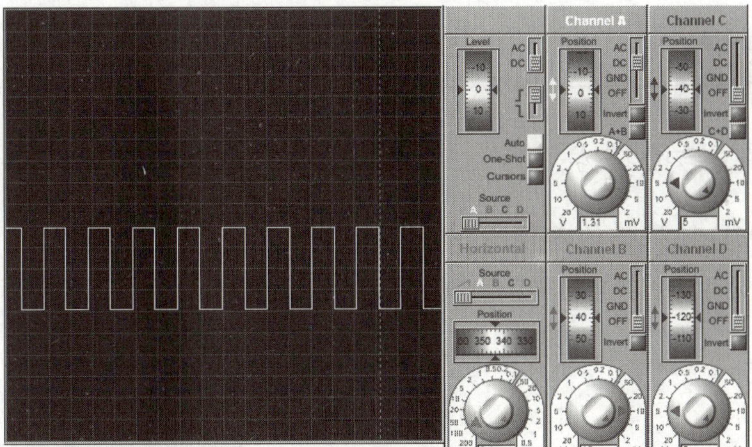

（b）信号发生器仿真

图 14-4　信号发生器仿真效果

仿真调试成功后，按硬件系统原理图在实验板上安装元器件并进行测试：烧录 hex 文件，运行程序，用示波器测试输出波形，读出波形参数，并分析是否达到性能指标。若没有达到性能指标，则调整电路或元器件参数，优化程序，以达到性能指标。

扫一扫

实训解说

活学活练

利用两片 DAC0832 与 8051 单片机的双缓冲方式连接电路，实现两路模拟量同步输出。

三、实训思考

在模块实训过程中，根据实际情况，你认为自己哪些地方做得很好，还有哪些地方需要改进。

笔记

相关知识

一、A/D 转换技术

（一）A/D 转换器的工作原理

A/D 转换器用于将模拟量转换为数字量，如图 14-5 所示。

图 14-5　A/D 转换器

A/D 转换的过程可分为采样、保持、量化和编码四个步骤。

1．采样

采样是指利用脉冲周期性地获取模拟量的瞬时值，从而得到一系列时间上离散的脉冲采样值（离散量），如图 14-6 所示。

2．保持

保持是指在两次采样之间，将前一次采样值保存下来，使其在量化编码期间不发生变化，如图 14-7 所示。

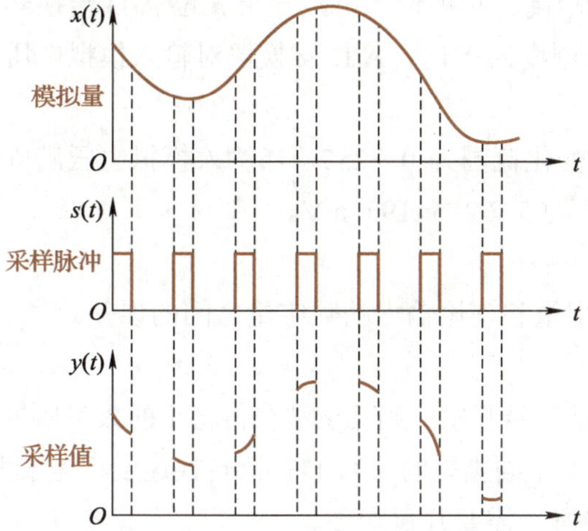

图 14-6　采样

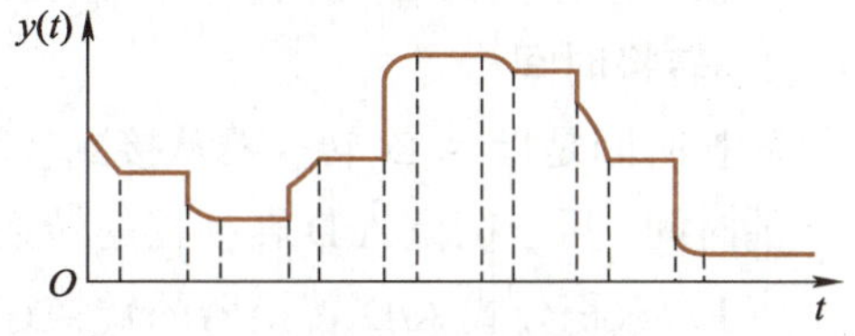

图 14-7　保持

3．量化

量化是指将采样保持电路输出的离散量转化为数字量。

4．编码

编码是指将量化后的数值通过编码用一个代码表示出来，代码就是 A/D 转换器输出的数字量。

【例 14-1】　假设输入的模拟量为 0～4.99 V，经 8 次采样输出的离散量分别为 0.00 V、0.71 V、1.42 V、2.13 V、2.84 V、3.55 V、4.28 V 和 4.99 V。试对离散量进行量化并编码。

【解】　离散量经量化后输出 3 位二进制数，离散量与数字量的对应关系如表 14-1 所示。

表 14-1　离散量与数字量的对应关系

离散量/V	0.00	0.71	1.42	2.13	2.84	3.55	4.28	4.99
数字量	000	001	010	011	100	101	110	111

知识链接

A/D 转换器按转换原理的不同可分为双积分式 A/D 转换器、逐次逼近式 A/D 转换器及并行式 A/D 转换器等。其中，常用的是双积分式 A/D 转换器和逐次逼近式 A/D 转换器。前者转换精度高，抗干扰能力强，价格便宜，但转换速度较慢；后者转换精度高，转换速度快，但抗干扰能力不强。

（二）A/D 转换器的主要性能指标

A/D 转换器的主要性能指标有分辨率、转换误差和转换时间等。

1．分辨率

分辨率是指 A/D 转换器对输入模拟量的分辨能力，通常用转换数字量的位数来描述，如 8 位、10 位、16 位等，位数越多，分辨率越高。从理论上讲，一个 n 位 A/D 转换器，其数字量变化为 $0\sim2^n-1$，当输入模拟电压满刻度为 X 时，A/D 转换器对输入模拟电压的分辨率为 $X/(2^n-1)$。

例如，一个 8 位 A/D 转换器，数字量的变化范围为 0～255，当输入模拟电压满刻度为 5 V 时，转换电路对输入模拟电压的分辨率为 5 V/255=19.6 mV。

2．转换误差

转换误差是指 A/D 转换器实际输出的数字量和理论输出的数字量之间的误差。

3．转换时间

转换时间是指 A/D 转换器从接到转换启动信号开始，到输出端获得稳定的数字信号所需要的时间，用于衡量 A/D 转换器的转换速度。不同类型的 A/D 转换器转换速度相差很大。

（1）双积分式 A/D 转换器的转换速度最慢，需要几百毫秒。

（2）逐次逼近式 A/D 转换器的转换速度较快，需要一百微秒左右。

（3）并行式 A/D 转换器的转换速度最快，仅需要几十纳秒。

（三）典型 A/D 转换器 ADC0809

ADC0809 为典型的 8 位逐次逼近式 A/D 转换器，它由单个+5 V 电源供电，片内有 8 路模拟选通开关，可以分时对 8 路输入模拟量进行 A/D 转换。在同类型的产品中，ADC0809 的分辨率、转换速度和价位都属于中等水平。

1．ADC0809 的引脚功能

ADC0809 的引脚排列如图 14-8 所示。

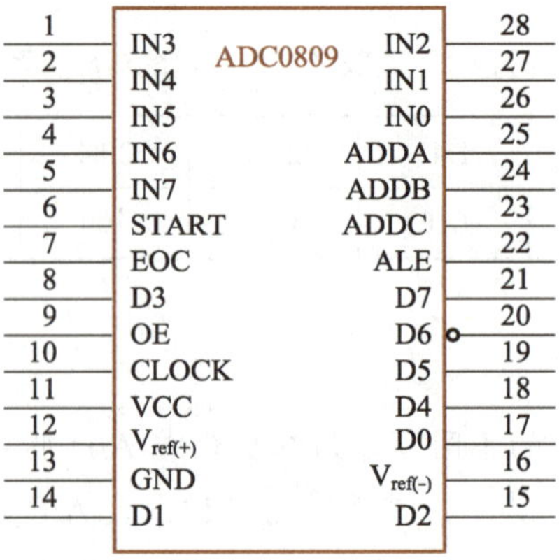

图 14-8 ADC0809 的引脚排列

各引脚功能定义如下。

- IN0～IN7：模拟量输入通道。
- D0～D7：数字量输出通道，可以与单片机直接相连。
- ADDA、ADDB、ADDC：地址输入端，用于选通通道。ADDA 为低位，ADDC 为高位。ADDA、ADDB 和 ADDC 构成的地址码与选通通道的对应关系如表 14-2 所示。

表 14-2　ADDA、ADDB 和 ADDC 构成的地址码与选通通道的对应关系

地址码			选通通道
ADDC	ADDB	ADDA	
0	0	0	IN0
0	0	1	IN1
0	1	0	IN2
0	1	1	IN3
1	0	0	IN4
1	0	1	IN5
1	1	0	IN6
1	1	1	IN7

- $V_{ref(+)}$ 和 $V_{ref(-)}$：正、负参考电压输入端，用来与输入的模拟量进行比较，作为逐次逼近的基准。单极性输入时，$V_{ref(+)}=5$ V，$V_{ref(-)}=0$ V；双极性输入时，$V_{ref(+)}$、$V_{ref(-)}$ 分别接正、负极性的参考电压。
- ALE：地址锁存允许端，高电平有效。此信号有效时，ADDA、ADDB、ADDC 三位地址码被锁存，译码后选通对应的模拟通道。该信号常和 START 信号一起使用，以便同时锁存通道地址和启动 A/D 转换。
- START：A/D 转换启动信号端，正脉冲有效。START 端输入下降沿时启动芯片，开始 A/D 转换；在 A/D 转换期间，START 端保持低电平状态；START 端输入上升沿时，所有内部寄存器置“0”，复位芯片。
- EOC：转换结束信号输出端，高电平有效。EOC=0 时，表示正在进行转换；EOC=1 时，表示转换结束。EOC 既可作为查询的状态标志，也可作为中断请求信号。
- OE：输出允许信号端，高电平有效，用于控制三态输出锁存器向单片机输出转换后的数据。OE=0 时，输出数据线呈高阻态；OE=1 时，输出转换得到的数据。
- CLOCK：时钟信号端。ADC0809 内部没有时钟发生装置，该引脚用于连接外部时钟信号。时钟频率为 10～1 280 kHz，最常用的为 640 kHz。
- VCC：电源端，接+5 V 电压。
- GND：接地端。

2．ADC0809 的内部结构

ADC0809 主要由 8 路模拟开关、地址锁存与译码器、8 位 A/D 转换器及三态输出锁存器等组成，其内部结构如图 14-9 所示。

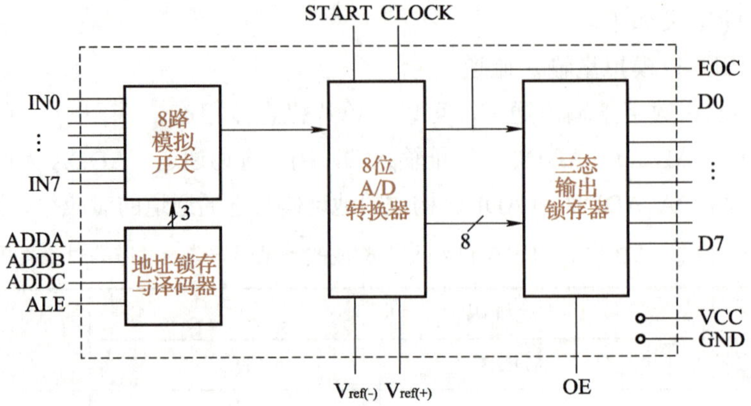

图 14-9　ADC0809 的内部结构

- **8 路模拟开关**：用于通道 IN0～IN7 上 8 路模拟电压的分时输入。
- **地址锁存与译码器**：用于对 ADDA、ADDB 和 ADDC 地址位的锁存和译码，译码输出用于通道选择。
- **8 位 A/D 转换器**：逐次逼近式转换器，A/D 转换在 8 位 A/D 转换器内完成，转换后的数字量输出至三态输出锁存器。
- **三态输出锁存器**：用于锁存 A/D 转换完成后的数字量。

ADC0809 采用的是一种经济的多路数据采集方法，8 路模拟开关可选通 8 个模拟通道，允许 8 路模拟量分时输入，共用一个 A/D 转换器进行转换，转换结果通过三态输出锁存器输出。

3．ADC0809 与单片机的连接

ADC0809 与单片机的连接电路如图 14-10 所示。

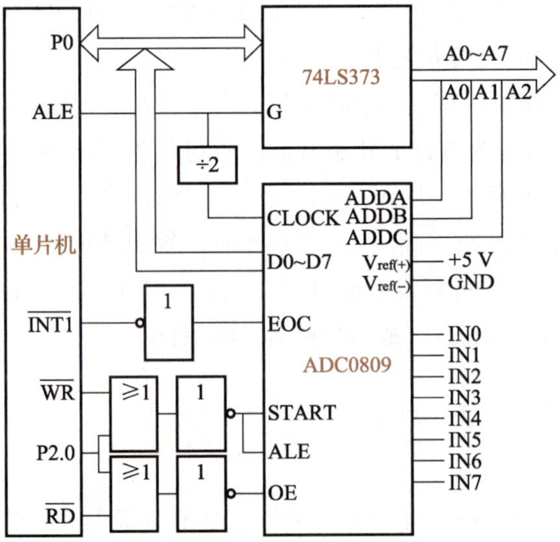

图 14-10　ADC0809 与单片机的连接电路

扫一扫

A/D 转换器应用编程案例（汇编语言）

ADC0809 与单片机的连接电路主要涉及两个问题：一是 8 路通道的选择，二是 A/D 转换完成后转换数据的传送。

1）通道的选择

由图 14-10 可知，通道选择信号 ADDA、ADDB、ADDC 分别接最低三位地址 A0、A1、A2，地址锁存允许信号 ALE 由 P2.0 端口控制，通道地址选择以 $\overline{WR}$ 作写选通信号。若无关位都取 1，则 8 路通道的地址为 FEF8H～FEFFH。

从图 14-10 中可以看到，ALE 信号与 START 信号是接在一起的，这样可在信号的前沿写入（锁存）通道地址，紧接着在其后沿就启动转换，有关信号的时间配合如图 14-11 所示。

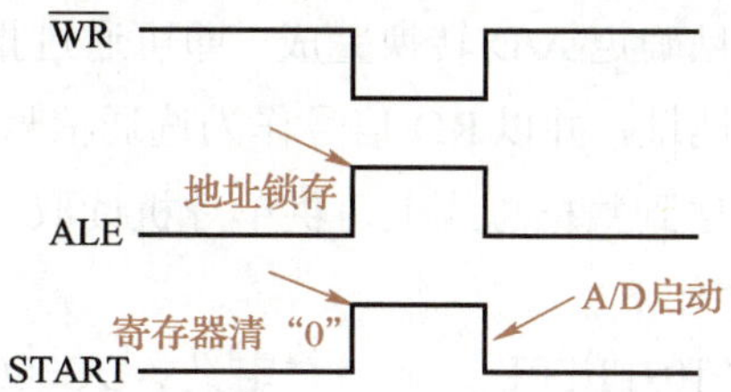

图 14-11　有关信号的时间配合

启动 A/D 转换只需要一条对片外 RAM 写语句。例如，要选择 IN0 通道时，采用如下两条指令，即可启动 A/D 转换。

```
#define ADDIN0 XBYTE[0xFEF0]          /*定义 ADC0809 通道 0 的地址*/
ADDIN0=0X00;                          /*启动 A/D 转换（IN0）*/
```

知类通达

输入不同的指令，便开启不同的通道。这就像我们人生的道路一样，今天我们做出不一样的选择，明天我们也会走上不一样的人生道路。面对选择，我们不妨大胆一些。因为选择是一次又一次自我重塑的过程，让我们不断地成长、不断地完善。如果说，人生是一次不断选择的旅程，那么当千帆阅尽，最终留下的就是一片属于自己的独一无二的风景。

2）A/D 转换完成后转换数据的传送

A/D 转换后得到的数据是数字量，这些数据应及时传送给单片机进行处理。数据传送的关键问题是如何确认 A/D 转换的完成，因为只有确认完成后，数据才能进行传送。确认 A/D 转换完成可采用三种方式：定时方式、查询方式和中断方式。

（1）定时方式。

对于 A/D 转换器来说，转换时间作为一项技术指标是已知的和固定的。例如，ADC0809 的转换时间为 128 μs，相当于 6 MHz 的单片机的 64 个机器周期。可据此设计一个延时子程序，当 A/D 转换启动后即调用该延时子程序，延迟时间一到，转换完成，即可进行数据传送。

（2）查询方式。

ADC0809 有表明转换完成的状态信号 EOC，因此可以用查询方式测试 EOC 的状态，即可知转换是否完成，并确定何时进行数据传送。若 EOC=0，则表示 A/D 转换正在进行，须继续查询；若 EOC=1，则表示转换完成，给 OE 引脚一个高电平，即可进行数据传送。

（3）中断方式。

把表明转换完成的状态信号 EOC 作为中断请求信号，以中断方式进行数据传送。

不管采用哪种方式，一旦确定 A/D 转换完成，即可通过指令进行数据传送。数据传送的基本过程：首先送出端口地址，并以 $\overline{RD}$ 信号作为选通信号，当 $\overline{RD}$ 信号有效时，OE 信号即有效，然后将转换数据送到数据总线上，供单片机读取。

ADC0809 数据传送程序如下。

```
#define ADDIN0 XBYTE[0xFEF0]        /*定义 ADC0809 的端口地址*/
unsigned char addata;
addata=ADDIN0;                      /*读 A/D 转换数据（IN0）*/
```

提 示

该程序在送出有效端口地址的同时，发出 $\overline{RD}$ 有效信号，使 ADC0809 的输出允许信号 OE 有效，从而打开三态输出锁存器，把转换后的数据通过数据总线送入内部变量 addata 中。

【例 14-2】 设 ADC0809 与 AT89C51 单片机的接口电路如图 14-10 所示，设计实现 8 路模拟量输入的巡回检测系统，并将数据存放到数据存储区中。

【问题分析】 ADC0809 的 8 个通道地址为 FEF8H～FEFFH。在 C51 程序设计中，如果要访问片外 RAM 器件，需要通过 XBYTE 指令来定义。在本系统中，ADC0809 通道 0 的地址为 0xFEF8H。

【参考代码】

```
#include<reg51.h>
#include<absacc.h>                  /*绝对地址访问头文件*/
#define IN0 XBYTE[0xFEF8]           /*设置 ADC0809 通道 0 的地址*/
unsigned char i;                    /*通道选择控制*/
unsigned char x[8];                 /*存放 8 个通道的 A/D 转换数据*/
unsigned char xdata *ad_adr;        /*存放通道地址*/
void int0_isr (void) interrupt0
```

```
{
    x[i]=*ad_adr;                              /*存放转换结果*/
    ad_adr++;                                  /*地址增 1，指向下一通道*/
    i++;
    while(i==8) EA=0;                          /*8 个通道转换完毕，关中断*/
}
int main (void)
{
    IT0=1;                                     /*设置边沿触发方式*/
    EX0=1;                                     /*外部中断 0 开中断*/
    EA=1;                                      /*开总中断*/
    i=0;                                       /*初始化 i 为第 0 通道*/
    ad_adr=&IN0;                               /*通道 0 地址送 ad_adr*/
    *ad_adr=0;                                 /*写外部 I/O 地址操作，启动 A/D 转换*/
    while(1);                                  /*等待中断*/
    return 0;
}
```

二、D/A 转换技术

（一）D/A 转换器的工作原理

D/A 转换器用于将数字量转换为模拟量，如图 14-12 所示。

图 14-12　D/A 转换器

D/A 转换器的工作原理如图 14-13 所示，首先数字量输入到数据寄存器中，各位分别控制对应的模拟电子开关，然后模拟电子开关将数字量的电平变成对应的电子开关状态。当数字量某位为“1”时，电子开关将基准电压 U_R 接入电阻解码网络相应的支路；当数字量某位为“0”时，电子开关将该支路接地。各支路的电流信号经电阻解码网络加权后，由运算放大器求和，并转换成模拟量输出。

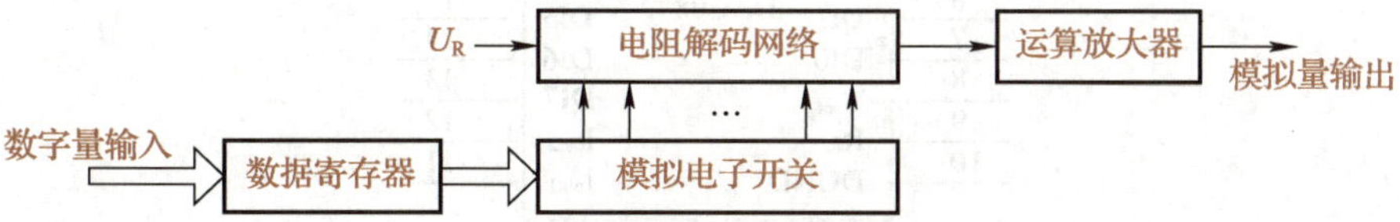

图 14-13　D/A 转换器的工作原理

知识链接

D/A 转换器按电阻解码网络的不同，可分为 T 形电阻网络 DAC、倒 T 形电阻网络 DAC 和权电阻网络 DAC 等。实际应用中，通常使用 T 形电阻网络 DAC。

（二）D/A 转换器的主要性能指标

D/A 转换器的主要性能指标有分辨率、建立时间和转换误差等。

1. 分辨率

分辨率是指 D/A 转换器对输出模拟量的分辨能力，通常用输入数字量的位数来描述，数字量位数越多，分辨率越高。若 D/A 转换器输入数字量的位数为 n，则其分辨率为 $1/(2^n-1)$。

2. 建立时间

建立时间是指 D/A 转换器从输入数字量到转换成稳定的模拟量输出所需要的时间，用于衡量 D/A 转换器的转换速度。

3. 转换误差

转换误差是指 D/A 转换器实际输出的模拟量和理论输出的模拟量之间的误差。

知类通达

在平时的工作和学习中，当我们遇到问题一时难以解决时，我们可以尝试转换思路、转换思维，从多个角度观察问题，这样我们会对问题有更加全面的认识，从而会有更好的解决方案。

（三）典型 D/A 转换器 DAC0832

DAC0832 是典型的 8 位 D/A 转换器，它使用 T 形电阻网络，转换控制方便，建立时间为 1 μs，可与 51 系列单片机直接连接，价格低廉，应用非常广泛。

1. DAC0832 的引脚功能

DAC0832 采用双列直插式封装，有 20 个引脚，其引脚排列如图 14-14 所示。

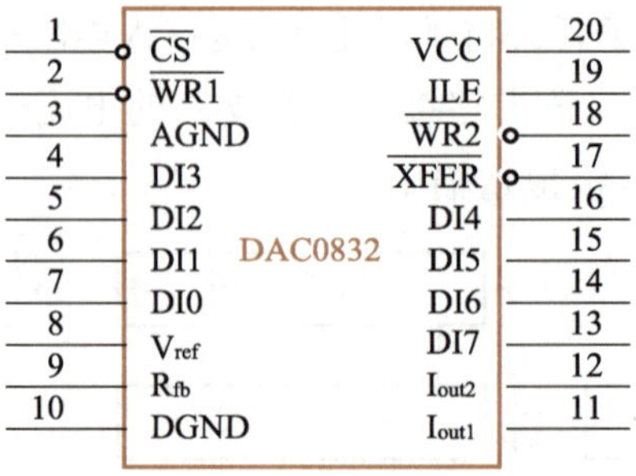

图 14-14　DAC0832 的引脚排列

各引脚功能定义如下。

- $\overline{CS}$：片选信号输入端，低电平有效。
- ILE：数据锁存允许信号端，高电平有效。
- $\overline{WR1}$：8 位输入寄存器的写信号端，低电平有效。
- $\overline{WR2}$：DAC 寄存器的写信号端，低电平有效。
- $\overline{XFER}$：数据传送控制信号端，低电平有效。
- AGND：模拟电路接地端。
- DI0～DI7：8 位数字量输入端。
- V_{ref}：参考电压输入端，范围为−10～+10 V。
- R_{fb}：反馈电阻引出端。DAC0832 是电流输出，当采用电压输出时，需要电压输出端接运算放大器，R_{fb} 可作为外部运算放大器的反馈电阻引出端。
- I_{out1}：模拟电流输出端 1。当 DAC 寄存器中数据全为 1 时，输出电流最大；当 DAC 寄存器中数据全为 0 时，输出电流为 0。
- I_{out2}：模拟电流输出端 2。I_{out2} 与 I_{out1} 的和为一个常数，即 $I_{out1}+I_{out2}$=常数。I_{out2} 在单极性输出时，接地；在双极性输出时，接运算放大器。
- VCC：电源端，一般为 5～15 V。
- DGND：数字电路接地端。

2．DAC0832 的内部结构

DAC0832 主要由 8 位输入寄存器、8 位 DAC 寄存器和 8 位 D/A 转换器等组成，其内部结构如图 14-15 所示。

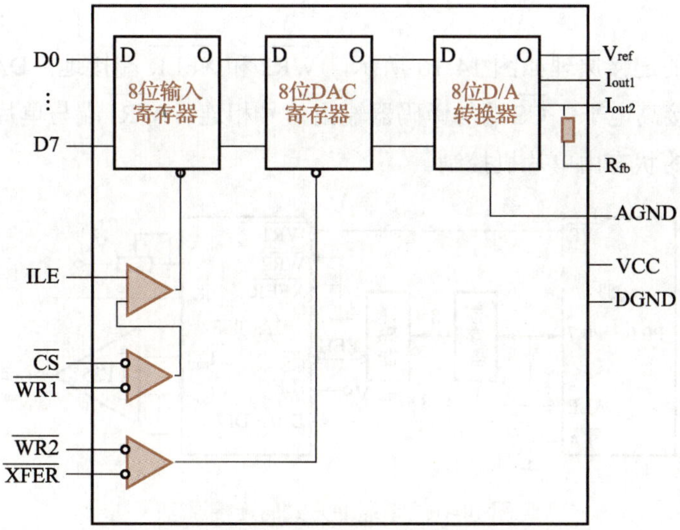

图 14-15　DAC0832 的内部结构

从图 14-15 中可以看出，输入寄存器和 DAC 寄存器构成两级数据输入缓存，数字量通过两级寄存器后送至 D/A 转换器的输入端。这样的设计可以做到当后一级锁存器（DAC 寄存器）向 D/A 转换器输出数据时，前一级寄存器（输入寄存器）可接收新的数据，从而提高了转换速度。

ILE、$\overline{CS}$ 和 $\overline{WR1}$ 是输入寄存器的控制信号。当 ILE、$\overline{CS}$ 和 $\overline{WR1}$ 均有效时，可以将引脚上的数据写入输入寄存器。

$\overline{WR2}$ 和 $\overline{XFER}$ 是 DAC 寄存器的控制信号。当两个信号均有效时，DAC 寄存器工作在直通方式；当其中某个信号为高电平时，DAC 寄存器工作在锁存方式。

3. DAC0832 与单片机的连接

根据对 DAC0832 的输入寄存器和 DAC 寄存器的控制方法不同，DAC0832 与单片机的连接方式有三种：直通方式、单缓冲方式和双缓冲方式。

1）直通方式

直通方式是指将输入寄存器和 DAC 寄存器的相关控制信号均置为有效状态的方式。采用直通方式时，两个寄存器均处于开通状态，当数字量送到数据输入端时，数据从输入端经过两个寄存器时可以不经过任何缓冲直接进入 D/A 转换器进行转换。

提　示

直通方式控制简单，转换速度快。

2）单缓冲方式

单缓冲方式是指输入寄存器和 DAC 寄存器中有一个处于直通方式，而另一个处于受控状态的方式。

单缓冲方式的连接原理如图 14-16 所示，$\overline{WR2}$ 和 $\overline{XFER}$ 端接地，DAC 寄存器处于直通方式；ILE 端接高电平，$\overline{CS}$ 端与译码器输出信号相连，$\overline{WR1}$ 端与单片机的 $\overline{WR}$ 信号相连，输入寄存器的状态由单片机控制。

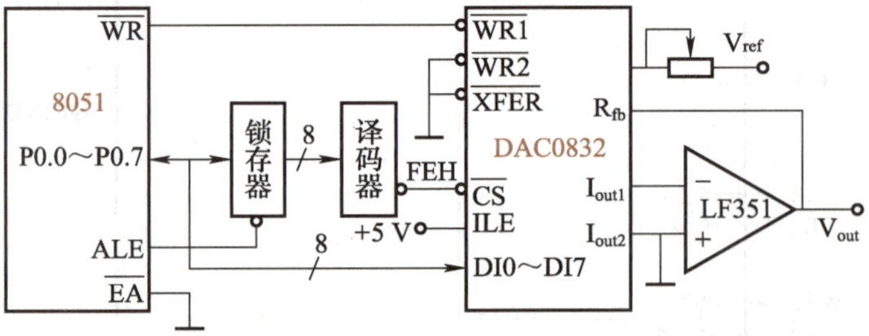

图 14-16　单缓冲方式的连接原理

单缓冲方式适用于只有一路模拟量输出或有多路模拟量但不要求同时输出的情况。

3）双缓冲方式

双缓冲方式是指两个寄存器均处于受控状态的方式。双缓冲方式适合于多路模拟量同时输出的应用场合。

双缓冲方式的连接原理如图 14-17 所示，$\overline{CS}$、$\overline{XFER}$ 端分别与译码器输出信号相连，$\overline{WR1}$、$\overline{WR2}$ 端与单片机的 $\overline{WR}$ 信号相连，从而实现两个寄存器的状态均由单片机控制。

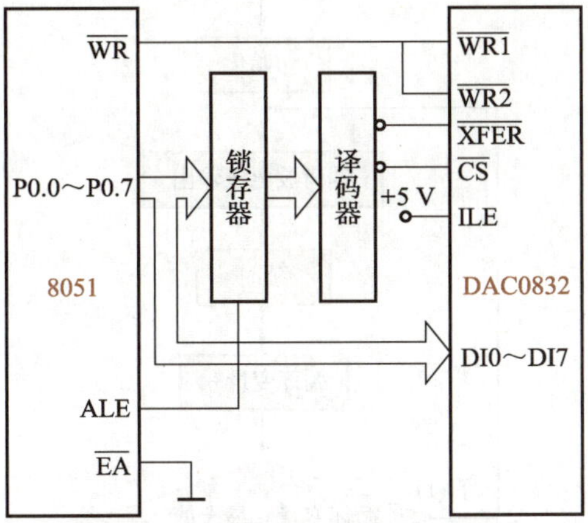

图 14-17　双缓冲方式的连接原理

采用双缓冲方式时，数字量的输入锁存和 D/A 转换输出是分两步进行的。第一步，CPU 分时向各路 D/A 转换器输入要转换的数字量并锁存在各自的输入寄存器中；第二步，CPU 对所有的 D/A 转换器发出控制信号，使各路输入寄存器中的数据进入 DAC 寄存器，实现同步转换输出。如图 14-18 所示为两片 DAC0832 与 8051 单片机的双缓冲方式连接电路，可以实现两路同步输出。

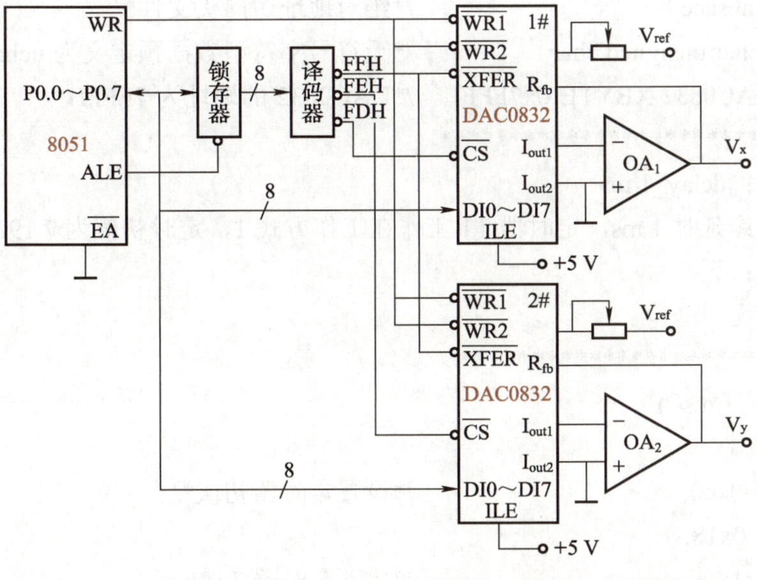

图 14-18　两片 DAC0832 与 8051 单片机的双缓冲方式连接电路

【例 14-3】 利用 DAC0832 产生一个线性增长的锯齿波。

【问题分析】 锯齿波的信号是线性变化的，先线性增加然后回到最小再线性增加，根据这个特点，利用程序本身进行自加或自减即可实现。

产生锯齿波的程序设计流程图如图 14-19 所示。

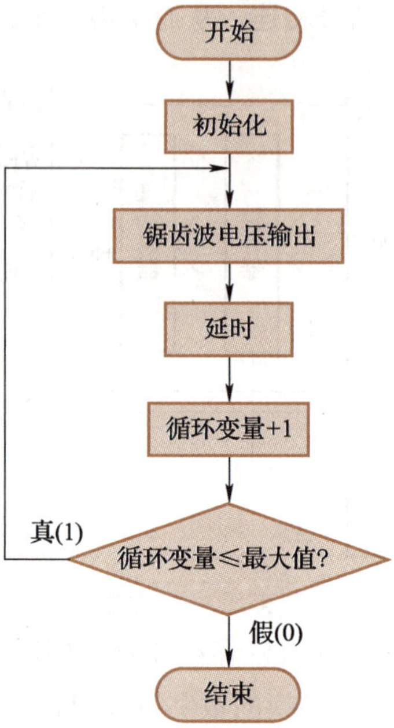

图 14-19 产生锯齿波的程序设计流程图

【参考代码】

```
#include<reg51.h>                    /*包含头文件 reg51.h*/
#include<absacc.h>                   /*绝对地址访问头文件*/
#define uchar unsigned char          /*无符号字符型数据预定义为 uchar*/
#define DAC0832 XBYTE[0x7FFF]        /*DAC0832 的地址为 7FFFH*/
/********************************
函数名称：delay_1 ms
函数功能：延时 1 ms，定时器 T1 工作在工作方式 1，定时初值为 7 192
形式参数：无
返回值：无
********************************/
void delay_1 ms( )
{
    TH1=0xe0;                        /*设置定时器初值*/
    TL1=0x18;
    TR1=1;                           /*启动定时器 T1*/
```

```
    while(!TF1);                      /*查询计数是否溢出，即定时 1 ms 时间是否到*/
    TF1=0;                            /*1 ms 时间到，将 TF1 置“0”*/
}
/*******************************
函数名称：main
函数功能：利用 DAC0832 产生锯齿波
*******************************/
void main( )
{
    TMOD=0x00;                        /*设置定时器 T1 工作在工作方式 0*/
    uchar i;
    while(1)
    {
        for(i=128;i<=255;i++)         /*形成锯齿波输出值，最大为 255*/
        {
            DAC0832=i;                /*D/A 转换输出电压值*/
            delay_1 ms( );
        }
    }
}
```

执行上述程序后，在运算放大器的输出端接上示波器，即可观察到如图 14-20 所示的锯齿波。

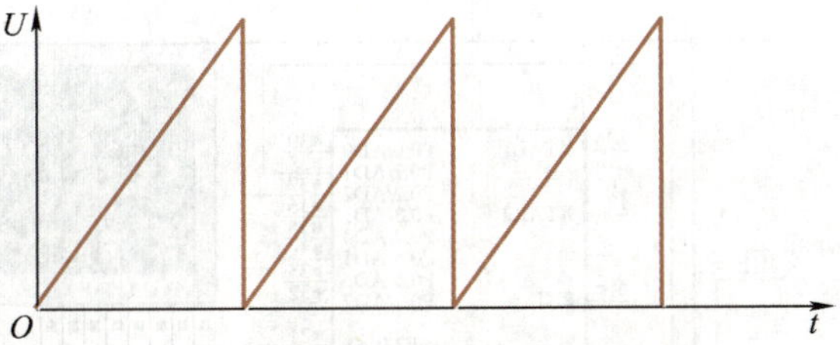

图 14-20　利用 DAC0832 产生的锯齿波

学习成果检验

一、选择题

1．ADC0809 是（　　）。

A．8 位 A/D 转换器　　　　B．16 位 A/D 转换器

C．8 位 D/A 转换器　　　　D．16 位 D/A 转换器

2．ADC0809 转换启动信号为（　　）。

A．EOC　　B．ILE　　C．OE　　D．START

3．DAC0832 是（　　）。

A．8 位 D/A 转换器　　B．16 位 D/A 转换器

C．8 位 A/D 转换器　　D．16 位 A/D 转换器

4．多路 D/A 转换系统中为实现多路模拟信号同步输出，常采用（　　）。

A．直通方式　　B．单缓冲方式　　C．双缓冲方式　　D．均可

二、填空题

1．A/D 转换器是将____________量转换为____________量。

2．A/D 转换器的主要性能指标有____________、____________和____________。

3．D/A 转换器是将____________量转换为____________量。

4．若某 8 位 D/A 转换器的输出满刻度电压为+5 V，则该 D/A 转换器的分辨率为______。

5．DAC0832 与单片机的连接方式有____________、____________和____________三种方式。

三、简答题

1．ADC0809 的 8 路输入通道是如何选择的？

2．DAC0832 与单片机的连接方式有哪几种？适用于什么场合？

四、编程题

编写程序，使用 ADC0809 完成数据的采集，采集后的数据通过 LED 显示出来，其硬件连接如图 14-21 所示。

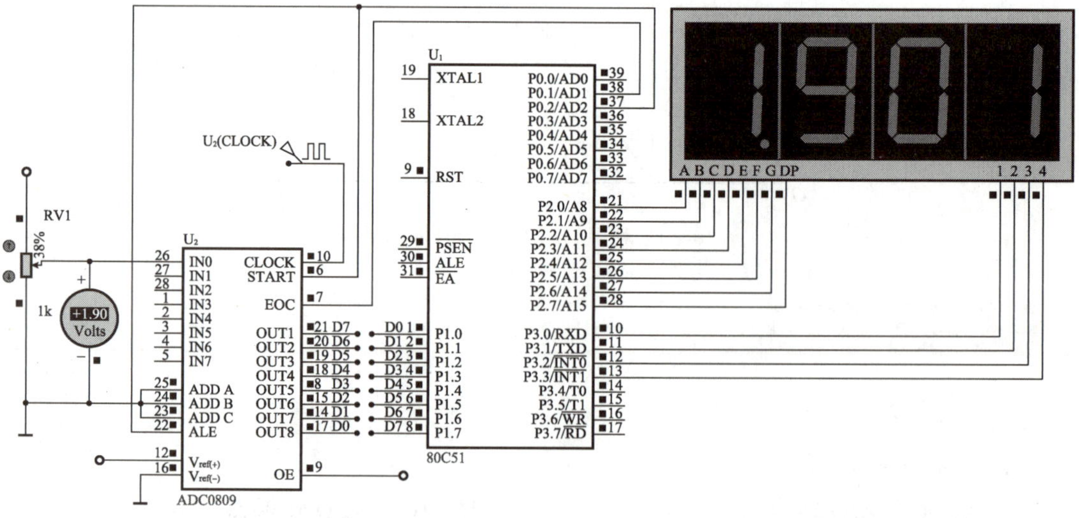

图 14-21　硬件连接图

学习成果评价

指导教师根据学生的实际学习成果对其进行评价，学生配合指导教师共同完成学习成果评价表，如表 14-3 所示。

表 14-3　学习成果评价表

班级		组号		日期	
姓名		学号		指导教师	
评价项目	评价内容			满分/分	评分/分
知识	A/D 转换器的工作原理			5	
	A/D 转换器的主要性能指标			5	
	ADC0809 的引脚功能、内部结构及与单片机的连接方式			10	
	D/A 转换器的工作原理			10	
	D/A 转换器的主要性能指标			5	
	DAC0832 的引脚功能、内部结构及与单片机的连接方式			10	
技能	能够根据需要，编写程序，完成 ADC0809 与单片机之间的连接			15	
	能够根据需要，编写程序，完成 DAC0832 与单片机之间的连接			15	
素养	积极参加教学活动，主动学习、思考、讨论			5	
	认真负责，按时完成学习、实训任务			5	
	团结协作，与组员之间密切配合			5	
	服从指挥，遵守课堂和实训室纪律			5	
	有竞争意识、勇于克服困难			5	
合计				100	
自我评价					
教师评价					

参考文献

［1］周君芝，易景然. 单片机应用技术［M］. 2 版. 北京：航空工业出版社，2022.

［2］刘刚. 单片机原理与应用：基于 Keil 与 Proteus［M］. 北京：电子工业出版社，2022.

［3］徐阳，徐爱钧. 单片机原理与应用：基于 C51 及 Proteus 仿真：微课视频版［M］. 2 版. 北京：清华大学出版社，2022.

［4］陈志英，徐敏. 单片机原理与应用：基于 Keil+Proteus［M］. 北京：机械工业出版社，2022.

［5］王静霞. 单片机应用技术：C 语言版［M］. 4 版. 北京：电子工业出版社，2019.

［6］孟凤果. 单片机应用技术项目式教程：C 语言版［M］. 2 版. 北京：机械工业出版社，2021.

［7］徐广振，刘小莉. 单片机技术应用项目化教程：C 语言版［M］. 2 版. 北京：电子工业出版社，2021.

［8］孙旭日，倪志莲. 单片机应用技术项目式教程［M］. 北京：机械工业出版社，2020.

［9］周忠强，李光荣，吴焕祥. 单片机技术及应用［M］. 北京：电子工业出版社，2021.

［10］王贤辰，葛和平，李丹. 单片机应用技术［M］. 2 版. 北京：机械工业出版社，2021.

扫"码"练习

查看解析